中原储气库群钻完井技术

蒋金宝　王自民　席宝滨

中国石化出版社
·北京·

图书在版编目（CIP）数据

中原储气库群钻完井技术 / 蒋金宝，王自民，席宝滨主编. - - 北京：中国石化出版社，2024. - - ISBN 978 - 7 - 5114 - 7711 - 8

Ⅰ. TE972

中国国家版本馆 CIP 数据核字第 2024240C6E 号

中国石化出版社出版发行

地址：北京市东城区安定门外大街 58 号

邮编：100011 电话：（010） 57512500

发行部电话：（010） 57512575

http：//www. sinopec-press. com

E-mail：press@ sinopec. com

宝蕾元仁浩（天津）印刷有限公司印刷

全国各地新华书店经销

*

787 毫米 × 1092 毫米 16 开本 16 印张 270 千字

2024 年 12 月第 1 版 2024 年 12 月第 1 次印刷

定价：116. 00 元

编委会

主　编： 蒋金宝　王自民　席宝滨

副主编： 吕宁超　丁晓蕾　张　强　晁文学　刘明国

编　委：（按姓氏笔画顺序）

王文星　王雪旌　甘　心　杜文军　李帮民

李　潇　杨　玄　宋琳琳　张少华　张　敏

陈梦龙　尚志慧　罗　亮　郑卫建　胡建均

郭　栋　彭　彬　雷　静

前　言

随着我国经济的快速发展和能源消费结构的转型，天然气作为清洁能源在能源体系中的地位日益重要。特别是在推动绿色发展和应对气候变化的大背景下，天然气需求呈现出快速增长的趋势。然而，天然气供应具有明显的季节性和不稳定性，冬季供暖需求激增，夏季则相对减少，这导致供应和需求之间存在显著的不平衡。地下储气库作为重要的能源储备手段，能够有效调节季节性供需差异，应对突发情况，提高能源系统的灵活性和稳定性。此外，随着市场化改革的深入，地下储气库在促进天然气市场健康发展、增强价格稳定性和市场调节能力方面发挥着越来越重要的作用。地下储气库的发展是响应国家能源战略、优化能源结构的需要，也是适应市场变化、提高能源供应保障能力的必然选择。

中原油田地处渤海湾盆地东濮凹陷，天然气资源丰富，经过20多年的开发，具备建设地下储气库的枯竭气藏和技术条件。中原地区位于华中腹地，与华北、华南、华东等经济蓬勃地带毗邻，是重要的天然气市场和主要消费区域。这里天然气输气管道网络发达，为地下储气库的建设提供了得天独厚的条件，使其成为选址的理想之地。中原地区已探明27个气藏，均可以作为地下储气库群的选址资源，其中文96、文23、卫11、文24、文13西等气藏已改建成地下储气库。中原储气库群的建设是响应国家节能减排、发展低碳经济、治理空气污染、调整能源结构相关政策的重大举措。建成后，可与山东、天津的LNG接收站互补调峰，利用国内外季节价差，在非高峰期采购低价LNG注入储气库，在高峰期采出供应市场，获取销售收益；并且可盘活油田资源，有助于老油田企业的转型升级。

在中原储气库群建设过程中，中石化中原石油工程有限公司针对中原地质构造复杂井网密集、压力系统紊乱及巨厚盐膏层发育等工程技术难题，通过多年攻关研究逐渐形成了一系列钻完井技术。本书围绕中原储气库群建设，结合储气库钻完井工程建库实例，从国内外储气库建设现状、中原储气库群建设、钻完井工程技术、钻完井工程实例四个方面进行全面总结提升。全书共四章，由蒋金宝、王自民、席宝滨统稿。第一章主要介绍了国内外储气库建设情况，席宝滨审定；第二章主要介绍了中原储气库群的发展历程及工程概况，吕宁超审定；第三章主要介绍了中原储气库群形成的钻完井技术，蒋金宝审定；第四章提供了中原储气库群的典型建库案例，王自民审定。本书编写过程中得到了中原油田、国家管网公司有关领导和技术人员的大力支持和帮助，在此致以由衷的感谢！

本书可为今后我国其他相似类型储气库建设提供可借鉴的经验与教训，也可以作为储气库从业人员的参考书籍。鉴于编者水平有限，书中难免有不足之处，诚望广大读者批评指正。

CONTENTS

目 录

第一章 国内外储气库建设现状

地下储气库作为天然气产业链中的关键环节，对于保障国家能源安全和调节市场供需平衡具有重要作用。根据国际气体工业联合会的预测，到 2030 年全球地下储气库调峰需求量将达到 $5030 \times 10^8 m^3$，需要新建地下储气库 183 座，新增工作气量 $1406 \times 10^8 m^3$ 才能满足未来的调峰需求。目前，全球地下储气库主要分布在北美、欧盟等发达国家，工作气量一般占年消费量的 13%~27%。总体来看，地下储气库作为天然气供应安全的重要保障，无论是在国内还是国际层面都受到了高度重视，并且正在不断加强建设与技术创新。

1 第一节 国外储气库建设现状

一、国外储气库建设概况

国外地下储气库的建设历史悠久，世界最早的地下储气库建设可以追溯到20世纪初，距今已有百年历史。从1915年加拿大首次在Wellland气田开展储气试验到现在，全球已建成715座地下储气库，共计23007口采气井，总工作气量为$3930\times10^8m^3$，平均每小时产出$2.35\times10^8m^3$天然气。

根据世界地下储气库发展特征，将地下储气库建设分为3个阶段，即发展初期、快速发展期和平稳发展期。发展初期阶段主要是20世纪50年代以前，受建库技术水平限制，全球地下储气库发展比较缓慢，到1945年仅有75座，且类型单一，多为利用枯竭气藏改建形成。在这一阶段，地下储气库的概念和技术刚刚起步，主要用于应对天然气的季节性需求变化。美国和俄罗斯的地下储气库发展初期分别经历了13年和15年，这一时期主要是技术的探索和积累阶段。随着天然气在能源消费结构中所占比重的增加，地下储气库作为调峰和应急储备的重要性逐渐被认识。在20世纪50年代以后，地下储气库建设进入快速发展阶段。受天然气市场发展程度、天然气产量、管道发展等因素影响，地下储气库在类型及数量上迅猛发展，各类地下储气库建设高峰期为1970～1980年，这10年间的建库数量最高，达到120座。北美的美国、加拿大以及欧洲的一些发达国家开始大规模建设储气库，以满足日益增长的天然气需求。这一阶段，储气库的类型、规模和运营管理模式逐渐多样化。20世纪90年代后，许多国家的地下储气库建设已经相对成熟，形成了较为完善的储气库系统。在这一阶段，地下储气库的建设更加注重技术创新和运营效率的提升，同时，储气库的规划和建设也更加注重与国家能源战略和环境保护目标的结合。全球储气库工作气量发展速度下降，高峰采气速度保持同等水平，储气库建设进入平稳发展期

（图 1 – 1 – 1）。

全球地下储气库总工作气量中，北美地区占 39%（$1627 \times 10^8 m^3$），独联体占 28%（$1186 \times 10^8 m^3$），欧盟占 26%（$1088 \times 10^8 m^3$）（图 1 – 1 – 2）。在这 3 个地区，地下储气库年工作气量占年消费量比例平均为 14%，其中美国地下储气库数量及工作气量居全球首位，共拥有 393 座，工作气量达到 $1360.8 \times 10^8 m^3$，占年消费量

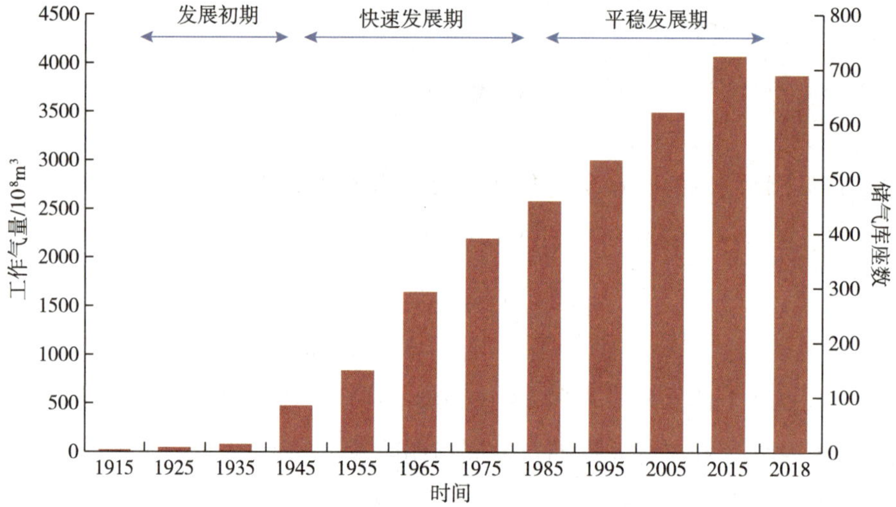

图 1 – 1 – 1　世界地下储气库建设历程及规模

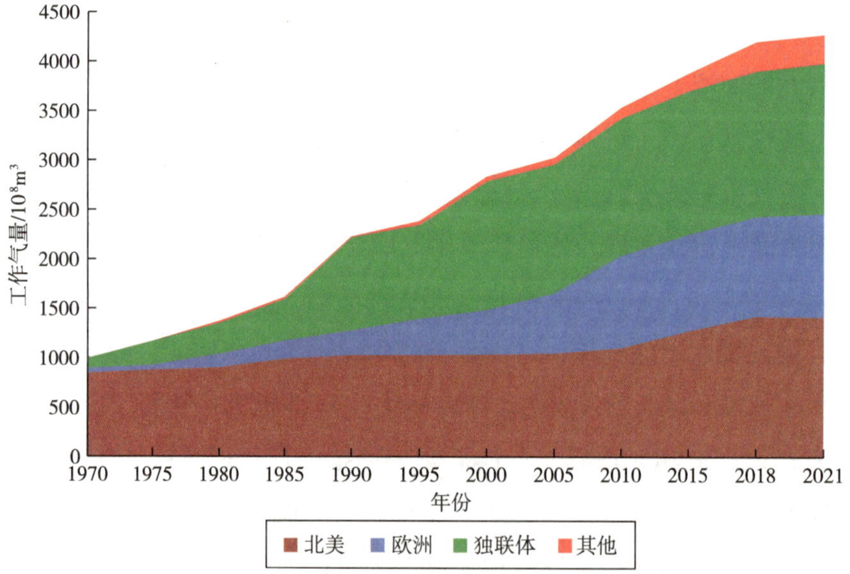

图 1 – 1 – 2　全球工作气量变化趋势

的比例为 17.48%；俄罗斯为 18.38%；其次是乌克兰和加拿大（注：工作气量指地下储气库一年内的采气量总和）。世界不同地区地下储气库工作气量在全球范围内的比例见图 1－1－3，工作气量变化情况见图 1－1－4。各国的储气库数量、高峰采气速度及工作气量详见表 1－1－1（国际天然气联盟 IGU 于 2022 年统计）。

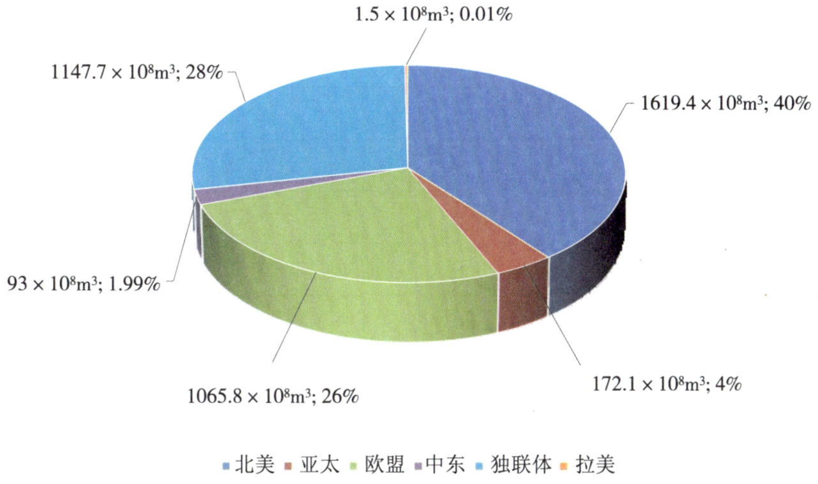

图 1－1－3　世界不同地区地下储气库工作气量在全球范围内的比例

表 1－1－1　各国储气库建设情况统计表

序号	国家	储气库数量/座	高峰采气速度/（$10^8m^3/d$）	工作气量/10^8m^3
1	美国	402	33.23	1349.9
2	俄罗斯	24	9.34	689.9
3	乌克兰	13	2.64	321.8
4	加拿大	66	2.67	269.5
5	德国	45	6.82	231.9
6	意大利	13	2.45	172.8
7	中国	25	1.86	139.1
8	荷兰	5	2.83	135.4
9	法国	14	2.27	121.8
10	奥地利	9	0.96	90.1
11	匈牙利	5	0.72	61.0

续表

序号	国家	储气库数量/座	高峰采气速度/($10^8m^3/d$)	工作气量/10^8m^3
12	澳大利亚	7	0.11	60.3
13	伊朗	2	0.29	60.0
14	阿塞拜疆	3	0.14	47.0
15	乌兹别克斯坦	2	0.47	40.0
16	土耳其	2	0.45	36.9
17	捷克共和国	9	0.76	36.8
18	哈萨克斯坦共和国	3	0.27	36.5
19	波兰	9	0.50	34.0
20	西班牙	4	0.31	33.7
21	斯洛伐克	3	0.44	33.6
22	阿拉伯联合酋长国	1	0.04	33.0
23	罗马尼亚	7	0.32	31.3
24	拉脱维亚	1	0.30	23.0
25	英国	8	1.19	17.4
26	白俄罗斯	3	0.35	10.9
27	丹麦	2	0.25	9.5
28	比利时	1	0.15	8.5
29	克罗地亚	1	0.06	5.6
30	保加利亚	1	0.04	5.5
31	塞尔维亚	1	0.05	4.5
32	新西兰	1	0.02	2.7
33	葡萄牙	1	0.07	2.4
34	亚美尼亚	1	0.06	1.6
35	阿根廷	1	0.02	1.5
36	日本	2	0.02	1.3
37	瑞典	1	0.01	0.1
总计		698	4160.8	72.48

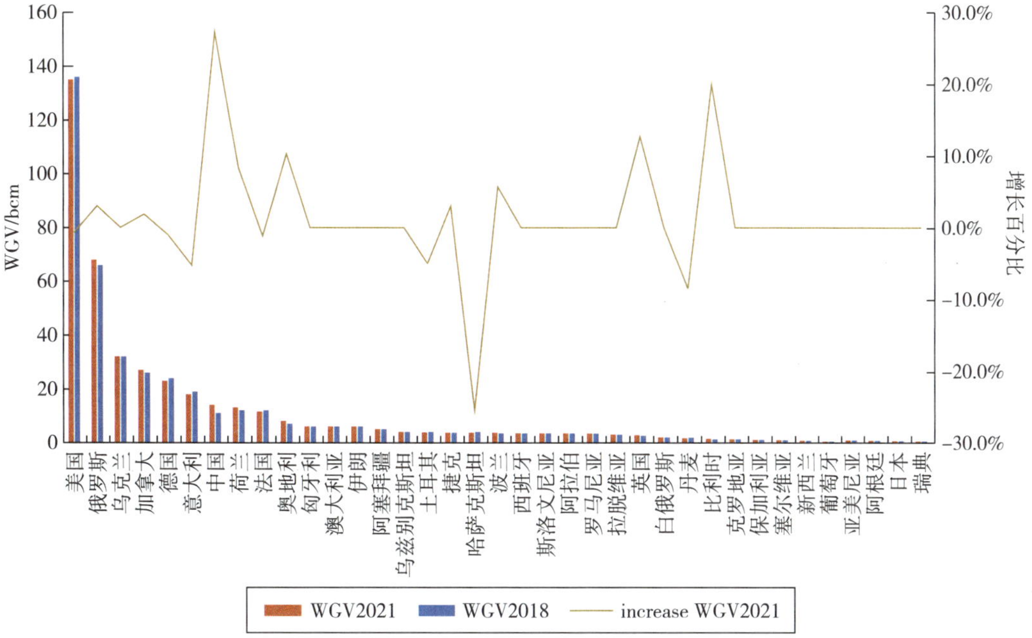

图 1－1－4　世界不同地区地下储气库工作气量变化情况

从全球各国储气库工作气量（WGV）增长情况来看，美国工作气量总量处于领先地位，其次是俄罗斯、乌克兰、加拿大和德国。欧洲是仅次于北美和独联体的第三大 WGV 地区，多年来一直处于增长趋势，中国也在逐步加快储气库的发展与建设。

二、国外主要国家储气库建设情况

（一）美国储气库

美国是世界重要天然气生产和消费国。2017 年天然气产量 $9440.14\times10^8m^3$，而消费量达 $7672.00\times10^8m^3$，为世界第一。美国的天然气储备主要是通过地下储气库建设来实现的。根据美国 EIA 统计，截至 2017 年底，美国在用的天然气地下储气库共有 414 座，其中枯竭油气藏储气库 328 座，占总储气库量的 79.2%；含水层储气库 47 座，占总储气库量的 11.4%；盐穴储气库 39 座，占总储气库量的 9.4%。

从区域来看，美国天然气产量主要集中于南部和东北部，两者天然气产量

分别为 $4201.32\times10^8m^3$ 和 $2541.23\times10^8m^3$，分别占美国总产量的 44.5% 和 26.92%。2017 年美国天然气消费量 $7672.21\times10^8m^3$，从区域来看，主要集中于东北部、中西部和南部地区，天然气消费量分别为 $2563.57\times10^8m^3$、$1460.74\times10^8m^3$ 和 $2273.59\times10^8m^3$，分别占美国总消费量的 33.4%、19.04%、29.63%。从美国地下储气库分布来看（图 1－1－5），主要分布在靠近天然气最终用户的东北部、中西部和南部产气区，其中有近 56.1% 的储气库集中在美国天然气主要消费区东北部和中西部地区。天然气产量丰富的得克萨斯州和路易斯安那州也是地下储气库集中的地区。根据美国 EIA 统计，截止 2017 年底，美国所有储气库储存气量 $2620.75\times10^8m^3$，其中东部消费地区储气库储存气量 $619.55\times10^8m^3$，占总储存气量的 23.6%；西部地区储气库储存气量 $851.00\times10^8m^3$，占总储存气量的 32.5%；南部生产区储气库储存气量为 $752.96\times10^8m^3$，占总储存气量的 28.73%。另外西部山区、太平洋区、阿拉斯加州也有少量储气库，其中西部山区储气库储存气量 $181.06\times10^8m^3$，占总储存气量的 6.91%；太平洋区储气库储存气量 $192.52\times10^8m^3$，占总储存气量的 7.35%；阿拉斯加州储气库储存气量 $23.66\times10^8m^3$，占总储存气量的 0.9%。总体来看，美国地下储气库主要集中于东北部、中西部天然气消费区和南部产气区，3 个区域储气库储存气量合计 $2223.50\times10^8m^3$，占美国储气库总储存气量的 84.84%。

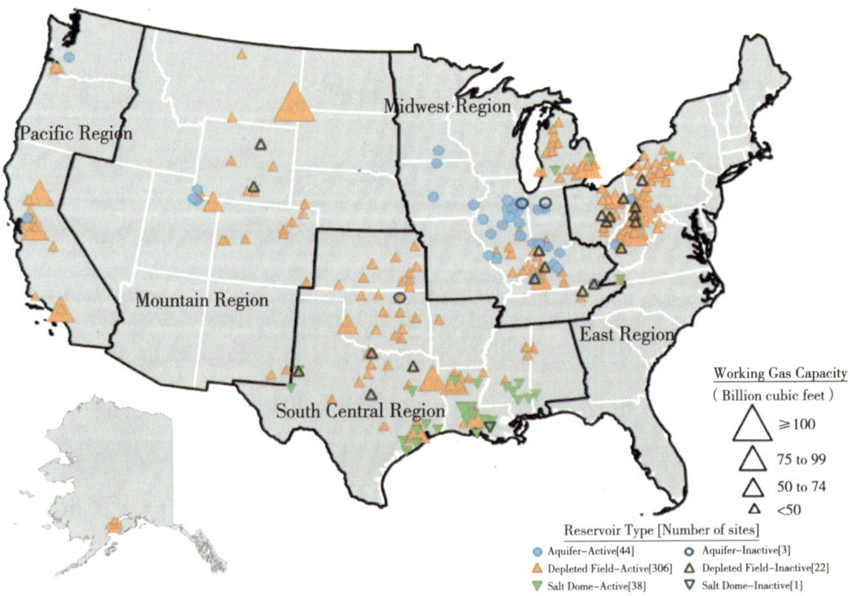

图 1－1－5　美国地下储气库分布

美国的第一座储气库是于1916年始建于纽约州的ZOAR枯竭气藏，也是世界上的第二座储气库，目前仍在运行。1927～1931年，美国境内共建成12条主要输气干线，掀起天然气管道建设的第一次高潮，同时天然气消费量快速增长，1930年达到了$345\times10^8m^3$。储气库建设与输气管网建设几乎同步，1931～1950年这20年时间里建成储气库78座。1951～1980年美国共建设储气库234座。储气库建设技术在此期间快速发展，相关行业标准陆续确立。储气库类型从单一枯竭油气藏型建设，发展到含水层型储气库和盐穴型储气库等多种类型共同建设。1981年后随着北美地区天然气市场经过快速发展阶段进入成熟期后，天然气集输管网日趋完善，管道建设开始处于平稳发展状态，储气库建设也相应进入平稳发展阶段。随着1998～2005年间美国储气库能力的发展，美国地下储气库的采气能力年平均增长率为2%，总的采气能力从1998年的$21\times10^8m^3/d$，上升到了2005年的$24\times10^8m^3/d$，增长了13个百分点。通过在现有枯竭油气藏型储气库中进行水平钻井，以及通过新增盐腔不断扩展现有的盐穴型储气库，使采气能力有显著持续增长。

（二）俄罗斯储气库

与美国相比，俄罗斯地下储气库建设工作起步较晚，地下储气库的建设始于20世纪50年代后期，1959年在莫斯科附近修建了肯卢什地下储气库。其储气库建设经历了起步、低速发展和快速发展等三个阶段。目前俄罗斯是世界第二大天然气生产国和消费国，也是全球储备气量最多的国家，地下储气库主要分布在天然气消费区，是俄罗斯统一供气系统不可分割的组成部分。俄罗斯的储气库主要以含水层和枯竭气藏为主，近年来还加强了对盐穴储气库的研究。

俄罗斯天然气工业公司（Gazprom）是国家储气库设施的管理运营主体。目前地下储气库有34座（图1－1－6），其中境内有22座，在白俄罗斯、亚美尼亚、德国等境外独资或合资12座。有效工作气量$721.8\times10^8m^3$，占消费气量的17%；储气库主要分布于向欧洲出口天然气管道附近和西部消费区。沿中俄管线有在建及规划储气库。根据规划，到2030年，俄罗斯地下储气库的有效工作气量达$1100\times10^8m^3$，日采气量达$10\times10^8m^3$。

图1-1-6　俄罗斯地下储气库分布图

（三）德国储气库

德国天然气资源匮乏，天然气生产量非常有限，其天然气消费几乎完全依赖进口，进口方式均为管道进口。2016年德国天然气生产量为$66\times10^8m^3$，消费量为$805\times10^8m^3$，而天然气净进口量为$739\times10^8m^3$，对外依存度高达89%。目前储气库工作气量占天然气消费量之比高达20%，因此，储气库在德国天然气产业链中具有非常重要的地位，德国一直重视地下储气库建设。德国于1969年在HES地区建设Stockstadt气藏型储气库，气藏顶部埋深为460m，库容量为$2.74\times10^8m^3$，工作气量为$1.35\times10^8m^3$，是德国建设的第一座气藏型储气库。目前德国共有地下储气库62座，其中盐穴型44座、气藏型11座、含水层型6座、其他类型1座，总有效工作气量$273.1\times10^8m^3$。盐穴型地下储气库建设方面，德国处于世界领先地位。

（四）英国储气库

英国是欧洲重要天然气生产国和消费国。英国地下储气库的建设开始于20

世纪60、70年代，伴随着北海气田的开发和英国天然气工业的发展，开始建设天然气地下储存设施。目前，英国的天然气储备有3种不同类型，分别是枯竭油气田储气库、盐穴储气库和LNG储罐。按照英国天然气市场的监管部门Ofgas（英国天然气办公室）的规划，其目标主要是用来“调峰”。目前已建或在建地下储气库共19座，其中2座为气藏型储气库，17座为盐穴型储气库。2座气藏型储气库规模较小，工作气量分别为$3.42\times10^8m^3$和$0.86\times10^8m^3$，17座盐穴储气库有效工作气量$60.38\times10^8m^3$。英国地下储气库目前也处于大发展阶段，还有10座储气库处于扩建或新建。

英国的储气库完全由公司来管理运营。其中，Edinburgh天然气公司和ScottishPower公司联合运营着位于约克郡的HatfieldMoor的衰竭气田储气库；SSE公司拥有位于东约克郡的Hornsea盐穴储气库；Transco拥有2个小型的盐穴设施，同时还运营着5座LNG存储区。

英国根据建设盐穴储气库的需求，专门出台了相关法规。包括“土地利用计划和危险物质许可”，主要涉及对储存地点的安全性进行评价；“主要事故危害规章（1999）（COMAH）”“井场和操作规范（1995）”和“管线安全规范（1996）”的目标是预防天然气储存事故，限制此类事故对人和环境的危害。

（五）日本储气库

20世纪70年代初，日本制定了《天然气储备法》，建立了天然气储备制度，并通过立法强制国家和企业进行储备。1998年，日本政府设立了“日本天然气储备公司”，专门从事国家天然气储备基地的建设和管理工作。日本的天然气储备也由国家和民间企业分别承担。天然气储备由民间企业唱主角，承担储备50天的需求量，国家承担30天需求量。

日本的天然气主要依靠进口的LNG气化来解决，LNG码头与接收站在全国范围均有分布，其中大规模的LNG接收基地分布在人口密度大、经济发达的南部沿海区域，与广泛分布于全国的小型卫星站互为补充，形成“南多北少、东多西少”的整体格局。截至2017年底，日本共建成LNG接收站34座，储罐189个，储存能力达$1866.82\times10^4m^3$。2017年日本进口LNG约10070×10^4t油当量，LNG主要来源于东南亚、澳大利亚、中东，三者进口量分别占日本总进口量的35.1%、30.7%、21.1%；其LNG的储备量占年消费量的18.5%。

（六）其他地区储气库

南美和中东地区储气库建设刚刚起步，天然气消费量的不断增加推动了地下储气库的快速发展。南美地区天然气消费量达到$2500\times10^8m^3/a$。目前仅阿根廷建成1座Diadema储气库，工作气量为$1.5\times10^8m^3$，下一步拟建储气库10座，发展迅猛。墨西哥Tuzandepetl盐穴型储气库已获能源委员会批准，设计工作气量（第一阶段）$4.5\times10^8m^3$，Campo Brasil枯竭气藏型储气库设计工作气量$14\times10^8m^3$。巴西第1座地下储气库Santana枯竭气藏型储气库设计工作气量为$1.3\times10^8m^3$，于2019年投入运行。

伊朗虽然天然气资源丰富，但在冬季产量还是低于消费量，为满足冬季天然气需求高峰，仍需进口天然气，是中东地区第1个建设运营地下储气库的国家，2011建成第一座Sarajch气藏型储气库，2014年建成Shurjeh气藏型储气库，2座储气库总工作气量$60\times10^8m^3$，采气能力$0.29\times10^8m^3/d$。相对于每年$1600\times10^8m^3$的天然气消费量，目前伊朗地下储气库工作气量还远远不足。

三、国外储气库钻完井技术

国外在储气库建设上起步较早，已经拥有相对完善的钻完井技术规范和标准。国外储气库建设过程中重视岩石力学、管柱力学等基础性研究，重视建井质量的管理，气库注采井按至少30年不修井的原则进行寿命设计。

国内外在建设地下储气库过程中，钻井方法主要采用空气、泡沫等欠平衡钻井技术，以降低井下风险和减少对储层的损害。其中，微泡钻井液是一种国外成熟的钻井液体系，由美国M－I钻井液公司和Acti－Systems公司共同研制。该体系在得克萨斯西部的Fusselmna油田进行了首次应用，表现出良好的流变性能和保护储层效果。目前，该钻井液体系已在北海、委内瑞拉西北部和墨西哥湾等地区老油田低压地层的数百口井进行了成功试验，试验结果表明：在易漏失和易发生压差卡钻的低压层和多压力层系中，微泡钻井液是最佳体系。

气体马达方面，井下空气动力马达以压缩空气（或泡沫）作为动力，带动钻头转动切削地层岩石，并将岩屑由高压气流（或泡沫）携带到地面。贝克休斯公司研制的 Navi – Drill 井下马达，已成功地用在以空气、泡沫和雾化做循环介质的定向井上，钻井深度从 15m 到 1800m 不等。不同井深的钻井实验表明，Navi – Drill 空气动力马达不仅在空气、泡沫和雾化钻井中作用非常明显，成本低廉，而且在钻井施工的安全性方面也大幅度提高。Smith 公司研制了可导向空气钻井系统，能实现气体钻水平井过程中的轨迹控制。该系统包括冲击钻具（即空气锤/马达组合）、井底总成（包括弯接头、稳定器、模拟软件，用于预测和控制井眼轨迹）和遥测工具，且该系统不受钻柱转动影响。现场试验表明，同比而言，该系统造斜率更大。将气体钻井马达与可调式增斜弯接头配套应用就形成一套导向马达钻井系统，能实现精确的定向控制。在钻台上可将马达外壳的弯角设定在 0° ~ 2.5°之间，最终造斜率能高达 12°/30m。

储气库注采气井过程中，由于其受到高/低压交替性的变化，使得套管受到反复交变载荷，外加受地层特性的影响，增加了对套管及固井质量的要求。20 世纪 80 年代以来，国内外很多学者针对套管破坏机理开展了研究，发表的文献主要是定性地分析了套管破坏的原因，诸如地层错动、地层水腐蚀、黏土膨胀、岩石塑性流动及蠕变、固井质量以及射孔压裂酸化等，其中一些文献根据岩石具有蠕变和应力松弛的特性，定量地进行了实验研究，或定量建立了黏弹性岩石作用于套管外壁的载荷随时间的变化关系。对于生产套管管柱整体的密封性，1970 年国际上首先将氦气检漏技术应用于油套气密封性检测。氦气分子直径小，易于沿微细间隙通道渗透，能及时预报泄漏；无毒、无腐蚀、对人和油管无损伤，安全、清洁，故该技术迅速在石油行业得到推广。为了储气库注采气井钻井过程中提高固井质量，国内外主要采取以下措施：①控制单层套管下入深度；②采用韧性膨胀水泥，减少应力交变对水泥环的影响；③采用自愈合水泥技术，用以填充后期产生的微裂缝；④提高固井质量检测要求，国外普遍采用超声波成像测井方法（如 IBC）。

通过运用上述措施，建井质量取得了很好的改善。目前，法国 TIGF 储气库也已运行超过了 50 年，目前仅 1 口井出现异常套压（除封堵井外）问题；荷兰 Norg 储气库 6 口生产井生产 14 年均未出现异常套压。

四、国外储气库发展趋势

在全球能源格局不断演变的今天，储气库作为重要的能源基础设施，其建设与发展趋势受到了国际社会的广泛关注。未来国外储气库的建设有6个主要发展趋势，它们不仅体现了技术进步和市场变化，也反映了全球能源安全和可持续发展的共同追求。

（1）技术创新与地质适应性：国外储气库建设在技术创新方面取得了显著成就，特别是在适应复杂地质条件方面。通过开发动态密封技术和高速注采渗流方法，国外储气库能够应对深层、高压和多变地质环境的挑战，有效提高了建库的成功率和运行效率。

（2）政策支持与法规建设：为了促进储气库的健康发展，许多国家出台了一系列政策和法规，提供财政税收优惠，制定建设标准和运营管理规范。这些政策和法规的实施，为储气库的建设和运营提供了坚实的法律基础和政策保障。

（3）多元化能源存储应用：国外储气库在能源存储形式上展现出多元化趋势。除了传统的天然气储存，国外储气库还积极探索压缩空气、氢气、石油等多种能源形式的储存，以适应能源结构的转型和清洁能源的发展需求。

（4）数字化与智能化发展：信息技术的快速发展为储气库的数字化和智能化转型提供了技术支持。通过应用大数据、物联网、人工智能等技术，储气库能够实现更精准的监控、预测和管理，从而提高运行效率和响应速度，降低运营成本。

（5）商业化与市场化运作：国外储气库的建设和运营越来越注重商业化和市场化。通过建立灵活的定价机制、多元化的投资渠道和创新的运营模式，储气库能够更好地适应市场变化，提高经济效益和市场竞争力。

（6）环境责任与安全管理：在储气库建设中，国外越来越强调环境保护和社会责任。通过实施严格的环境影响评估和安全管理措施，确保储气库的建设和运营符合可持续发展的要求，同时保障人民生命财产安全。

随着全球能源转型的深入和能源安全形势的复杂化，国外储气库建设的这些发展趋势不仅为各国提供了宝贵的经验和启示，也为全球能源的可持续发展和安全供应做出了积极贡献。

2 第二节 国内储气库建设现状

一、国内储气库建设概况

与西方发达国家相比，中国储气库起步较晚，但是中国储气库建设者用20年的时间，走过了国外50年的发展历程。截至2023年底，中国建成地下储气库（群）26座，其中2021年建成的卫11储气库仅用8个月时间全面建成投产，创造了世界储气库建设史上的奇迹。整体来说国内储气库发展历程大致为3个阶段。详见图1－2－1。

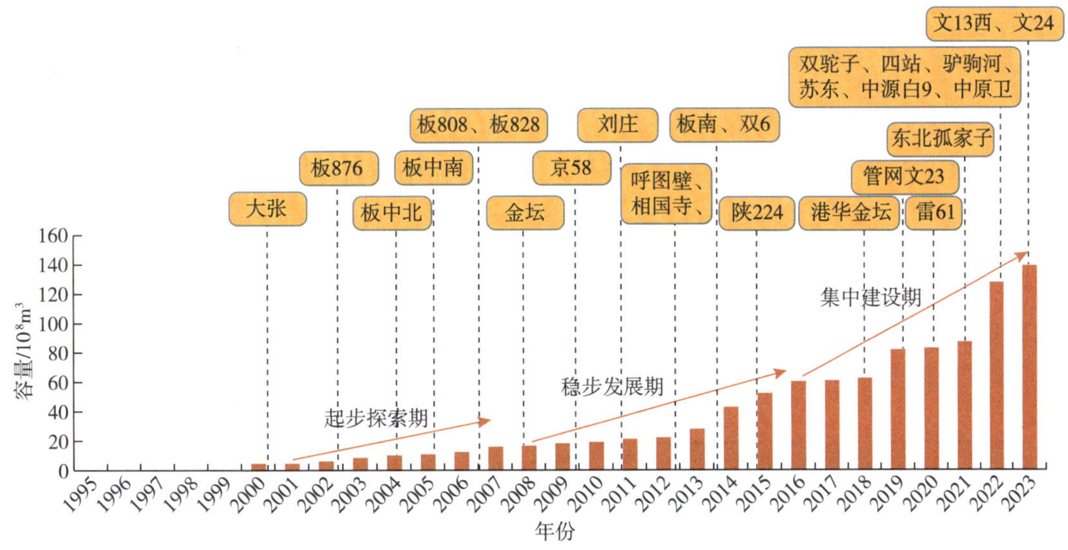

图1－2－1　国内储气库发展图

（1）建设形成阶段

20世纪70年代中石油大庆油田首次利用气藏建设储气库，但真正意义上开始储气库建设是在20世纪90年代初，随着陕甘宁大气田的发现和陕京天然气输气管线的建设，为了保证北京、天津两大城市的安全供气，在天津附近的大港油田利用枯竭凝析气藏建成了大张坨储气库群，即大张坨、板876和板中北储气库，自此中国储气库形成了自主的建设运行体系。

（2）稳步发展阶段

2005年开始建设的江苏金坛地下储气库，是中国同时也是亚洲第一座盐穴型储气库，填补了中国利用盐穴改建储气库的历史空白，为长三角地区调峰保供起到重要作用，自此储气库进入了发展并逐步提速阶段。2010年以来，中国相继建成新疆呼图壁、西南相国寺等一批气藏型储气库，取得了复杂储气库重大关键技术突破，培养了专业化科研队伍和技术人才。

（3）集中建设阶段

目前，中国在油气藏型、盐穴型储气库建库理论和技术方面基本成熟，创造了世界储气库建设的多项第一，创新成果整体达到国际先进水平。2021年10月，冀东油田南堡储气库增注项目顺利投产，标志着中国储气库建设完成了从陆路到海上、从油气藏型到油藏型的成功转型，拓宽了中国储气库建库思路，为今后油藏改建储气库奠定了理论基础，具有重要的借鉴和指导意义。储气库建设整体处于成熟并向全国范围内辐射阶段，将在中国的油气消费、油气安全领域发挥更加重要的作用，建库目标将从调峰型向战略储备型延伸与发展，建库技术水平也将在实践中不断得到提高。

储气库建库地域分布不均，气库主要集中在中西部地区，而主消费城市位于东南部地区，对于此供需分离现状，国字号战略工程“西气东输”与储气库同步规划，实现了气能源供给与需求的无缝衔接。储气库在保障骨干管网安全平稳运行方面发挥了不可替代的作用。国内已建主要储气库情况见表1-2-1。

表1-2-1　中国储气库建设情况

序号	储气库名称	工作气量/10^8m^3	区域	归属
1	大港库群	23.00	天津大港	中国石油
2	新疆呼图壁	34.90	新疆呼图壁	
3	西南相国寺	22.80	重庆渝北区	
4	辽河双6	25.00	辽宁盘锦	
5	辽河雷61	1.00	辽宁盘锦	

续表

序号	储气库名称	工作气量/10^8m^3	区域	归属
6	雷 61	3.40	辽宁盘锦	中国石油
7	双 31	4.49	辽宁盘锦	
8	双 51	17.01	辽宁盘锦	
9	大庆喇嘛甸	15.00	黑龙江大庆	
10	大庆四站库群	3.05	黑龙江肇东	
11	京 58	3.90	河北廊坊	
12	文 23	5.16	河北廊坊	
13	华北苏桥库群	23.32	河北廊坊	
14	京 51	0.60	河北廊坊	
15	永 22	3.00	河北永清	
16	陕 224	5.00	陕西榆林	
17	南堡 1－29	10.52	河北唐山	
18	大港板南	4.30	天津滨海新区	
19	大港白 15	1.30	天津滨海新区	
20	长庆陕 224	3.80	靖边气田	
21	双坨子	5.12	吉林长岭	
22	驴驹河	3.00	四川德阳	
23	苏东 39－61	10.80	内蒙古乌审旗	
24	吐哈温西一库	5.50	吐哈盆地	
25	温吉桑储气库群	20.00	新疆鄯善县	
26	港华金坛	1.65	江苏金坛	港华储气有限公司
27	东北孤家子	2.57	吉林四平	中国石化
28	江汉盐穴王储 6	0.17	湖北潜江	
29	中石化金坛	3.00	江苏金坛	
30	永 21	2.38	山东东营	
31	中原白 9	1.54	山东菏泽	
32	白庙浅层气	3.43	山东菏泽	
33	中原文 96	2.96	河南濮阳	
34	中原卫 11	5.08	河南濮阳	
35	中原文 13 西	3.32	河南濮阳	
36	中原文 24	2.56	河南濮阳	

续表

序号	储气库名称	工作气量/ 10^8m^3	区域	归属
37	国家管网金坛	7.80	江苏金坛	国家管网集团
38	江苏刘庄	2.45	江苏刘庄	
39	文 23 一期	32.67	河南濮阳	
40	文 23 二期	7.35	河南濮阳	

二、全国重点企业地下储气库建设概况

（一）中石油储气库

中国石油天然气集团有限公司（以下简称中石油）作为储气库建设的先驱者，在经历了 2008～2009 年南方冻雨等自然灾害下冬季天然气供气紧张的情况，先后在辽河、华北、大港、西南、长庆、新疆等油田开始了大规模储气库建设，其中中国目前最大的储气库—呼图壁储气库仅用 2 年时间全面建成投产。

已建成气藏型和盐穴型 2 类储气库共 24 座，按地域可分为 10 座库群，分布在东北、环渤海、长三角、中南等 7 大区，具体主要包括东北地区辽宁双 6 储气库、环渤海地区天津大港（包括板桥和京 58 库群 2 座，共 10 座储气库）和河北苏桥库群（苏 1、苏 4 和顾辛庄等 5 座储气库）、长三角地区江苏金坛储气库和刘庄储气库、西南地区重庆相国寺储气库、西北地区新疆呼图壁储气库和中西部地区陕西陕 224 储气库。22 座储气库已建成调峰能力超 $100 \times 10^8 m^3$，调峰覆盖 10 余省市，大大缓解了冬季用气压力。

（二）中石化储气库

中国石油化工集团有限公司（以下简称中石化）“十一五”期间开始储气库建设布局，“十二五”期间实现突破。中石化建库类型复杂，包括复杂断块砂岩气藏、裂缝－孔隙型碳酸盐岩气藏、凝析气藏及深层、多夹层盐穴储气库。中石化通过技术创新与集成，建立了不同类型储气库筛选指标评价体系，形成了配套的气藏型储气库建库技术系列，初步形成了深层厚夹层盐穴储气库建库关键

技术，探索了含水层储气库建库关键技术及商业运营模式，为中石化储气库建设和安全运行提供了全面技术支撑。

目前中石化已建成储气库 13 座：文 96、文 23、卫 11、文 13 西、白 9、清溪、孤家子、永 21、大捞坝、白庙浅层、文 24 枯竭气藏储气库和金坛、黄场盐穴储气库，为华北、东北、西南、西北地区天然气调峰保供做出了重要贡献。

中石化主要储气库信息表如表 1－2－2 所示。

表 1－2－2　中石化主要储气库信息表

储气库名称	储气库类型	地理位置	设计库容/10^8m^3	投产时间	工作气量/10^8m^3	连接管网	服务区域	备注
文 96	枯竭气藏	河南濮阳	5.88	2012 年 9 月	2.95	榆济	山东、河南	中石化第一座储气库
文 23（划归国家管网）	枯竭气藏	河南濮阳	104.2	2019 年 3 月	45.10	新粤浙管道	华北“五省二市”：北京、天津、山东、河北、河南、山西、陕西	目前全国库容最大的储气库之一
金坛	盐穴	江苏常州	4.59	2016 年 5 月	2.81	川气东送	江苏、上海	中石化第一座盐穴储气库
黄场	盐穴	湖北潜江	2.37	2008 年 5 月开钻	1.40	川气东送	长江中、下游地区以及华南地区：湖北、安徽、江西等	目前全国最深的盐穴储气库

（三）国家管网储气库

截至 2022 年底，国家石油天然气管网集团有限公司（以下简称国家管网）已建成 4 座地下储气库，储气能力 $120.1\times10^8m^3$，占全已建储气能力的 37.5%，工作气量 $100.7\times10^8m^3$，储气库注采量超 $53\times10^8m^3$。其中，中国首座盐穴储气库—金坛储气库，规模为亚洲第 1；位于河南濮阳的文 23 储气库为中国中东部地区最大的天然气储气调峰设施，设计总库容 $103\times10^8m^3$（文 23 储气库由中石化建设，后划归国家管网运营管理）。

三、中石油储气库钻完井技术

中石油作为中国油气行业的领军企业，经过 20 余年的发展在储气库钻完井技术方面取得了显著的进展并形成了一系列创新成果，为保障国家能源安全和推动能源结构转型作出了重要贡献。

在精细化地质描述和地层压力精确预测的基础上，对井身结构进行了优化。井身结构的基本特点为：表层套管封堵地表的浅水层和复杂地层；技术套管封堵不同地层孔隙压力的层系或易塌易漏等复杂地层；三开盖层专打，以期解决盖层漏失问题，提高固井质量；四开储层专打，最大程度减少储层伤害，达到保护储层的目的（图 1－2－2）。

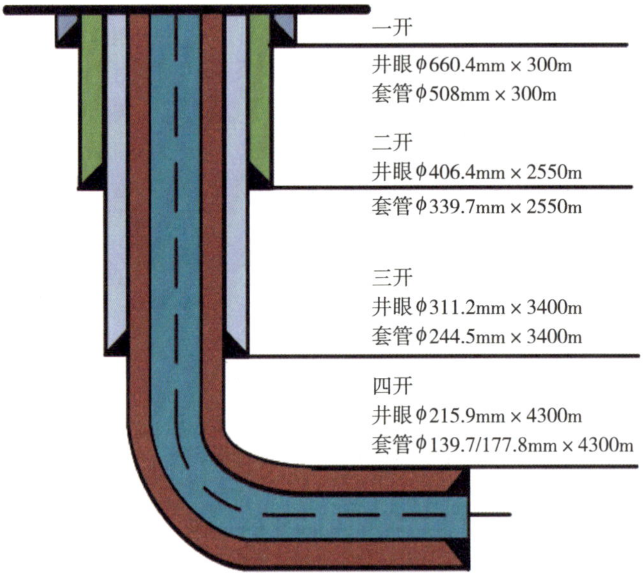

图 1－2－2　中石油储气库主要井身结构

在钻井液方面，针对储气库压力系数低、采空程度高等特点，形成了抗温 150℃无固相钻井液、胺基钻井液、水基强抑制防塌钻井液（CQSP－1）、环保型油基钻井液及钾钙基双模屏蔽钻井液等多种体系。针对储层易漏失的情况，研发了具有强吸水膨胀性能的复合凝胶堵漏材料，实现超低压、大压差钻井；为更好地保护储层，在屏蔽暂堵技术的基础上研发了双模协同储层保护技术，通过隔离膜降滤失剂和超低渗透井眼稳定剂的双模协同保护作用降低钻井液的滤失量，从而有效保护储层。

在固井方面，针对交变载荷条件下常规固井水泥环脆性大、易破碎的问题，形成了深井、大井眼、低压地层等条件下以韧性水泥浆体系为核心的井筒长效密封固井技术，包括以承压堵漏为主的井眼综合准备技术、提高顶替效率技术、套管串优化设计技术、套管密封完整性检测技术、韧性水泥浆性能优化技术、常规 CBL + VDL 结合 IBC 固井质量评价技术等。研制了储气库井固井新材料和专用装备，例如中低高温 DRE 韧性水泥浆体系、DRY 冲洗隔离液、套管螺纹连接气密封检测装备等。韧性水泥石抗压强度超过 50MPa，弹性模量相比常规水泥石降低 30%~50%，抗高温 200Y、最大适应固井温差 100°C。该固井配套技术在苏桥、相国寺等储气库推广应用 27 口井，苏桥储气库固井井深达 5399m，固井质量合格率达到 100%。

四、国内储气库发展趋势

中国石油规划总院根据中国不同地区天然气消费冬夏峰谷差，计算得到相应的调峰系数，结合各地区的用气量，可计算中国 2030 年储气调峰需求。根据调峰系数分析预测，当消费量达到 $5500\times10^8m^3$时，储气库调峰需求量则为 $563\times10^8m^3$，约占天然气消费量的 10.2%。如果 2035 年天然气消费量达到 $6000\times10^8m^3$，则相应的天然气储气库需求量将达到 $615\times10^8m^3$。在天然气发展的背景下，根据国家对储气能力建设的要求，为了保证我国能源安全，必须加强储气能力的建设。中国 2030 年不同地区天然气消费量及调峰需求预测见表 1-2-3。

表 1-2-3　中国 2030 年不同地区天然气消费量及调峰需求预测

地区	天然气用＊/10^8m^3	用气不均匀系数	调峰需求/（B/10^8m^3）
长三角地区	945	1.17	32
环渤海地区	1095	1.59	214
东南地区	825	1.16	46
中南地区	700	1.2	47
西南地区	635	1.13	27
西北地区	350	1.58	67
中西部地区	550	1.5	90
东北地区	400	1.3	40

中石化以中原油田为中心，按照中原储气库群库址资源的筛选评价排序、“气藏建库兼顾油藏”的布局原则，制定中原储气库群建设规划。以整体规划、分步实施、突出重点为策略，按照“达容一批、新建一批、评价一批”的方式进行工作部署，充分挖掘储气库的建设潜力，加快推进储气库群建设，助推油田转型发展（表1-2-4）。

计划“十五五”期间重点布局储气库2座，“十六五”“十七五”储备布局储气库12座，规划中原储气库群总库容量将达到$556.84\times10^8m^3$。届时，中原储气库群与榆济管道、鄂安沧、新气管道豫鲁支线等干线管道连通，与山东、天津两大LNG接收站形成良性互补，力争使中原储气库群成为华北地区的天然气调峰中心。

表1-2-4　中原油田储气库群总体规划表

规划	区块
中期（十五五）	白庙气田、户部寨气田
远期 （十六五、十七五）	文南气顶、卫城气顶、濮城气顶、卫2块 卫10块、文82块、文25块、文13北块 文203块、文33块、濮城沙一、桥口主体

国家管网为进一步提高储气库调峰能力，拟新建7座地下盐穴储气库，进一步扩建文23储气库。其中河南平顶山、江苏楚州、淮安等盐穴储气库已开展前期建设，同时国家管网斥资50亿成立了储能技术公司，将加快开展储气、储氢、储二氧化碳、储空气等技术研究，加快优化业务布局，深化新型储能合作，加强区域能源保障。

虽然我国储气库起步晚、地质条件差，但经过20多年的理论创新，建设了一批难度较大的储气库，短期内实现了从零到百亿立方米级调峰能力的历史性跨越，迈入快速发展阶段。按照重点企业的中长期发展规划，未来将建成西北、中西部、东北、华北、西南、中东部6大储气中心，2030年储气能力预计将达$405\times10^8m^3$，形成地下储气库-管网-气田-消费区相互联动的态势，起到调峰保供作用。

第二章 中原储气库群建设概况

中原油田具有丰富的地下资源，油气藏开发单元众多，地处华北大地，靠近用气负荷中心。经过多年开发，逐步形成了多个枯竭式油气藏区块，中原油田将枯竭式油气藏区块经过筛选后，转建为储气库，形成新的效益增长点，有利于老油气田实现可持续发展。中原储气库群地处中原油田腹地，地下形成了封闭性良好的油气储集空间，具备建设储气库得天独厚的条件，目前已建成文 23、卫 11、文 13 西等 6 座储气库，着力打造大华北地区百亿方地下储气调峰中心。

1 第一节 中原储气库群建设的重大意义

中原油区地处渤海湾盆地的东濮凹陷，具有丰富的天然气资源，河南、山东所处中原地区与西部气源相距远，天然气管道输送距离很长，而中原油区恰好位于河南、山东两省交界处，具有丰富的天然气资源，同时具备多个建设地下储气库的枯竭性气藏。因此，宜在中原油区建设天然气地下储气库。

一、全国天然气需求情况和华北的需求情况

1. 全国天然气需求情况

2023 年，我国国民经济回升向好，市场调节作用增强，用气结构持续优化，多能互补成效初显，市场需求较快增长。全年天然气消费量 $3945\times10^8m^3$，增量 $282\times10^8m^3$，同比增长 7.6%；预计 2024 年天然气消费量（4200 ~ 4250）$\times10^8m^3$，同比增长 6.5%~7.7%；天然气在一次能源消费总量中占比 8.5%，较上年提高 0.1 个百分点。十年来，政策推动中国天然气行业快速发展，用气结构和能源结构持续优化。全国天然气消费量由 2014 年的 $1848\times10^8m^3$ 增长至 2023 年的 $3945\times10^8m^3$（图 2 – 1 – 1），消费增量占全球总增量的 37%。31 个省（市、自治区）337 个地级行政单位中，超过 300 个地级市不同程度地使用上了天然气。

2023 年，全国天然气产量 $2324\times10^8m^3$，同比增长 5.6%，增量 $123\times10^8m^3$，连续 7 年增产超百亿立方米。非常规天然气产量突破 $960\times10^8m^3$，占天然气总产量的 43%，成为增储上产重要增长极。其中，致密气不断夯实鄂尔多斯、四川 2 大资源阵地，全年产量超 $600\times10^8m^3$；页岩气不断巩固深层生产基地，新区新领域获重要发现，全年产量 $250\times10^8m^3$；煤层气稳步推进中浅层滚动勘探开发，深层煤层气取得重大突破，全年产量 $117.7\times10^8m^3$。预计 2024 年天然气产量 $2460\times10^8m^3$，增产持续超过 $100\times10^8m^3$。

从消费结构看，城市燃气消费同比增长 10%，占比 33%，公服商业、交通

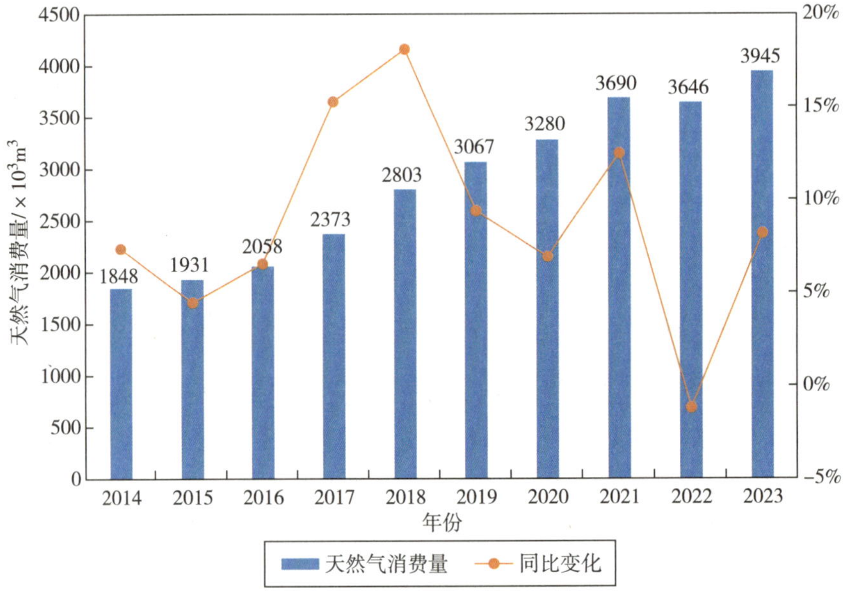

图 2-1-1　近 10 年全国天然气消费量变化情况

物流加快恢复，LNG 重卡销量爆发式增长，居民生活、采暖用气稳定增加；工业燃料用气较快恢复，同比增长 8%，占比 42%，主要受工业生产提速，轻工、冶炼、机械等传统产业持续向好，锂电池、光伏板等新动能成长壮大等因素影响；发电用气同比增长 7%，占比 17%，新增气电装机超过 1000 万千瓦，总装机规模达到 1.3 亿千瓦，气电顶峰保供能力显著增强，在迎峰度夏、冬季保供中发挥重要作用；分省看，广东、安徽、重庆等 10 个省（自治区、直辖市）消费增速超过 10%，广东消费量超过 $380\times10^8m^3$，江苏消费量连续 3 年保持在 $300\times10^8m^3$ 以上，北京、河北、山东和四川消费量处于（200～300）$\times10^8m^3$ 之间。

根据 2022、2023 年我国每月天然气消费情况（图 2-1-2），冬夏季峰谷差较大，夏季低谷的月均用气量约 $271\times10^8m^3$，冬季高峰月均用气量约 $350\times10^8m^3$，用气量差额为 $79\times10^8m^3$；其中 2023 年 12 月单月的用气量高达 $411\times10^8m^3$，和夏季低估相比增量约 $140\times10^8m^3$。随着煤改气、天然气采暖、热电联供项目的大量推行，冬季供暖高峰期的用气需求将进一步增加。

2. **华北地区消费现状**

华北地区是我国天然气消费的传统区域，包括北京、天津、河北、河南、山东 5 省，其 2018 年区内天然气消费总量 $794\times10^8m^3$，增长率 25.34%，约占全国份额 28.81%。用气结构以城燃和工业燃料为主，在总消费量中占比分别为

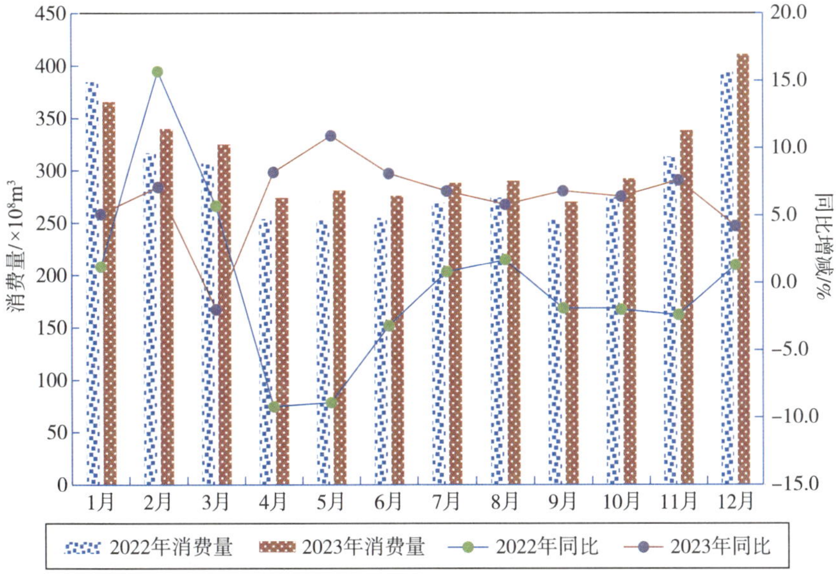

图 2-1-2　我国每月天然气消费情况

41%和40%；发电用气比例为18%，化工用气结构仅占2%，且不断缩小。同时该区域是我国天然气调峰需求最为突出的区域，冬季供暖期用气量占到全年消费总量的50%以上。2017年区域用气量高月/均月系数为1.64，高月/低月系数为2.26，其中北京高月/均月系数为2.11，高月/低月系数为4.59。

华北地区是我国大气污染防治的主战场，煤改气是该区域天然气消费的主要驱动力。根据国家《北方地区冬季清洁取暖规划（2017～2021年）》和六省市燃气发展“十三五”规划要求，2020年六省市需求量$1160\times10^8m^3$。结构上，新增用气需求主要集中在城市燃气、天然气发电、集中供热以及陶瓷、钢铁、交通运输等领域。新增用气以城市供暖、天然气发电为主，均属与民生相关的不可中断用气，预计用气不均匀系数在当前1.64的基础上还将进一步增加。以国家和地方规划为基础，综合考虑气源供应、市场培育和大型终端利用项目建设进展，预计2025年区域消费规模达到$1578\times10^8m^3$。

二、中原油田油气资源及开发情况

中原油田作为中国石化集团公司第二大油气田，拥有东濮凹陷、普光气田、内蒙古3大油气生产基地，其中东濮凹陷已经成为我国东部地区重要的石油天然气生产基地。

东濮凹陷的石油勘探工作始于1955年，1975年钻探的濮参1井发生井喷获高产油流，从而揭开了系统研究盆地结构和进行全面油气勘探的局面。近五十年来的勘探开发，已经取得了巨大成就。依据第三次资源评价结果，东濮凹陷石油资源量为12.37×10^8t、目前已开发动用油田17个，油藏203个，动用石油地质储量5.46×10^8t，动用程度92.1%，可采储量1.59×10^8t，采收率29.2%（图2－1－3）；天然气总资源量$3675\times10^8m^3$，其中气层气资源量$2355\times10^8m^3$，溶解气资源量$1320\times10^8m^3$，天然气探明地质储量$1390.23\times10^8m^3$；动用地质储量$1171.15\times10^8m^3$，动用程度84.2%；气层气动用地质储量$509.82\times10^8m^3$，动用程度76.4%；溶解气动用地质储量$661.33\times10^8m^3$，动用程度91.5%。探明的气田（藏）26个（图2－1－3，图2－1－4），其中整装气田2个、凝析气藏8个、

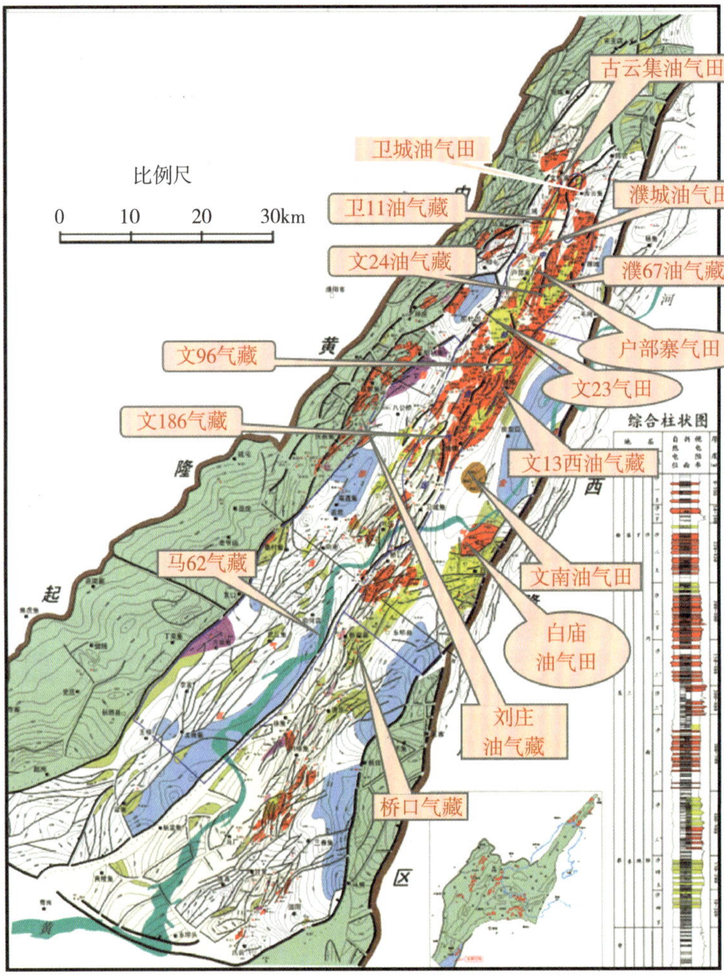

图2－1－3　东濮凹陷油气开发单元分布图

复杂断块气藏11个及气顶5个（表2-1-1）。经过数十年的开发，大多数气藏低压低产，截止到2018年东濮气层气产量$0.50\times10^8m^3$，工业采出程度97%。

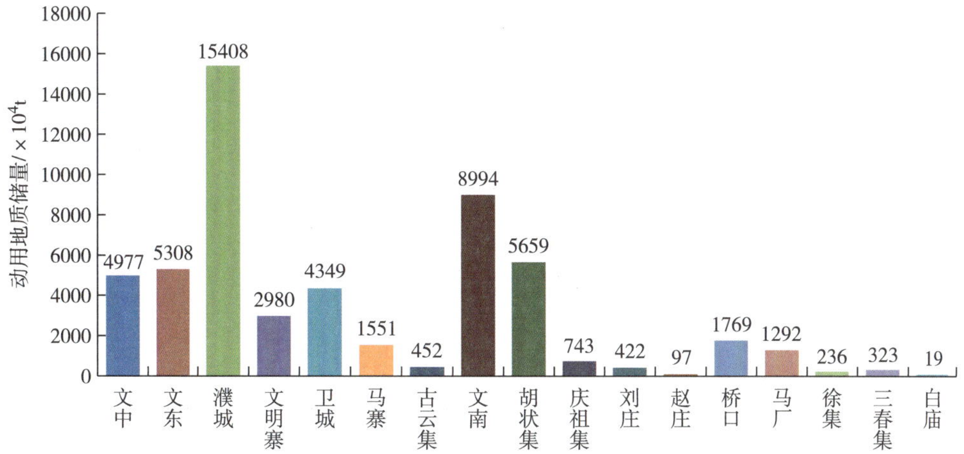

图2-1-4 东濮凹陷油田动用储量情况

表2-1-1 东濮凹陷气田（藏）地质参数表

类型	气藏名称	探明储量/$\times10^8m^3$	含气层系	含气井段/m	孔隙度/%	渗透率/mD
整装气田（2个）	文23、户部寨	191.47	沙四段	2672-3500	9-13	0.3-2.5
凝析气田、藏（8个）	桥口、白庙、刘庄、濮67、濮153、徐集、文203-58、文299	308.75	沙二下-沙四段	2610-4760	11-13	0.4-2.5
复杂断块气藏（11个）	卫11、文24、文96、文181、文186、文77、卫79-19、马62、孟4、濮98、文19	67.64	沙二下-沙四段	2900-3680	11-14	0.8-46
气顶（5个）	濮城、文东、文南、卫城、古云集	99.63	沙二上-沙四段	2230-3200	16-25	9.7-120
合计	26个	667.5	沙二下-沙四段	2610-4760		

三、中原地区优越的地理位置

中原油田的东濮凹陷位于中原地带豫鲁两省交界处的黄河两岸，地跨河南省濮阳、新乡、安阳、开封和山东省菏泽、聊城6市12个县（区）（如图2－1－5），隶属大华北腹地，紧靠天然气消费中心。其少山脉而多河流，海拔44～65m，以平原为主，包括洼地、岗坡、低丘等地形，属暖温带半湿润季风型大陆性气候，四季分明，气候宜人，年均气温13.3℃，具有良好的地理和自然条件。

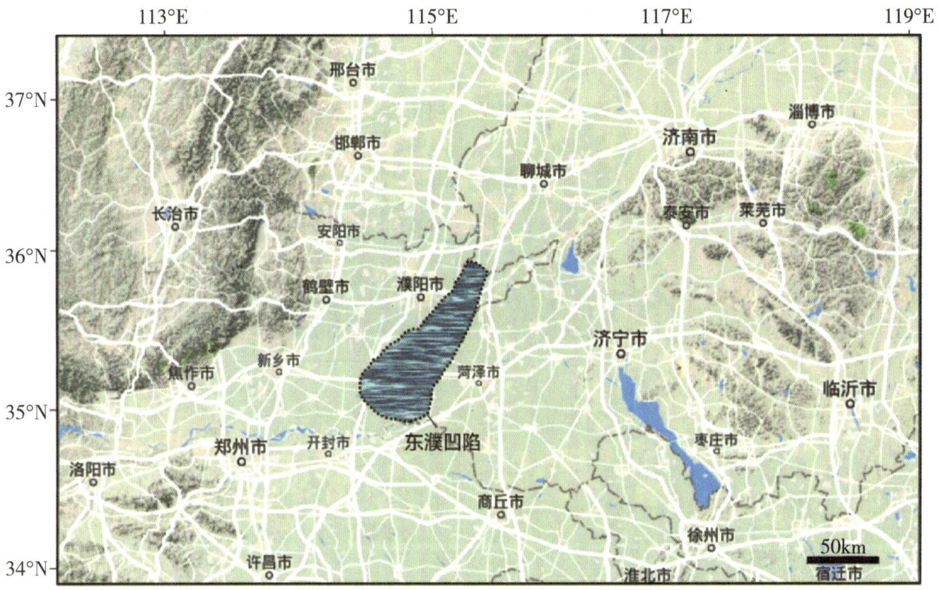

图2－1－5　东濮凹陷地理位置图

中原油田周边国家干线管网密集，适合承担季节调峰及应急供气任务，在市场竞争中具有优势。已建成成熟的管网：中石化天然气长输管道有榆林－济南输气管道、中原－开封输气管道、山东液化天然气项目输气管道、天津液化天然气项目输气管道、安平－济南输气管道、济南－青岛输气管道等。拟建的管道包括新疆煤制气外输管道、鄂尔多斯－安平－沧州输气管道、青宁输气管道等。中石油已建的天然气管道有西气东输一线、西气东输二线、陕京一线、陕京二线、陕京三线、陕京四线、泰青威管线、冀宁联络线等管道，见图2－1－6。表2－1－2为中原油田周边主要管网参数表。

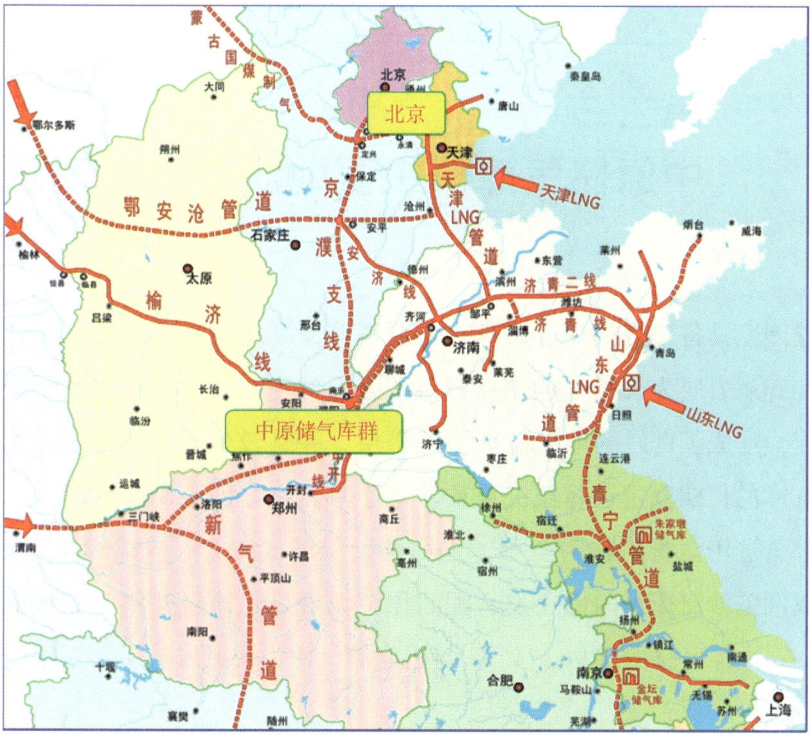

图 2－1－6　中原油田周边主要管网

表 2－1－2　中原油田周边主要管网参数表

管线	长度/ km	管径/ mm	压力/ MPa	设计输量/ ($\times 10^8 m^3$/年)
榆济线	1000	711/610	8	30/50
济青双线	390	813/508	8/6.3	50
鄂安沧（一期）	736	1219/1016	12/10	100
中开线	226	D1016	8.0	30
天津 LNG 外输复线	140	1219/1016	10	60
山东南干线	1050	DN1000	10	44/300
潜江－中原储气库	980	DN1200	12	200

2 第二节 中原储气库群主要地质特征和改建条件

东濮凹陷具备较好的储层条件，储层埋藏深度适中，孔隙度和渗透率较高的砂岩和碎屑岩层为天然气的储存提供了合适的空间，地区多套厚层盐岩的发育、相变，形成了良好的油气遮挡层及盖层，并且较少受到构造运动影响，这对于储气库的长期稳定运行至关重要。基于盐岩良好的圈闭密封条件，中原储气库大部分选用盐膏岩作为盖层，先后选址卫城、文 13、文 23 作为储气库基址。东濮凹陷沙河街组内部还发育泥岩段，泥岩是除盐岩外作为储气库的良好盖层之一，中原区域的文 96、文 24 与白庙储气库为膏泥岩盖层储气库。

一、东濮凹陷主要地质特征

（一）地质构造和沉积特征

东濮凹陷位于渤海湾盆地南端，属于渤海湾盆地临清坳陷，是一个多旋回叠合盆地，基底为太古界变质岩，沉积盖层包括下古生界、上古生界、三叠系和新生界。古生代属于华北克拉通盆地，中生代时期发生强烈的燕山运动，促成地台解体，经喜马拉雅运动的加强，在新华夏构造体系控制下，受兰考 – 聊城、长垣二断裂为主的长期活动与发展的影响，在新生代形成具有裂谷特点的断陷型凹陷。其沉积构造和盆地结构与渤海湾盆地其它地区相似，具有分段、分带和分层特点，沉积构造则以陆相沉积为主，发育岩盐和火山岩。

北部以北西向的马陵断层，南部以封丘 – 兰考断层为界，西侧毗邻内黄隆起，东部以兰聊大断裂为界，凹陷面积 5300km^2，南北长约 150km，北窄（约 20km），南宽（约 60km），走向北东，平面上呈琵琶形，剖面呈箕状，东陡西缓，构造格局为“二洼一隆一斜坡”，自东到西分为东部洼陷带、中央隆起带、西部洼陷带和西部斜坡带，受构造活动影响，凹陷内断裂极其发育。

东濮凹陷典型地质剖面如图2－2－1所示。东濮凹陷沉积示意图如图2－2－2所示。

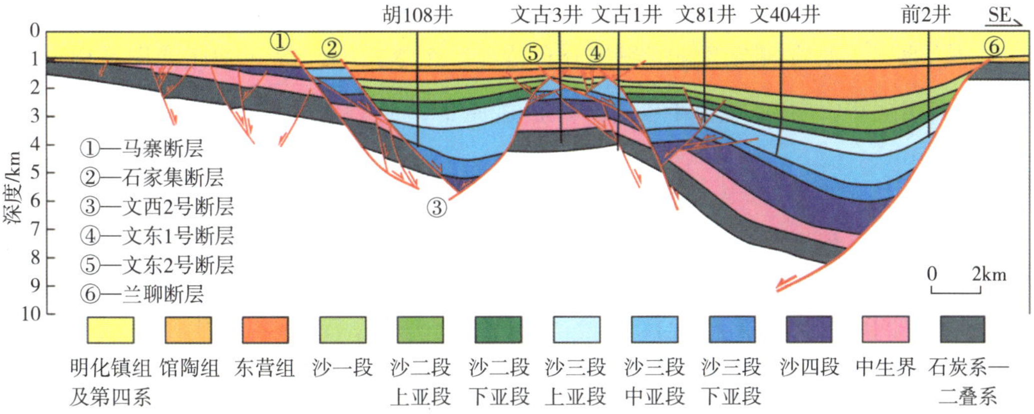

图2－2－1　东濮凹陷典型地质剖面

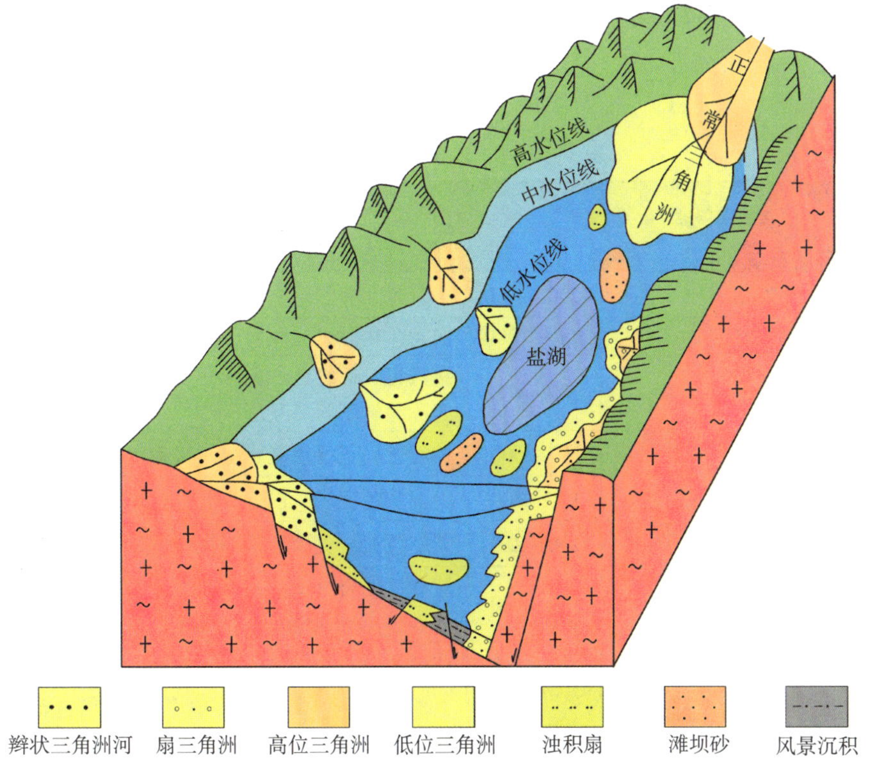

图2－2－2　东濮凹陷沉积示意图

东濮凹陷是一个多旋回沉积的新生代断陷—坳陷盆地，经沙四、沙三段的裂陷期，沙二段的萎缩期到沙一段属于稳定下沉的弱断陷期，以盆地缓慢沉积为特征，湖相沉积体系十分典型。沉积相主要有河流相、浅水三角洲相和深水半深水浊积相，具有沉积厚度变化大、岩性变化大、相带窄、物源近、方向多、环境复杂等特点。沙四段~沙一段是河流相-湖湘沉积，其中沙四段、沙三段、沙一段以湖相沉积为主，沙二段以河流相-湖相沉积为主，东营组河流相沉积占主导地位。据沙河街组的沉积相分布特征，东濮凹陷北部（刘庄油田及以北）是盐湖相沉积，中部（桥口油气田）是过渡带，而南部（新霍集以南）为淡水湖相沉积。

（二） 地质分层

东濮凹陷纵向上由浅至深发育：第四系平原组，新近系明化镇组（Nm）、新生界新近系馆陶组（Ng），古近系东营组（Ed）、古近系沙河街组（Es）的沙一段、沙二段、沙三段、沙四段。沙河街组沙一至沙四段地层是主要生、储油气层段，其中储气库目的层段集中在沙三段、沙四段。东濮凹陷地层层序表如表2-2-1所示。

表2-2-1 东濮凹陷地层层序表

地层层序			厚度/m	主要岩性描述
系	组	段		
第四系	平原组		200~400	土黄色、棕红色黏土、砂质黏土及砂层
新近系	明化镇组		800~1000	棕黄色粉砂岩、泥岩、砂质泥岩互层
	馆陶组		200~400	灰黄色、棕红色、灰绿色砾状砂岩、砾岩、粉砂岩、泥岩不等厚互层
古近系	东营组		300~600	棕红色、灰绿色泥岩与浅灰色、棕红色粉砂岩
	沙河街组	沙一段	100~300	上部灰色泥岩、白云质泥岩；下部灰质岩、盐岩
		沙二上	200~250	紫红色泥岩夹少量薄层灰色泥岩及含膏泥岩
		沙二下	300~400	紫红色泥岩及少量灰色泥岩，褐色粉砂岩、灰色粉砂岩不等厚互层
		沙三上	400左右	灰色泥岩和含油粉砂岩、页岩、油页岩
		沙三中	200~250	上部盐岩、膏盐层、泥膏岩中央灰色泥、页岩层；下部灰色泥岩夹粉砂岩、页岩、油页岩
		沙三下	700左右	盐岩膏盐层泥膏岩灰色泥岩及少量粉砂岩
		沙四上	200左右	上部灰色泥岩夹薄层白云质粉砂岩：下部灰黄色粉砂岩夹泥岩
		沙四下	250左右	棕红色粉砂岩、细砂岩夹薄层泥岩
中生界			>300	棕色砂、泥岩互层

（三）储层物性

东濮凹陷储层物性区域差异性较大，整体上储层物性较差，主要表现在储层渗透率、孔隙度较低、储层孔喉半径细小。典型的卫 11 储气库纵向上砂体展布特征：沙三下^{2}砂组砂岩最发育，沙三下^{3}砂组次之，沙三下^{1}砂组较差。砂体平面展布上体现了受自北西方向物源控制下的沉积特征，大多数小层砂体表现出西侧较厚、东侧变薄的变化趋势。孔隙度沙三下$^{1-3}$砂组在 16.0%~20.0%，平均为 17.4%，其中 2 砂组储层物性好，1、3 砂组稍差。渗透率主要分布在 10.0~60.0mD 之间，平均约 20.0mD，为中孔、中渗储层。典型的文 23 气田含气层系为下第三系沙河街组沙四段，埋藏深度 2750~3120m。储层以粉砂、细砂岩为主，平均孔隙度为 12.8%，平均渗透率为 1.95mD，非均质性严重。沙四段 1 至 2 砂组储层孔隙度在 8.86%~10.32% 之间，渗透率在 0.27~1.77mD 之间，为低孔低渗储层；沙四段 3 至 8 砂组储层孔隙度在 11.4%~13.86% 之间，渗透率在 3.79~17.12mD 之间，为低孔中低渗储层。东濮凹陷地层水矿化度高，接近饱和盐水，总矿化度为 322900~347000mg/L，Cl^- 含量为 181900~209900mg/L，为典型的 $CaCl_2$ 型水。

二、中原储气库改建条件

（一）盖层密封性

在天然气的地下储存过程中，必须有一定厚度的不渗透盖（隔）层才能防止天然气的上下运移渗漏。盖层的封闭性是储气库建库可行的重要指标。东濮凹陷地层中沉积了巨厚的盐膏层，盐膏岩厚度大、分布广，封堵能力强，且在多次构造运动中，由于盐膏岩塑性强，即使断层发育时期其连续性也不易遭受破坏，对油气的聚集和保存起了重要的控制作用且具有良好的低渗透性、蠕变性和自修复能力，是天然的优良盖层。基于盐岩良好的圈闭密封条件，中原储气库大部分选用盐膏岩作为盖层，先后选址卫城、文 13、文 23 作为储气库基址。此外，东濮凹陷沙河街组内部还发育泥岩段，泥岩是除盐岩外作为储气库的良好盖层之一，中原区域的文 96、文 24 与白庙储气库为膏泥岩盖层储气库。

东濮凹陷盐岩沉积示意图如图 2-2-3 所示。

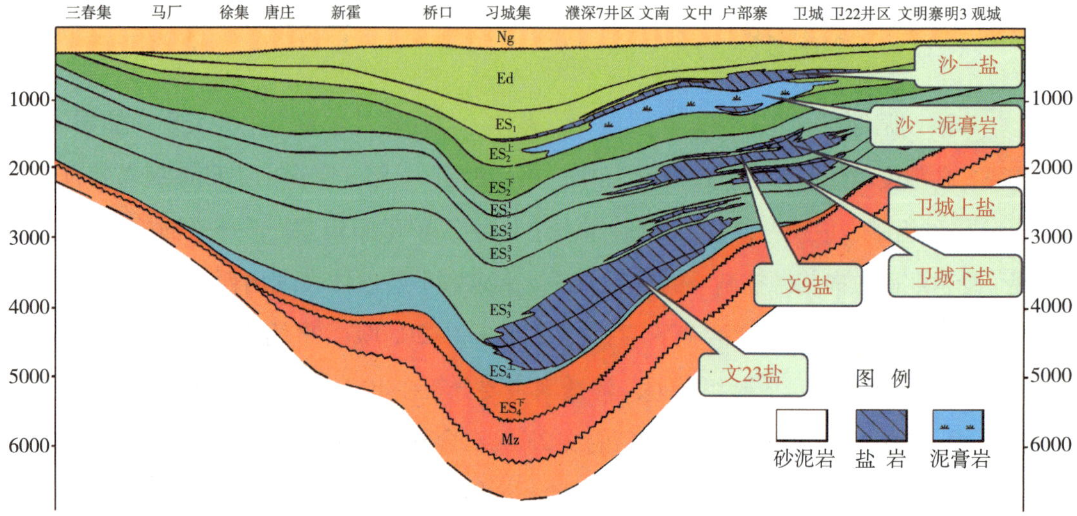

图 2-2-3　东濮凹陷盐岩沉积示意图

膏盐岩盖层封闭性需要从内因和外因两方面进行评价。中原储气库盖层埋深一般在 2100～2800m，埋藏较深，通常应具有极高的突破压力和排替压力，古溶蚀的影响较弱。岩石脆塑性是影响盖层性质及油气保存条件的重要因素之一。研究表明：随着埋深的增加，膏盐岩明显存在脆塑性转变的过程，一般要经历 3 个变形阶段：脆性阶段、脆-塑性过渡阶段和塑性阶段。脆性阶段：野外观察以脆性破裂为主，形成大量的裂缝和断层；脆-塑性阶段：以发育典型的涂抹结构和分散的裂缝为特征；塑性阶段：膏盐岩具有流动特征，发生褶皱变形，一般沿着断裂塑性流动挤出并在断裂顶部出漏，为典型的塑性变形。总结国内膏盐岩盖层脆塑性评价经验结果，江苏金坛盐矿纯盐岩从脆性向脆-塑性转换的临界围压为 4MPa，相当于埋深 192m，脆-塑性向塑性阶段转换临界围压为 23MPa，相当于埋深 1102m（图 2-2-4）；库车坳陷库姆格列木组膏岩脆性向脆-塑性转换的临界围压为 46MPa，相当于埋深 1740m，脆-塑性向塑性转换的临界围压为 90MPa，相当于埋深 3400m；库车坳陷的含泥盐岩、含膏泥岩的从脆性向脆-塑性转换的临界埋深分别为 1680m 和 1670m，脆-塑性向塑性阶段转换临界埋深分别为 3500m 和 3980m（图 2-2-5）。

通过与这些地区盖层岩性，分布特征对比分析，认为以纯膏岩的脆塑性转换临界深度作为中原储气库区域盖层的脆塑性转换的临界条件，脆塑性转换临界深度分别为 1740m 和 3400m。总结分析中原储气库盖层顶底界面深度，顶界深度一般在 2100～2500m，底界深度一般在 2400～2800m，因此，将中原储气库

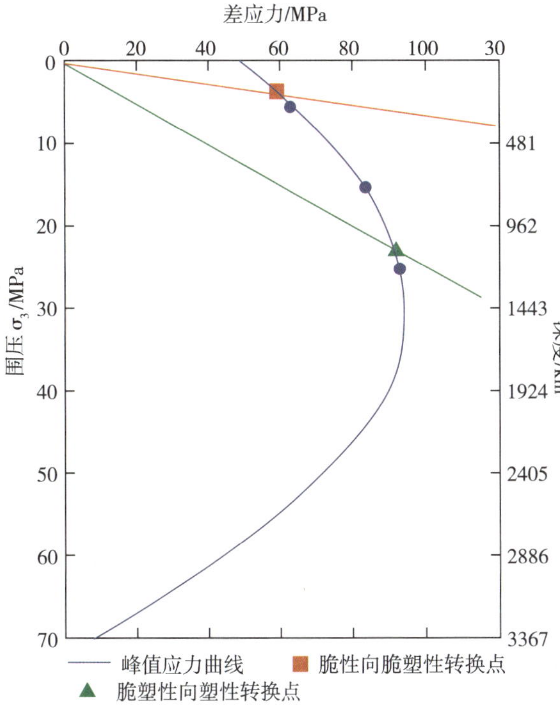

图 2－2－4　江苏金坛盐矿盐岩脆塑性转换深度

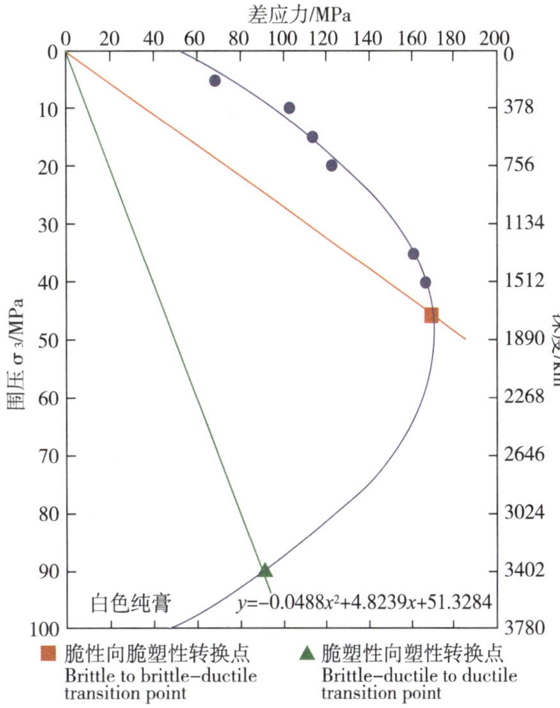

图 2－2－5　库车坳陷库膏岩脆塑性临界深度

盖层脆－塑性定性认定为脆－塑性转换阶段，以塑性特征为主。

泥岩涂抹是断裂变形的重要机制之一，泥岩涂抹的连续性受控于断距与泥岩厚度的比率（SSF 值）大小（图 2－2－6），即用泥岩涂抹系数 SSF（Shale Smear Factor）预测涂抹的发育程度，实现断层封闭性定量评价。

关于判断断层封闭性的涂抹系数标准，Gibson 等人根据对 Teak 和 Poui 油田泥岩涂抹系数的测试，以及泥岩涂抹层空间分布连续性及所能封闭住的烃柱高

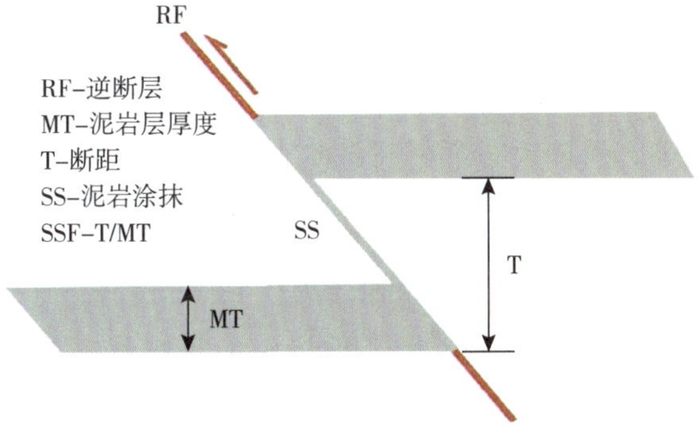

图 2－2－6　泥岩涂抹系数 SSF 的模式图

度关系，认为只要断层泥涂抹系数小于4，泥岩涂抹层就能保持空间连续分布，封闭性就好。但不同地区、不同盆地实际地质情况有差异，泥岩涂抹系数临界值的标准不同。中原储气库膏盐岩盖层普遍处于脆－塑性阶段，利用临界SSF值对盖层段的断层进行定量评价，并将封闭性参数投点到天然气藏保存条件定量评价图版中，可以判断全部新井均为Ⅱ区，为有利区，都具有良好的对接幅度，能封闭住一定的烃柱高度（图2－2－7）。

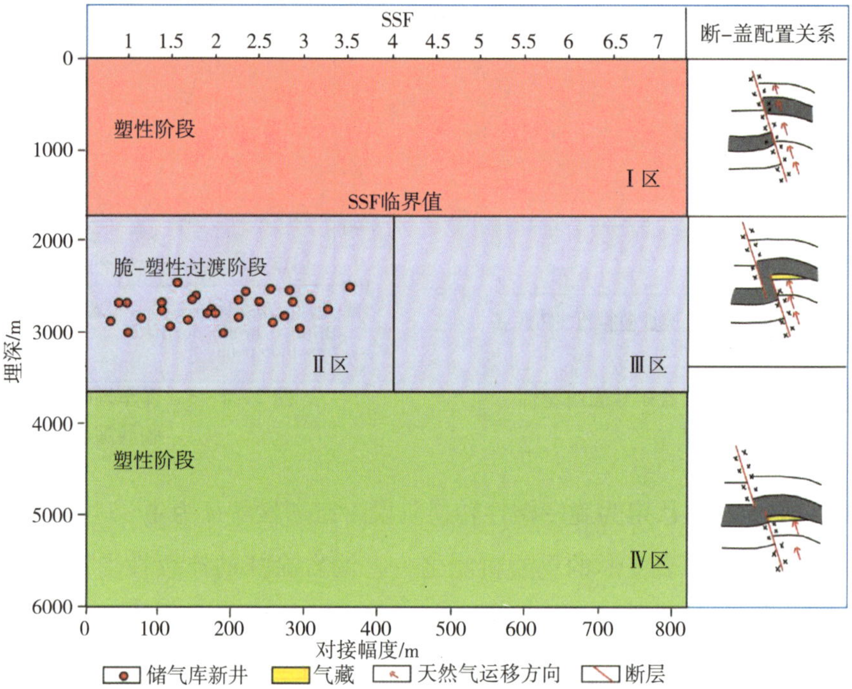

图2－2－7　天然气藏保存条件定量评价

物性封闭是盖层封闭油气最普遍的机理，是由于盖层与储集层之间的物性差异引起毛细管压力的差异而造成盖层对油气的封闭作用。目前评价盖层物性封闭能力的参数很多，主要有盖岩的排替压力、渗透率、孔隙度、密度、比表面积和微孔隙结构等。然而大量的统计研究发现，盖层孔隙度、渗透率、密度、比表面积和孔隙中值半径等参数与排替压力之间有着较明显的函数关系，这说明孔隙度、渗透率、密度、比表面积和孔隙中值半径等参数在盖层评价中所起的作用，完全可以由排替压力来代替。排替压力是指岩石中润湿相流体被非润湿相流体驱替所需要的最小压力，在数值上近似等于岩石中最大连通孔隙的毛细管压力。地下游离相油气通过盖层孔隙喉道运移，必然受到盖层与储集层之间排替压力差的阻挡，只有油气的能量大于其盖层与储集层之间的排替压力差时，油气才能驱替盖层孔隙中的水而进行运移。由于储集层岩石的排替压力太小，与盖岩排替压力相比可忽略不计，因此，盖岩排替压力是评价盖层物性封闭能力最直接、最根本的参数，盖岩排替压力越大，物性封闭能力越强；反之则越弱。基于以上原理，列出了地下储气库评价体系分级表（表 2－2－2），并对中原储气库的盖层封气能力进行了测试。

表 2－2－2　地下储气库评价体系分级表（气藏）

盖层封闭性评价项目	级别			
	优	良	中	差
盖层岩性	盐膏岩、膏泥岩、钙质泥岩、泥岩	含砂泥岩、泥灰岩、含粉砂质泥岩	砂质泥岩、泥质粉砂岩	泥质砂岩、页岩、致密灰岩
盖层厚度/m	>300	150～300	50～150	<50
盖层连续性	连续、稳定	较连续、较稳定	较连续、不稳定	连续性差、不稳定
盖层裂隙发育	裂隙不发育	裂隙少量发育	裂隙有发育，但未形成贯通性裂隙	有贯通性的裂隙
排替压力/MPa	>10	5～10	1～5	<1

中原储气库盖层为盐膏岩、泥岩，盐岩层分布面积大，连续稳定，厚度大，一般为 200～600m，裂隙少量或不发育，是良好盖层。经过测试，中原储气库盖层封气能力较高，文 96 气藏盖层封气能力为 27MPa，卫 11 气藏盖层封气能力为 27.5MPa，文 23 气田盖层封气能力为 38MPa，文 13 西盖层封气能力为 54MPa，均属于优质盖层。

（二）断层封闭性

东濮凹陷的构造总体走向为北北东向，主要包括 3 条走向北北东的大断层，即兰聊断层、黄河断层与长垣断层，其间夹持两个次凹与一条隆起，形成“两凹夹一隆”的盆地结构，并据此将东濮凹陷分为西部斜坡带、西次凹带、中央隆起带和东次凹带（图 2－2－8）。西部斜坡带分别属于盆地西侧的边缘带，总体上向南东共下盘断块构成。东部次凹带直接位于兰聊断裂带中主干断层上盘，显示半地堑结构；由于兰聊断层沿走向的产状变化而导致不同区段的盆地结构有所差异。西部次凹带在南部受相向倾斜的黄河断层和长垣断层控制；中部和北部不同地段则分别受不同断层控制，以与兰聊断层同向倾斜的基底正断层为主干控制断层。

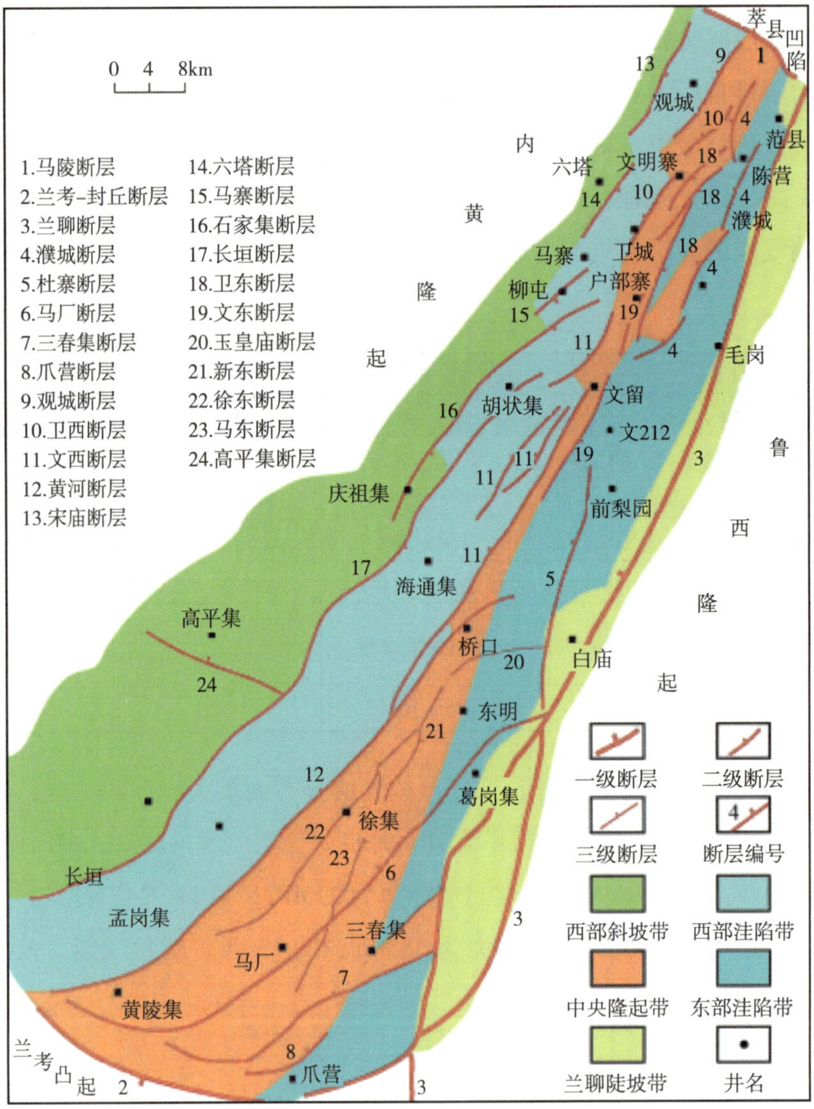

图 2-2-8　东濮凹陷主要断层分布

东濮凹陷新生代构造格局还具有鲜明的南北分区特征。柳屯-毛岗一线和高平集-白庙一线分别存在2个近东西向的变换构造带。变换构造带南北的基底构造特征、新生代盖层沉积分布，与主边界断层走向和倾向等方面均有明显差异，据此将东濮凹陷分为北部、中部和南部3个构造区段。北部的东、西次凹表现为东深西浅的半地堑或不对称地堑结构，控制性正断层自西向东依次为观城断层、卫西断层和濮城断层等。中部和南部控制次凹带的主要有3条边界断层，即兰聊断层、长垣断层和黄河断层（或文西断层）。中央隆起带在凹陷南部，无论隆起程度或是隆起范围均超越北部和中部地区。西次凹为地堑结构，东次凹则属于半地堑结构，东次凹沉降深度明显小于西次凹，与中部东、西次凹相近的断陷形式有较大差异（图2-2-9）。

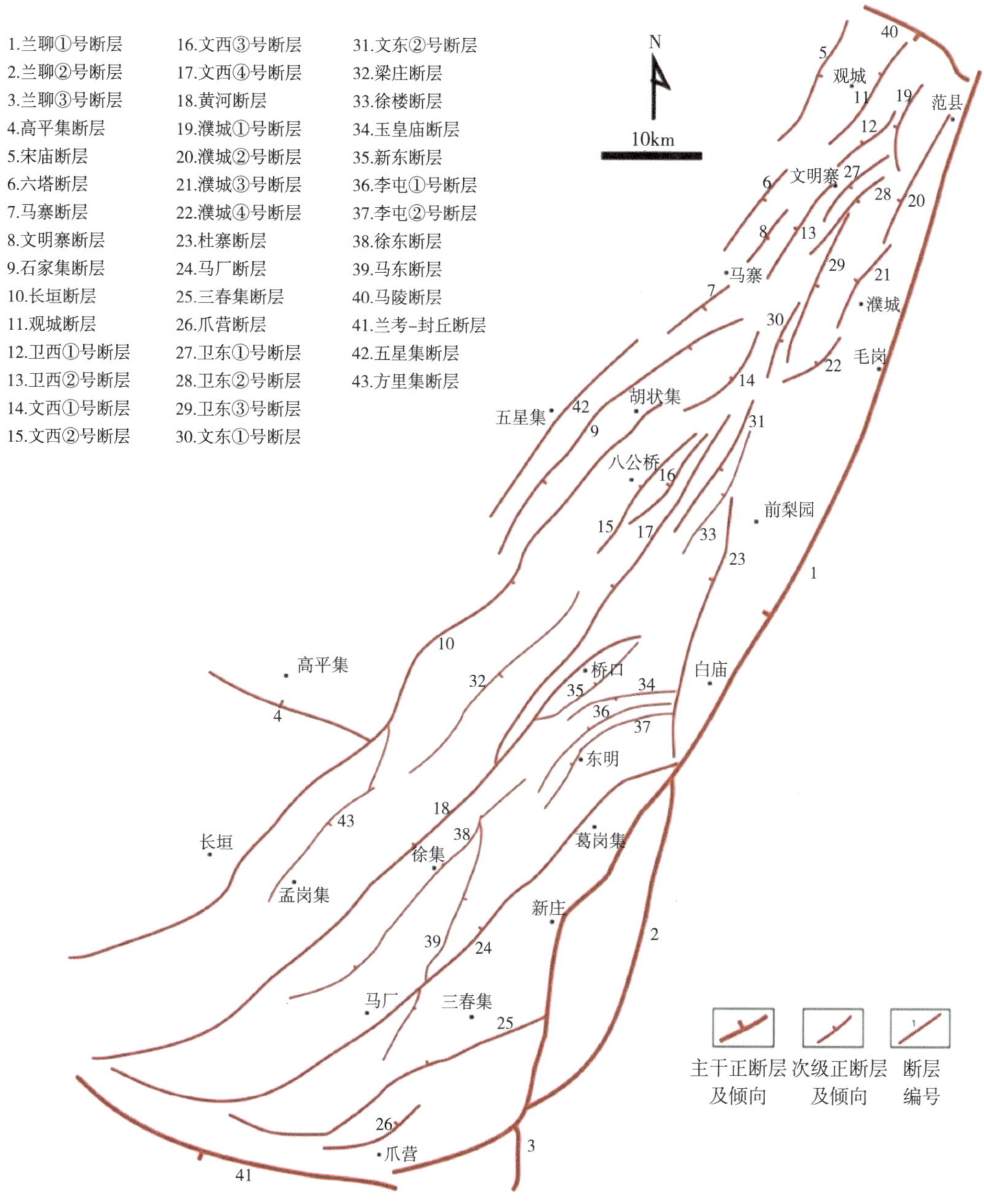

图2-2-9　东濮凹陷断裂体系图

断层在油气成藏中，既可作为油气运移的通道，也可作为阻止油气继续运移的遮挡面，断层带封闭性决定着储气容量大小及安全运行的压力等参数。中原地区文西断层、文东断层，断距大，落差最大达1450m；Ⅲ级断层：4条，断距较大，文68断层、文105层、文104断层、濮深1断层与区域断层将气田划分为主、东、西、南4个断块区。文23气田文68、文105、文104等3条Ⅲ级断层，断距较大（40~300m），是构造内部的分块断层，控制天然气分布。气田主块与断层上盘的盐层对接，具有较强的封闭性。主块断层封闭性差、储层厚度大且连通性好、边底水不活跃等特征，适宜作为储气库。例如卫11气藏共发育有大小11条断层，这些断层一是与盐膏岩或泥岩接触，封闭性好；二是砂泥互层，涂抹作用实现断层封闭；三是砂泥互层，断距小。这些封闭特点利于卫11气藏建库。

评价断层封闭性需要深入了解影响断层封闭性的诸多变量，主要包括：①断层两侧岩层的岩性对置关系，断层面上黏土涂抹层的厚度以及连续性，断裂带中填充物的岩性、物性；②断层的力学性质（张性、压性或扭性）及断层分布密度；③断层的基本特征，如断面的紧闭程度、断层的产状、断距、活动强度、埋深等；④断层形成演化与油气形成演化的关系。

目前，通常采用Yielding（1997）提出的断层泥比率 *SGR*（Shale Gouge Ratio），定量评价和预测断层封闭性。断层泥比率 *SGR* 计算图解如图2-2-10所示。

$$SGR=\frac{\sum \text{泥岩层厚度}}{\text{断距}}\times 100\% \tag{2-1}$$

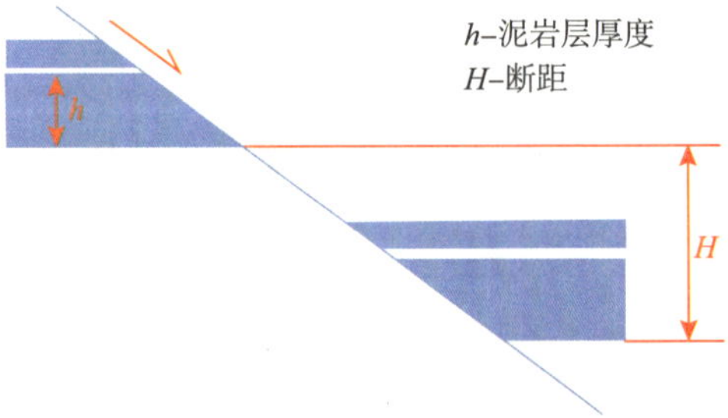

图2-2-10　断层泥比率 *SGR* 计算图解

SGR 表示通过各种机理挤入断裂带的泥页岩的比例，用断层上盘或下盘均可以测定，其适用的前提条件是将进入断层带的非渗透性物质作为断层泥。*SGR* 值越大，表明断裂带中泥页岩、断层岩泥化涂抹的可能性就越大，其孔渗性就

越差，毛细管排替压力就越高，形成封闭的可能性就越大；反之则越小。

SGR 是对复杂的断裂带活动过程的简化，虽然是一种“平均”化或“夸张”化的断层封闭性评价方法，却能够简单而高质量地反映断面上涂抹层的非均质性。其所需的参数，断移地层厚度、断移地层黏土含量和垂直断距，都与断层封闭性机理和地下可测定的性质相联系，且都是常规的、容易得到的数据，所以用 *SGR* 预测非均质厚层碎屑岩层序的断层封闭性非常有效和实用。

根据 Yielding 等的观点，用 *SGR* 区分断层是封闭还是开启的门限值为 25%~30%，其值越大，封闭性越好。结合本区实际情况，并参考吕延防等对盖层封闭性的评价标准，确定了本区 *SGR* 评价标准（表 2 – 2 – 3）。

表 2 – 2 – 3　*SGR* 评价标准

SGR 值	标准
25% < *SGR* < 30%	断层封闭 – 开启门限
SGR < 40%	封闭性差
40% ≤ *SGR* ≤ 50%	封闭性中等
50% ≤ *SGR* ≤ 75%	封闭性较好
SGR > 75%	封闭性好

利用断层泥比率定量评价方法对中原储气库每个库的主块内部断层封闭性进行评价，结果表明，东濮凹陷地下具有数十个封闭性较好的气田。另外断层在油气成藏中，既可作为油气运移的通道，也可作为阻止油气继续运移的遮挡面，断层带的垂向封闭性也决定着储气容量大小及安全运行的压力等参数。而中原地区的断层具有断距大、落差最大的特点，落差最大的高达 1450m，具有较强的封闭性，封闭特点利于地下储气库的建设。

3 第三节 中原储气库群发展历程

基于中原良好的建库条件和优越的地理位置，目前已建成文 96、文 23、卫 11 等多座储气库，已形成“百亿方”级中原储气库群。

一、中原首座储气库——文96储气库

文96储气库由文96气藏改建而成（图2－3－1），文96气藏属中高渗断块砂岩凝析气藏，含气层位沙二下$^{1-8}$～沙三上$^{1-3}$砂组，埋深2330～2660m，1993年上报含气面积1.5km^2，地质储量9.3×10^{8}m^3。该储气库2007年获得项目批准，经过3年的论证研究于2010年1月通过改建储气库可行性论证，2010年8月开工建设，2012年8月正式运行，至今已运行12个注采周期。其注采层位沙二下$^{1-4、8}$砂组－沙三上$^{1-3}$砂组，新钻注采井数16口，储层孔隙度16.2%～22.3%，渗透率15.97～59.34mD，中孔中渗储层，注采厚度17.8～68.9m。储气库最大库容量5.88×10^{8}m^3，附加垫气量2.23×10^{8}m^3，工作气量2.95×10^{8}m^3，工作压力区间12.9～27.0MPa。可满足最大420×10^{4}m^3/d应急采气能力；控制生产压差在1.5MPa，可满足120×10^{4}m^3/d正常采气要求，气库注采及调峰能力达到方案设计（图2－3－3）。

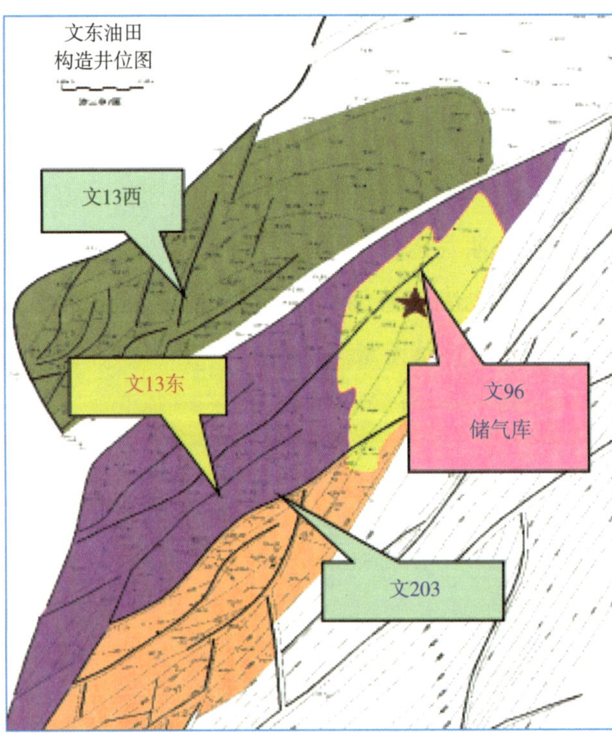

图2－3－1　文96气库区域位置示意图

二、我国东部最大的储气库——文23储气库

文23储气库是由文23气田改建而成，文23气田构造上位于东濮凹陷中央隆起带北部文留构造高部位（图2－3－2），构造总体为基岩隆起背景上继承发育的断层复杂化的背斜，区域Ⅲ级断层将气田分割为主块、东块、西块、南块等4个独立断块区；含气层系为古近系沙河街组沙四段，埋藏深度2750～3120m；储层发育，砂层厚，平面比较稳定，内部连通性好；物性以低孔低渗为主，储层孔隙度8.86%～13.86%，渗透率0.27～17.12mD；甲烷含量89.28%～97.13%，凝析油含量10～20g/m^3；原始地层压力38.62～38.87MPa，原始地层温度113～120℃。为具有块状特征的层状砂岩干气藏。

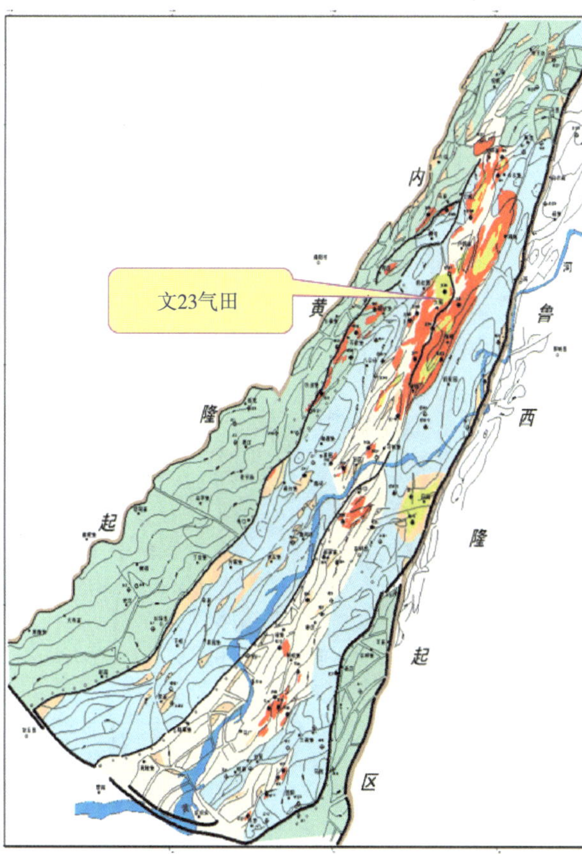

图2－3－2　文23气田区域构造位置图

文23储气库是目前中国最大的储气库之一，担负着新粤浙管道天然气季节调峰和应急保障任务。设计总库容 $104\times10^8m^3$，有效工作气量 $44.68\times10^8m^3$，分两期建设。文23储气库一期工程于2012年获得项目批准，经过4年的论证研究于2016年通过改建储气库可行性论证，2017年设计批复开工建设，2019年工程全面完工，至今已运行3个注采周期。一期工程设计参数为井台8个，总注采井数72口，新钻注采井数66口（含监测井6口），老井利用采气井6口，监测井16口（新井6口，老井10口），库容体积 $84.31\times10^8m^3$，运行压力20.92～38.6MPa，运行工作气量 $32.67\times10^8m^3$，补充垫气量 $40.90\times10^8m^3$。日注气量 $1400\times10^4m^3$，气库注采及调峰能力达到方案设计。

文23储气库二期位于文23气田主块的中低产区，含气层系为古近系沙河街组沙四段，埋藏深度2750～3120m；二期区域沙四$^{3-6}$砂组，主要发育洪水漫湖、

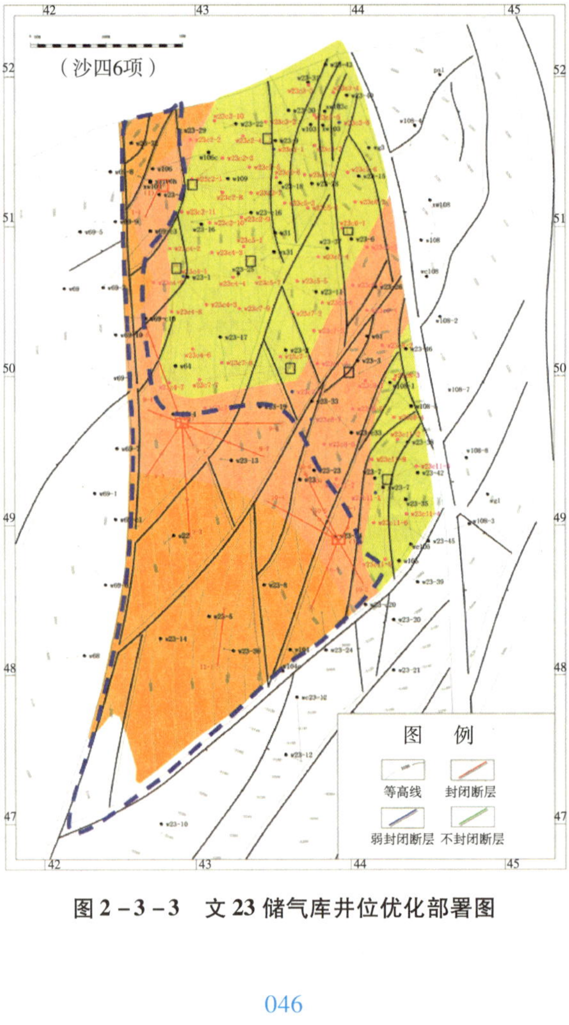

图2－3－3　文23储气库井位优化部署图

滨－浅湖两种亚相，主力砂体为砂坪、滩微相。有效厚度小于80m，渗透率集中在0.9～5.4mD，物性较一期区域稍差。甲烷含量89.28%～97.13%，凝析油含量10～20g/m^3；原始地层压力38.62～38.87MPa，原始地层温度113～120℃，为具有块状特征的层状砂岩干气藏。储气库的储气单元为文23气田二期区域的沙四$^{3-6}$砂组。与一期不同的是，二期主要部位为中产区，调峰能力较一期而言较弱，对整个储气库的调峰贡献相对较低。文23储气库二期工程于2018年通过中石化初步审查，后文23储气库划归国家管网，于2022年4月获得河南省发展和改革委员会核准批复，同年9月开工建设，2023年11月工程全面完工。文23储气库二期工程设计参数为井台4个，新钻注采井数24口，监测井2口，新增库容$19.34\times10^8m^3$，运行压力20.92～38.6MPa，运行工作气量$7.35\times10^8m^3$，补充垫气量$11.99\times10^8m^3$。目前正逐步投产，预计气库注采及调峰能力可达到方案设计（图2－3－3）。

三、我国建设周期最短的储气库——卫11储气库

卫11气藏为新生界沉积地层，区域构造位于东濮凹陷中央隆起带北部卫城构造，卫城地垒构造带西部，为一背斜背景下被断层复杂化的狭长断块（图2－3－4）。储层以灰色、灰白色砂岩为主，夹有灰色、深灰色泥岩、页岩、油页岩等。岩性以石英粉砂岩和长石石英粉砂岩为主。储层平均孔隙度15.9%，渗透率24.54mD。流体分布主要受构造控制，储气库建设层位在沙三下$^{1-3}$砂组储层，以含气为主，呈明显层状气藏特点。气藏埋深2500～2895m，天然气组分以甲烷为主，天然气相对密度为0.6390，凝析油密度0.7655g/cm^3，属低凝析油含量气藏。原始地层压力为26.0～27.5MPa，原始地层温度为95～109.7℃，气藏类型为层状复杂断块型砂岩气藏。卫11储气库工程从2018年开始可行性研究，经过3年的论证研究，于2021年获得项目批准、批复并开工建设，历时8个月实现工程全面完工，创国内建库最短记录，至今已运行3个注采周期。2024年批准建设卫11储气库完善项目，目前正在建设中。卫11储气库部署新钻井10口，进尺2.87×10^4m，完善项目部署新钻井3口，进尺0.91×10^4m，设计库容$10.09\times10^8m^3$，运行压力13.0～27.0MPa，建成储气能力$5.08\times10^8m^3$。总垫底气量$5.01\times10^8m^3$，其中补充垫底气量为$4.03\times10^8m^3$。注气规模$360\times10^8m^3/d$，

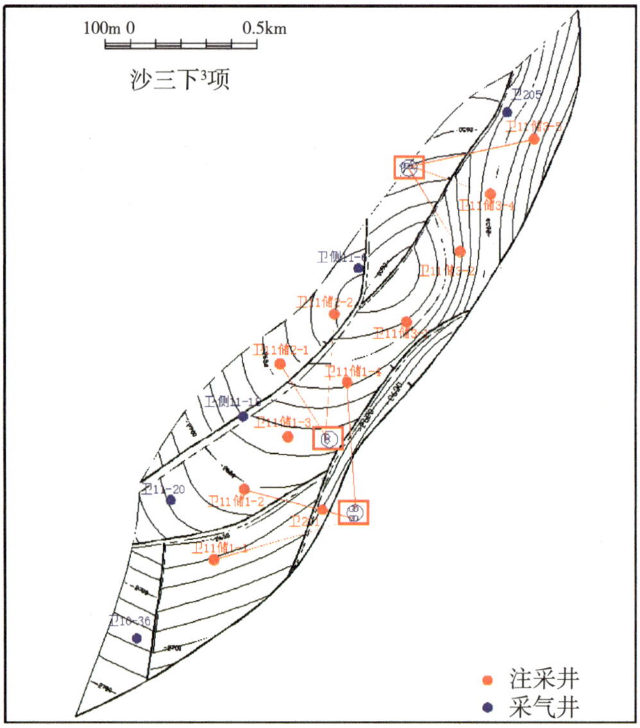

图 2-3-4　卫 11 储气库构造井位图

采气规模 $600\times10^{8}m^{3}/d$。

四、中原储气库群的形成

截至目前，中原储气库群已建文 96、文 23 储气库、卫 11、文 13 西、白 9、文 24、白庙浅层共计 7 座储气库，总工作气量 $58.91\times10^{8}m^{3}$。

（一）文 13 西储气库

文 13 西储气库设计由文 13 西油气藏改建，包括文 13 西气藏储气库和文 13 西油藏储气库。文 13 西块位于东濮凹陷中央隆起带文留构造东翼，文 13 背斜西翼（图 2-3-5）。该块主要含气层位为沙三中^{5}砂组，气层埋深 3040～3221m，储层孔隙度多在 15%～23% 之间，平均孔隙度 18%，渗透率区间集中在（12～47）$\times10^{-3}\mu m^{2}$，平均渗透率 $30\times10^{-3}\mu m^{2}$，为低渗储层。原始地层压力为 55～68MPa，压力系数 1.69～1.88，平均 1.73，地层温度为 120～150℃，为异常高温高压系统。气藏储气单元为沙三中^{5} 砂组，设计井台 3 个，新注采井 21 口

（图3－2－11），库容6.6×10^8m^3，运行压力15～35MPa，运行工作气量2.7×10^8m^3。油藏储气单元为沙三中$^{6-9}$砂组，新注采井8口，库容5.69×10^8m^3，运行压力15～35MPa，运行工作气量3.32×10^8m^3。

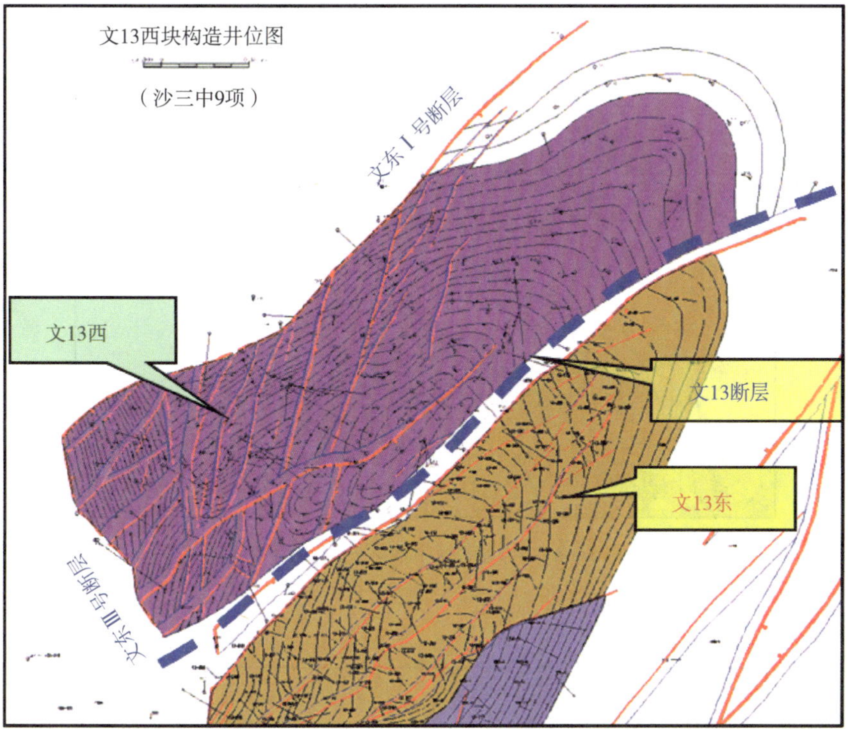

图2－3－5　文13西块构造井位图

（二）文24储气库

文24气田构造上位于东濮凹陷中央隆起带北部文留构造高部位（图2－3－6），区块内部被小断层复杂化，可分为5个小断块。文24气田主要含气层位为沙二下$^{1-3}$砂层组，上报含气面积为1.01km^2，天然气地质储量为3.5×10^8m^3。气藏埋藏深度2180～2350m。储层有效孔隙度8.86%～29.0%，平均为20.8%，渗透率0.2～452.6mD，平均为53.7mD。甲烷含量80.31%～88.81%，凝析油含量97.7g/m^3。原始地层压力为23.6MPa，原始地层温度90～120℃，气藏类型为常温常压具有边水的层状砂岩凝析气藏。新注采井5口，库容5.51×10^8m^3，运行压力13～22MPa，运行工作气量2.56×10^8m^3。

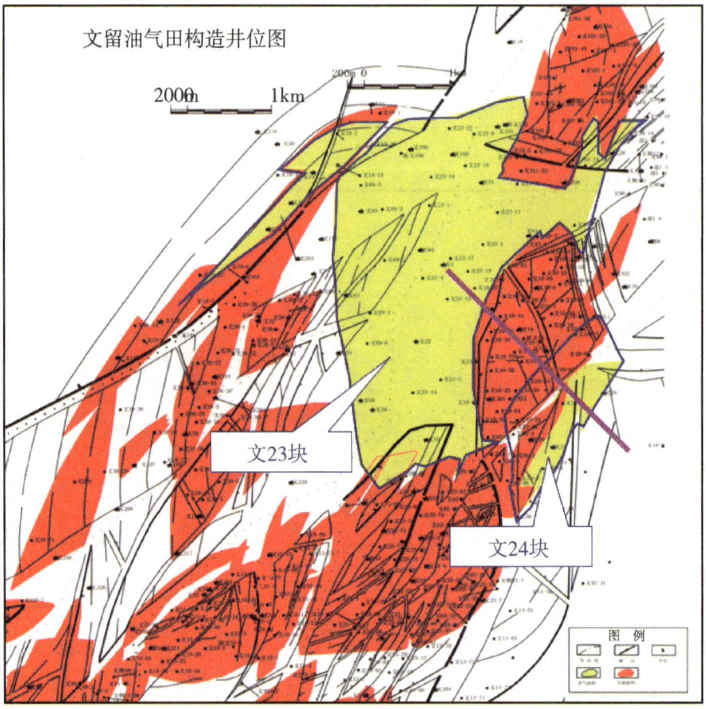

图 2 -3 -6　文 24 气藏区域位置示意图

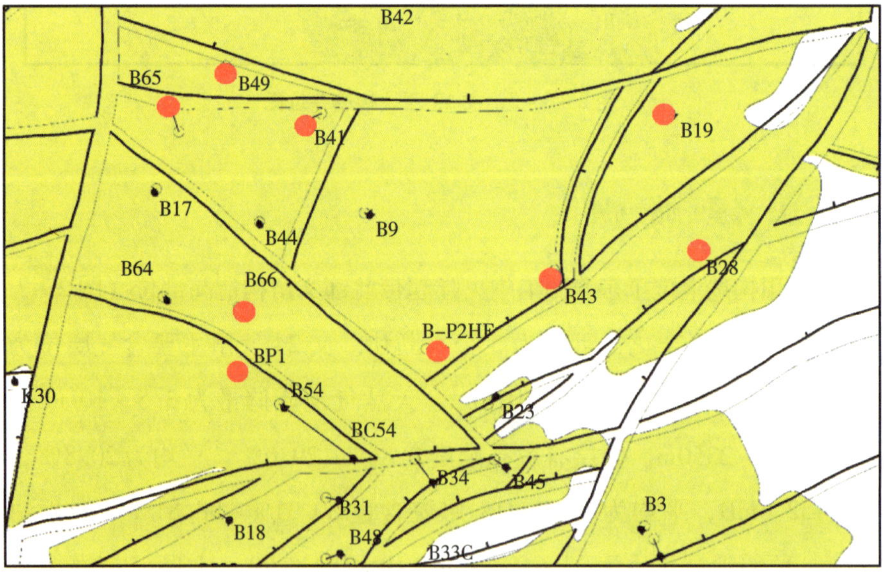

图 2 -3 -7　白 9 块可利用井分布图

（三）白9储气库

白庙气田位于东濮凹陷中南部兰聊断层的下降盘，为一陡坡带上的半背斜构造。向北倾没于前梨园洼陷，向南倾没于葛岗集北洼，东靠兰聊断裂与鲁西隆起相邻，东西宽8km，南北长12km，面积约50km^2。白9块位于白庙主体，主要含气层系为沙三中－沙三下，气藏埋深3350～4200m（图2－3－7）。储集层孔隙度主要分布在11%～15%，平均孔隙度12.2%之间，渗透率主要分布在0.3～4mD，平均渗透率1.75mD。原始地层压力为47.7～69.7MPa，压力系数1.42～1.72，地层温度为89.84～143.04℃，地温梯度3.51℃/hm，为异常高温高压系统。本库利用老井进行注采，库容$3.59\times10^8m^3$，运行压力20.5～53MPa，运行工作气量$1.54\times10^8m^3$。

（四）白庙浅层储气库

白庙浅层气藏为新生界沉积地层，区域构造位于东濮凹陷中央隆起带中部兰聊断层下降盘，陡坡带上的半背斜构造，含气层位为古近系沙河街组沙二下和沙三上亚段，气藏埋深2576～3469m。储层平均孔隙度12.1%，平均渗透率5.0mD。原始地层压力为27.2～42.2MPa，原始地层温度92～109℃，气藏类型为层状凝析气藏。新注采井5口，库容$7.08\times10^8m^3$，运行压力13～27MPa，运行工作气量$3.43\times10^8m^3$。

白庙浅层储气库注采井部署图如图2－3－8所示。

（五）中原储气库群

中原储气库群作为华北地区百亿立方米规模地下储气库调峰中心的重要组成部分，为解决华北地区冬季用气紧张、保障京津冀地区冬季平稳供气发挥了重要作用。随着新建储气库项目快速运行，百亿立方米储气库群规模持续扩大，中原拟逐步建卫城、文留北、文留南、黄河南4个储气库区，形成中原“百亿方”储气库群（图2－3－9）。

中原储气库群目前包括文23、文96、卫11、文13西、文24、白9、白庙浅层等7座储气库，已累计施工143口井，采用储层专打井身结构，应用微泡钻井液体系及屏蔽暂堵储层保护技术，采用下套管固井完井，固井采用先尾管悬挂

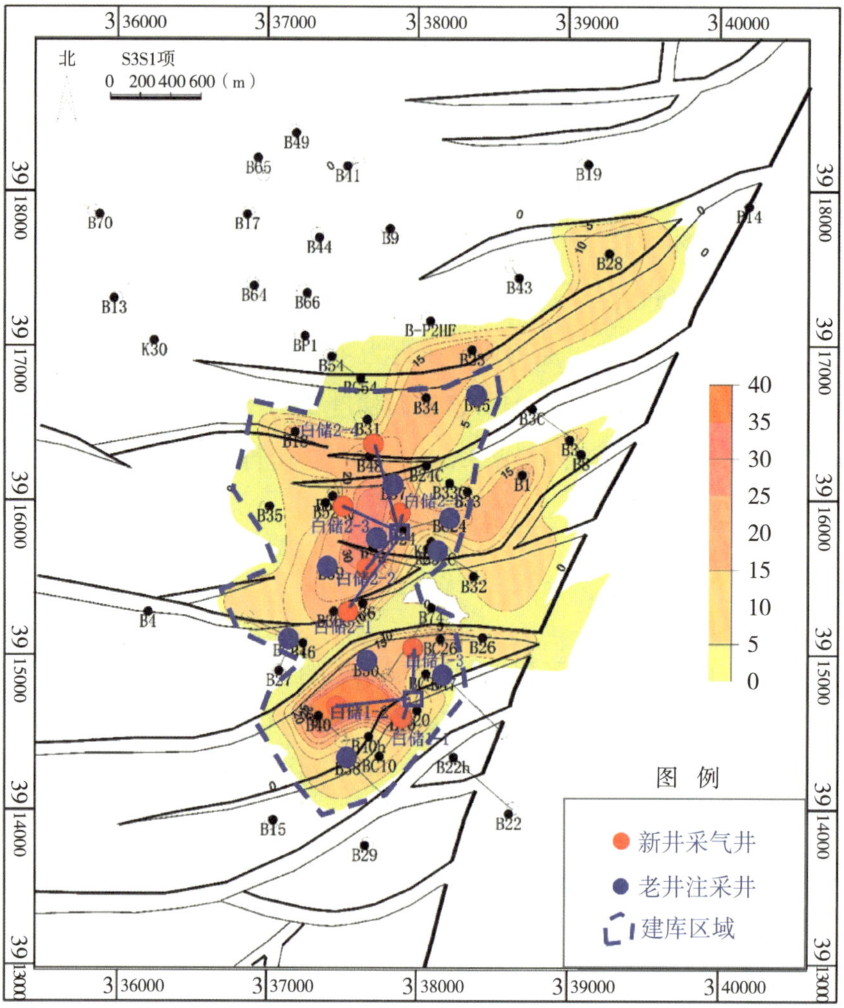

图 2-3-8　白庙浅层储气库注采井部署图

后回接的工艺。技术套管固井采用非渗透抗盐弹韧水泥浆体系，生产套管固井采用尾管及回接固井工艺和防窜弹韧性水泥浆体系，保证盐层段的封固质量和储气库井强注强采对生产套管防窜和弹韧性的要求。

后期还将建成卫 2、桥 69、文 68、户部寨储气库等多座储气库，形成卫城、文留北、文留南、黄河南等 4 大储气库区，库容气量累计达 $284.2\times10^8m^3$，工作气量累计达 $135.54\times10^8m^3$。

中原储气库群建设情况见表 2-3-1。

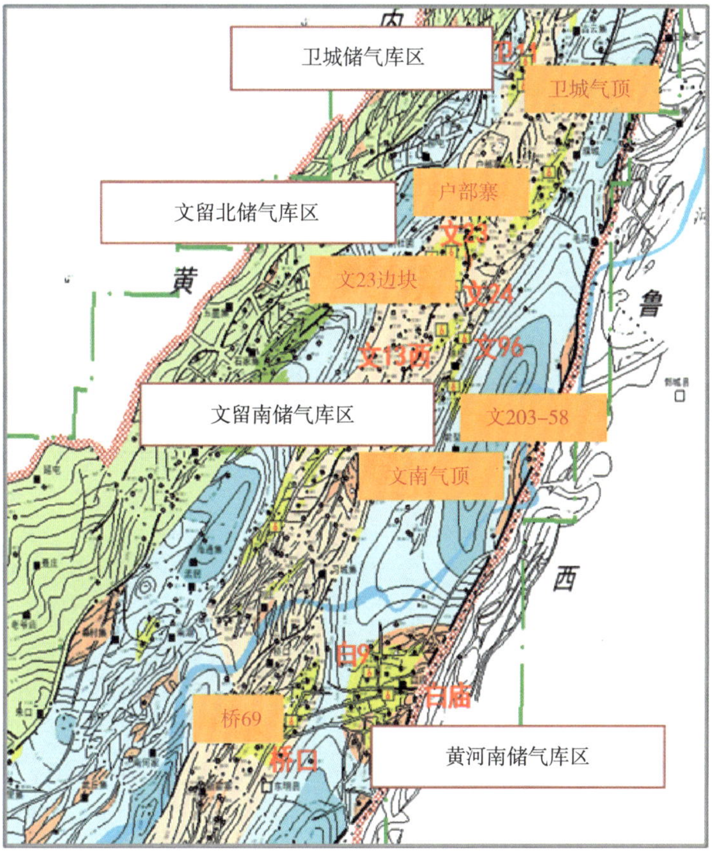

图 2-3-9　中原“百亿方”储气库群建设图

表 2-3-1　中原储气库群建设情况

储气库	井台数/台	总井数/口	完工时间	库容/10^8m^3	工作气量/10^8m^3
文 96	—	14	2012	5.88	2.96
文 23 一期	8	66	2019	84.31	32.67
卫 11	3	10	2021	10.09	5.08
文 13 西	3	8	2021	5.69	3.32
白 9	—	—	2021	3.59	1.54
文 23 一期加密	2	2	2022	—	—

续表

储气库	井台数/台	总井数/口	完工时间	库容/10^8m^3	工作气量/10^8m^3
文 23 二期	4	24	2023	19.34	7.35
文 24	1	5	2022	5.51	2.56
白庙浅层	2	8	2023	7.08	3.43
卫 11 完善	2	3	2024	—	—
合计		143		141.49	58.91

第三章 中原储气库群钻完井工艺技术

中原储气库群各区块经过多年勘探开发，存在储层亏空严重、防碰风险高等情况，给高效钻井提出了挑战。经过文23、卫11等多座储气库建设，已研究形成了枯竭砂岩气田储层压力预测、井身结构优化设计、丛式井平台优化及井眼轨迹控制、防漏低密度钻井液及储层保护、巨厚盐层固井等系列钻完井工程技术，有效解决了枯竭型储气库钻完井过程的技术难题，保障了中原储气库群工程的顺利建设。

1 第一节 钻井工程技术

中原储气库群建设区域分散，盖层的地层特性差异较大，钻井工程作为储气库建设的控制性关键环节之一，需针对储气库建设实践中存在的问题，优化井身结构，强化井眼稳定性，提高储层保护效果，保障井筒完整性，为储气库群的钻井施工提供必要的理论和技术支撑。

一、钻井工程难点

（一） 东濮凹陷工程地质难点

东濮凹陷是一个陆相盐湖盆地，具有沉积厚度变化大、岩性变化大、相带窄，并有膏盐、碳酸盐岩和砂泥岩等岩性组合特点。自上而下发育第四系 - 平原组，新近系 - 明化镇组、馆陶组，古近系 - 东营组、沙河街组，各层位工程地质难点如下：

平原组：流沙层胶结性差，遇水后黏土分散，容易造成井壁坍塌。

明化镇组：以棕黄色软泥岩为主，地层黏土含量高，遇水易膨胀，容易造成井壁坍塌，钻井液漏失。

馆陶组：砂砾岩和流沙层胶结性差，黏土含量少，膨胀率低，遇水后黏土分散，砂砾岩分散成细砂和砾石，容易造成井壁坍塌、井漏；馆陶组底部与馆陶组为不整合面接触，钻穿馆陶组时易斜。濮 158 - 2 井、在馆陶组发生多次漏失。

东营组：厚段砂岩段，且物性好，易出水。

沙一段：沙一盐岩层容易水化膨胀，剥落、坍塌，造成井壁失稳。

沙二段：沙二段上部泥膏岩与盐岩混层，容易发生盐溶、坍塌掉块，造成井径扩大，井壁失稳。

沙三段：盐岩层发育多套，其层间压力系统差异大，易发生井涌、井漏；且上覆地层压力较大，易发生盐层塑性变形，造成缩径，引起起下钻遇阻或卡钻。

沙四段：顶部有岩盐，易发生盐层塑性变形，造成缩径，引起起下钻遇阻或卡钻；底部不整合接触，裂缝发育，易发生井漏。

（二）储气库注采井钻井技术难点

1. 储气库井的特殊要求

（1）储气库注采井和常规的油气井相比主要区别

①经过长期开发，储气库井所钻遇的压力系统复杂，尤其储层存在亏空严重的情况；

②一般部署于枯竭油田，老井密集；

③储气库井要进行频繁注采气，井筒要受交变应力的影响；

④注采的天然气一般含有一定量的二氧化碳，易腐蚀井筒；

⑤井眼尺寸和套管尺寸差异大，储气库井的井眼尺寸一般更大；

⑥使用寿命要求长，储气库井一般要求使用30至50年。

（2）储气库注采井对钻井的要求：

①压力系统更为复杂，需要合理的井身结构；

②储层亏空严重，需要有防漏和储层保护的有效措施；

③老井密度，井间防碰条件复杂，需做好防碰绕障；

④套管强度要满足交变应力影响且具有一定的抗腐蚀性；

⑤大尺寸井眼需要强化钻井参数以实现井眼清洁；

⑥套管要能满足30至50年的使用要求。

2. 钻井技术难点

储气库注采井除了需要满足建设储气库的特殊要求，在中原地区还将面临钻遇巨厚盐层、高温、高压等情况，钻井过程中将面临一系列的技术难题。

（1）井身结构设计

①东濮凹陷东营组及以下存在多套油气层并且各油气田已经过数十年的开发，部分层位存在压力系统紊乱，地层压力难以预测的问题，造成井身结构设计困难。

②井身结构应尽可能减少和控制储层的漏失，以实现储层保护。

③储气库井井身结构设计不仅要满足传统井身结构设计的要求，将更加重视固井质量和储层保护，更加重视井筒的密封完整性，保证储气库长寿命周期内强注强采下安全平稳运行的需要，保证储气库井注的进、采的出。

（2）井眼轨道设计及轨迹控制

①储气库老井密度，而储气库的建设一般采取丛式井布局，需要同时考虑同平台及老井的防碰，多数井需要同时考虑10余口井的防碰。

②老井建井时间早，受当时技术条件的限制，井眼轨迹参数测量使用的是虹吸测斜仪、氢氟酸测斜仪或单点照相测斜仪等，测量精度低，无法为钻井防碰提供准确的基础数据，需采用陀螺复测的方式，重新获取井眼轨迹数据。而部分井由于套管损坏或生产需要，进行了开窗侧钻施工，侧钻点以下的老井井眼无法复测井眼轨迹，给轨道设计带来较大风险。

（3）钻井液技术

①将钻遇大段盐层，盐层蠕变性强易造成缩径、井塌及卡钻，对钻井液性能提出了较高要求。

②储层亏空严重易漏失，防漏堵漏难度高。

③储气库井一般将钻遇多套压力系统，井筒的压力系统复杂，存在“塌漏同存”和“喷漏同存”的风险，钻井液安全窗口窄。

（4）盐层钻井

①存在多套盐膏层与砂、泥岩地层交互的韵律层，形成了破碎的盐、膏、泥复杂结合体，结构应力很差，易造成井下复杂。

②盐层遇水易溶解、散落、塑流缩径、污染钻井液，膏、泥盐遇水易膨胀垮塌，钻井过程中极易导致恶性卡钻事故。

（5）固井工程

①盖层开次裸眼段一般较长且存在多套压力系统，易发生漏失；储层经过常年开发已接近枯竭，地层压力系数低，易发生漏失。

②固井前需降低钻井液的黏度、切力，若钻井液性能调整不佳将导致井眼清洁困难，影响固井质量。

③储气库井井眼条件差，存在井径不规则、“大肚子”、“糖葫芦”井眼的情况，套管居中度难以保障。

④储气库井盖层开次裸眼段长且一般需要下入高强度套管，套管下入摩阻大，下入困难。

⑤储气库井井眼条件差，存在井径不规则、“大肚子”、“糖葫芦”井眼的情况，钻井液及堵漏剂等易沉积在不规则井眼内形成死泥饼，无法有效替除，存在顶替效率不高的问题。

二、储层压力预测技术

中原各区块经过多年的油气开采，地层压力系数低、分布紊乱，压力预测难度大，为储气库的钻井安全施工带来了极大的挑战。基于三维地质建模预测地层压力，建立了储层的地质模型，利用已钻井资料得出已钻井目前的孔隙压力，基于克里金插值方法带入地质模型中，得出了整个储层的孔隙压力和破裂压力三维展布状况，明确了钻遇储层各小层的地层压力分布规律，形成了储层压力预测技术，为实钻过程中防漏防窜和储层保护提供依据，实现了安全高效的钻井。由于储气库各区块压力差异较大，下文选取文 23 储气库为例，从三维地质模型的建立、孔隙压力和破裂压力分布规律的研究及钻井液密度范围推荐等方面介绍储层压力预测技术。

（一） 三维地质建模

1. 原理及方法

三维地质模型的建立是以构造地质学、沉积学、石油地质学、储层地质学及油藏地球化学为理论基础，以 5 大信息库为支柱，应用统计分析、地质统计学分析、灰色系统分析、神经网络分析、分析几何学分析及模糊数学，使地质模型中所涉及的上万个不同类型、不同精度的数据得以去粗取精、去伪存真，突出起主导作用的参数，提高各类数据分析应用过程的科学化、精细化程度，并以各种确定性建模和随机建模为方法，以计算机为手段，建立各种三维可视化的模型，最终有机组合形成完善的三维地质模型。目前国内外地质建模的方法有 2 种，即确定性建模和随机建模。

确定性建模是对井间未知区域给出确定性的预测结果，即试图从具有确定性资料的控制点（如井点）出发，推测出井间确定的、唯一的储层参数。传统地质方法的内插编图，克里格作图和一些数学地质方法作图都属于这一类建模方法。确定性建模所应用的主要储层预测方法有储层沉积学方法和储层地震学方法。

储层沉积学方法，也就是传统的井间对比与插值方法。储层结构主要通过井间对比来完成，井间砂体对比是借助于地质知识库、地球物理测试资料和沉积模式及单井相分析进行的，井间储层参数主要通过井间插值来完成。井间插值分为传统的统计学插值和地质统计学插值，前者只考虑观测点与待估点之间的距离，而不考虑地质规律所造成的储层参数在空间上的相关性，精度较低；地质统计学中主要采用克里金方法，应用变异函数和协方差函数来研究在空间上既有随机性又有相关性的变量，即区域化变量。克里金方法是一种光滑的内插方法，实际上是特殊的加权平均法，它难于表征井间参数的细微变化和离散性，但比传统的数理统计方法更能反映客观地质规律。

储层地震学方法。主要是应用地震资料研究储层的几何形态、岩性及参数的分布，即从已知井点出发，应用地震横向预测技术进行井间参数预测，并建立三维储层地质模型。目前该方法主要有三维地震方法和井间地震方法2种。

三维地震方法。应用具有覆盖面广，横向采集密度大的三维地震资料如层速度、波阻抗、振幅等地震属性参数，结合井资料和VSP资料，可在油藏评价阶段建立储层地质模型，主要确定地层格架、断层特征、砂体的宏观格架及储层参数的宏观展布。

井间地震方法。由于井间地震方法采用了井下震源及邻井多道接收而有较高的信噪比，增加了地震信息的分辨率，利用地震波的初至可准确地重建速度场，从而大大提高了井间储层参数的解释精度。

2. 三维地质模型建立

储层是在三维空间分布，长期以来人们习惯于用二维图形（各种小层平面图、油层剖面图）及准三维图件（栅状图）来描述三维储层，如用平面渗透率等值线图来描述一套（或一层）储层的渗透率分布，显然，这种描述存在一定的局限性，关键是掩盖了储层的层内非均质性乃至平面非均质性。

20世纪80年代以后，国外利用计算机技术，逐步研究出利用计算机存储和显示的三维地质建模方法，即把储层三维网格化后，对各个网格赋以各自的参数值，按三维空间分布位置存入计算机内，形成三维数据体即三维储层数值模型，这样就可以进行储层的三维显示，任意切片和切剖面（不同层位、不同方向剖面）的各种运算及分析。

三维地质建模一般遵循从点－面－体的步骤，即首先建立各井的一维垂向模型，其次建立储层的框架（由一系列叠置的二维层面模型构成），然后在储层框架基础上，建立储层各种属性的三维分布模型。

广义的储层三维建模（即油藏三维建模）过程包括 4 个主要的环节，即数据准备、构造建模、储层属性建模、图形显示。根据三维地质模型，可进行各种体积计算。如果要将储层模型用于油藏数值模拟，应对其进行粗化。

（1）建模数据

储层建模是以数据库为基础。数据的丰富程度及其准确性在很大程度上决定着所建模型的精度。工作需要准备的数据如下：

①井头数据：内容包括区块 53 口井的井名、地面井位坐标（X、Y）、地面补心海拔、完钻井深等。

②井斜数据：井斜数据可以采用能够反映单井井斜状况的各种不同数据组合，例如测深、井斜角和方位角组合或者测深、X 方向位移和 Y 方向位移组合等组合形式都能作为井斜数据，井斜数据文件主要作用在进行井斜校正。本次建模主要采用测深、X 方向位移和 Y 方向位移组合。

③分层数据：分层数据包括井名、层号、层型、分层点测深等信息。

④断层数据：断层数据可由地震构造解释程序生成，也可间接从构造图数字化获得。由于本区块构造已经很明确，本次建模的断层数据是利用 petrel 软件将沙四^{1} 顶和沙四^{8} 顶构造井位图的断层进行数字化后获得，并以单井断点数据约束校正，最终生成建模所需的断层数据。

⑤压力系数数据：本次建模利用本区注采状况及 RFT 测压资料对 52 口井进行压力系数研究后得到的数据进行压力系数建模。

（2）构造模型的建立

构造模型反映储层的空间格架，因此，在建立储层属性的空间分布之前应进行构造建模。构造模型由断层模型和层面模型组成。

断层模型实际反映的是三维空间上的断层面，主要根据地震解释和井资料校正的断层文件，建立断层在三维空间的分布。

依据分砂组构造井位图上数字化所得到的断层数据及地层对比所得的断点数据建立了该区块的断层模型如图 3－1－1 所示。

层面模型（图 3－1－2）反映的是地层界面的三维分布，叠合的层面模型即为地层格架模型，建模的基础资料主要为分层数据，即各井的层组划分对比数据及地震资料解释的层面数据等。一般是通过插值法（亦可应用随机模拟方法），应用分层数据，生成各个等时层的顶、底层面模型（即层面构造模型），然后将各个层面模型进行空间叠合，建立储层的空间格架。

层面模型是在断层被准确表征后才可建立，建立层面模型前首先要给定一个闭合的建模边界（油藏边界），在圈定的范围内建立起一套骨架网格系统，然后再利用钻井分层数据建立各流动单元的层面。

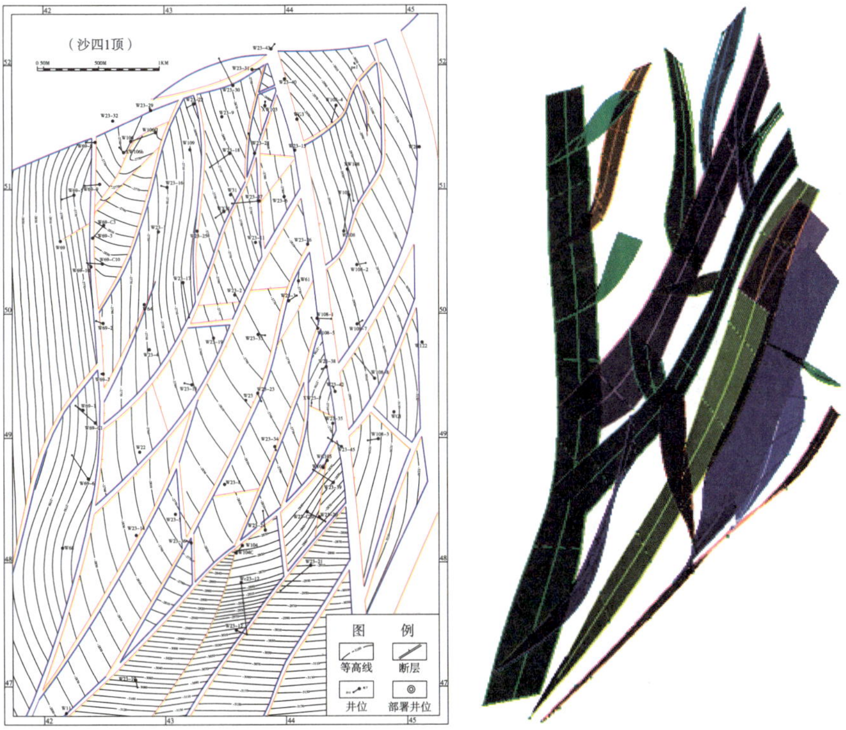

图 3－1－1　文 23 主块构造井位图、断层模型对比图

在建模过程中，合理的网格设计非常重要。一方面，为了节省计算机资源，网格数目应尽可能少；另一方面，为了控制地质体的形态及保证建模精度，网格又不能过少。因此，应根据工区的实际地质情况及井网密度设计出合适的网格。为了获得能够充分反映储层非均质性的精细的储层地质模型，网格的定义必须具有足够的密度，定义的依据主要考虑横向上的井网密度和纵向上砂层的厚度。此次建模平面上网格大小为 20m × 20m。

图 3 – 1 – 2　沙四 1 层面模型

（3）储层模型的建立

在断层模型和层面模型的基础上，根据分层数据计算出各井在各分层的等厚点，并建立了各砂组的等厚面，最后将建立的等厚面依次插入所建立的沙四^{1}顶和沙四^{8}底面，从而建立该块的储层模型（图 3 – 1 – 3）。

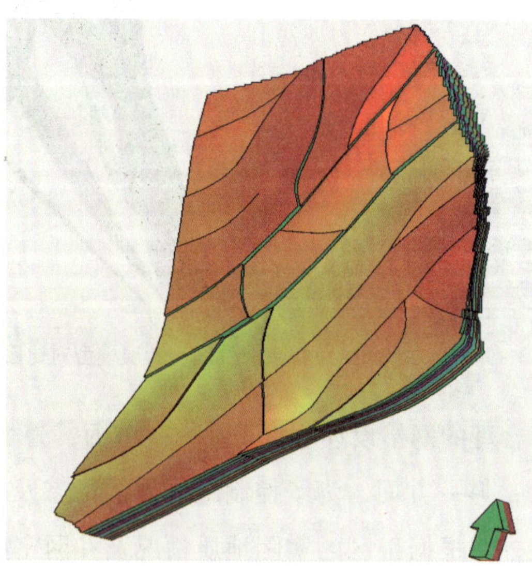

图 3 – 1 – 3　储层模型

(4) 孔隙压力模型建立

①建模基础数据的确定

利用原始数据，根据分层位连通情况，在测压数据及历史生产情况的基础上，确定各井点压力系数。需要的原始数据主要包括：生产测压数据、射孔数据、井史（产量、生产压力）、构造井位图、测井资料、停井前各井生产情况资料。根据产层的情况，确定地层压力的主要方法包括以下几个：

地层已射开的井：按生产情况、压力测试数据，确定当前层位的压力系数；地层未射开的井，按照同一构造内邻井的数据预测，井位构造见图 3 - 1 - 4。

地层有测压数据的井：按照最新一次的测压数据确定压力系数，没有测压数据的地层按照历史生产情况和停井前生产压力来确定压力系数。

单井单块未射开的地层的井：按照原始地层压力确定压力系数。

文 23 气田主块经过十几年的开发，录取了大量 RFT 和生产资料数据，综合分析认为，主块内部断层由于断距较小（20 ~ 100m），特别是砂层沉积厚，泥岩

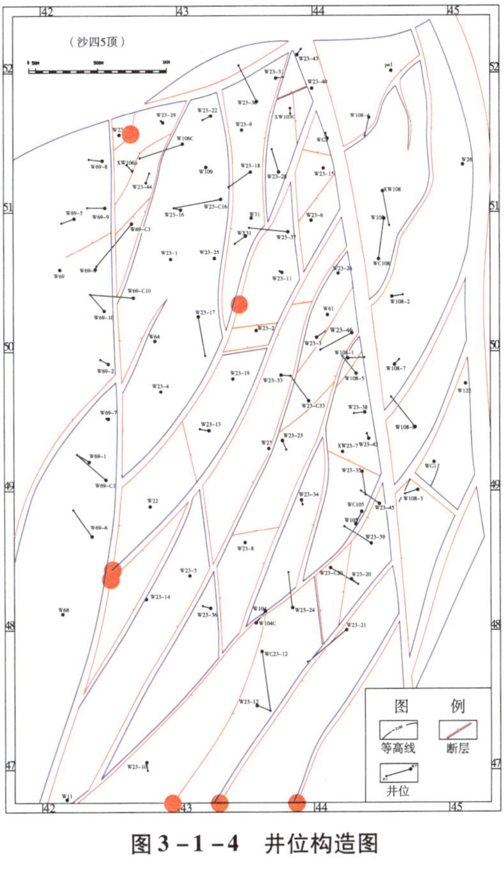

图 3 - 1 - 4　井位构造图

不稳定，加上气田整体压裂，使断层整体上不具封闭性，多数生产井压力恢复曲线无不渗透边界反应。但因断层两盘 ES_4^{1-2} 以上和 ES_4^{7-8} 以下地层的侧向封堵，使断层在局部具有封闭性。依据文 23 块沙四段 8 个小层构造井位图，统计整理出每口井所在的小断块，并根据每口井分层段射孔及生产情况，搞清各层位横向连通状况。根据上述工作方法，通过对大量资料的整理及分析，得出 52 口井储层各 8 小层的压力系数值，得到了孔隙压力建模的基础（表 3－1－1）。

表 3－1－1　文 23 井区各井分层位压力系数

序号	井号	S_4^1	S_4^2	S_4^3	S_4^4	S_4^5	S_4^6	S_4^7	S_4^8
1	W108－1	0.69	0.38	0.13	0.13	0.13	0.13	0.13	0.42
2	W108－5	0.62	0.30	0.12	0.12	0.12	0.12	0.21	0.34
3	W109	0.12	0.12	0.12	0.12	0.12	0.12	0.12	0.31
4	W22	1.15	0.15	0.15	0.15	1.03	1.13	1.14	1.16
5	W23－1	0.41	0.28	0.11	0.11	0.11	0.11	0.32	0.36
6	W23－11	0.16	0.16	0.16	0.16	0.16	0.16	1.08	1.05
7	W23－13	1.17	0.36	0.11	0.11	0.11	1.02	1.12	1.16
8	W23－14		0.48	0.15	0.15	1.28	1.18	1.12	1.03
9	W23－15	0.15	0.15		0.15	0.15	0.15	1.06	1.08
10	W23－16	0.22	0.22	0.22	0.22	0.22	0.29	0.31	0.40
11	W23－17	0.15	0.15	0.15	0.15	0.15	0.31	0.30	0.35
12	W23－18	0.63	0.35	0.12	0.12	0.12	0.12	0.29	0.32
13	W23－2	0.38	0.26	0.11	0.11	0.11	1.08	1.11	1.09
14	W23－22	0.39	0.12	0.12	0.29	0.12	0.12	0.32	0.38
15	W23－23	0.16	0.16	0.16	0.16	0.16	0.16	0.21	0.51

②压力系数等值线图的建立

采用平均移动内插法编制了各砂组的压力系数等值线图（图 3－1－5）。此方法的优点是平面上的压力系数能最大限度地贴近实际。

③建立了孔隙压力模型

孔隙压力建模是在构造模型基础上，建立储层孔隙压力的三维分布。首先，对构造模型进行三维网格化，然后利用井数据或地震数据，按照一定的插值（或模拟）方法对每个三维网格进行赋值，建立储层压力（离散和连续属性）的三维数据体，即储层压力模型。网块尺寸越小，标志着模型越细；每个网块上参数值与实际误差愈小，标志着模型的精度愈高。本次建模主要是采用 Assign values 算法，将建立的各砂组压力系数等值线图依次插入储层模型中，从而建立了基于压力系数的三维孔隙压力模型，见图 3－1－6。

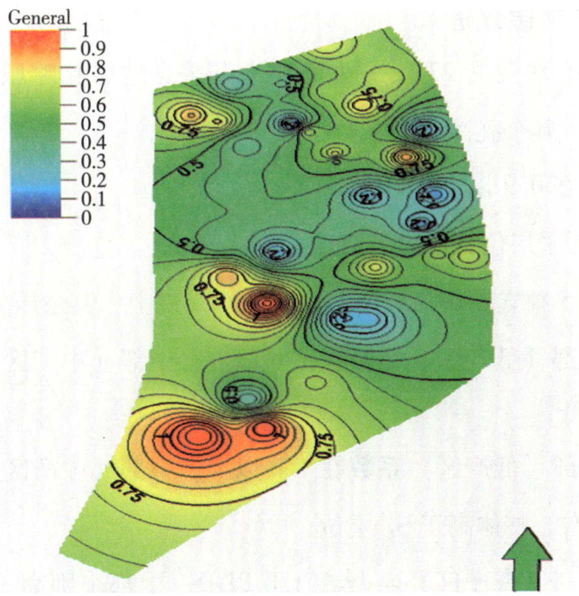

图 3-1-5　沙四段 1 小层压力系数等值线图

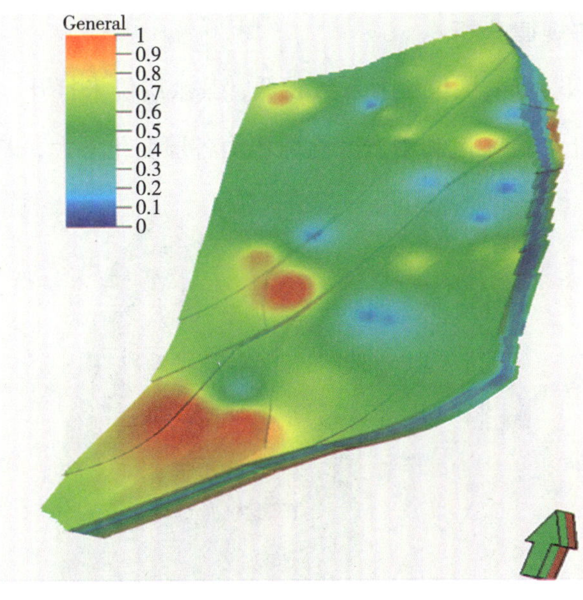

图 3-1-6　孔隙压力模型

（二）储层孔隙压力分布规律

根据建立的三维地质模型，显示出储层 8 小层的等值线图，通过主块三维孔隙压力模型及二维等值线图显示，推导出主块孔隙压力在横向及纵向的压力分布规律（图 3-1-7 ~ 图 3-1-14）。

1. **横向分布规律分析**

S_4^1：文 23 -5 块及文 23 块一小断块未开采，地层孔隙压力为原始压力系数，在 1.0 以上，其余孔隙压力系数都在 0.9 以下；

S_4^2：基本都在 0.9 以下；

S_4^3和 S_4^4：开采层位，压力系数低；

S_4^5：文 23 -5 独立断块为开采，系数在 0.1 以上，其余压力系数为枯竭型；

S_4^6：主块南部（低产区）系数在 1.0 以上，中部（中产区）个别高于 1.0，其余压力系数较低；

S_4^7：主块南部（低产区）系数在 1.0 以上，中部（中产区）个别高于 1.0，其余都在 0.4 左右，整体高于 S_4^6层位；

S_4^8：主块南部（低产区）系数在 1.0 以上，中部个别高于 1.0，其余都在 0.7 左右，整体高于 S_4^7层位。

2. **纵向分布规律分析**

低产区 S_4^3、S_4^4产气层位压力系数较低，其余层位未打开，压力系数为原始系数，在 1.0 以上；高产区和中产区孔隙压力各层变化不大，基本都低于 0.9。

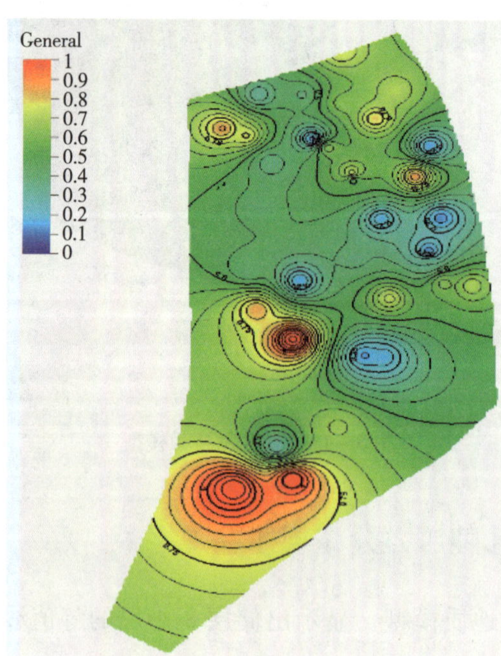

图 3 -1 -7 S_4^1地层孔隙压力等值线图

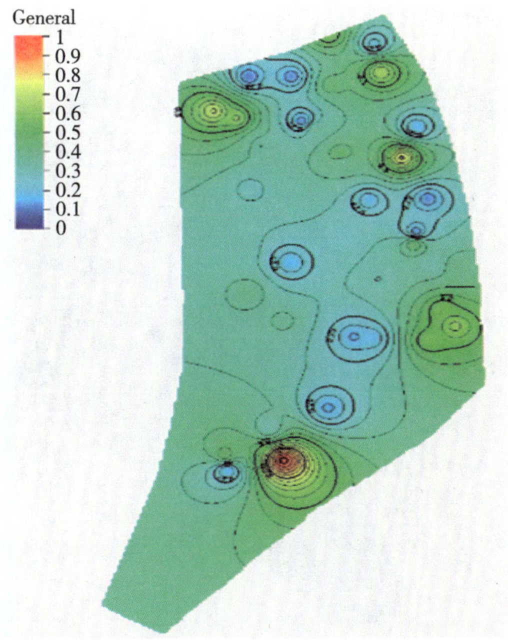

图 3-1-8　S_4^2地层孔隙压力等值线图

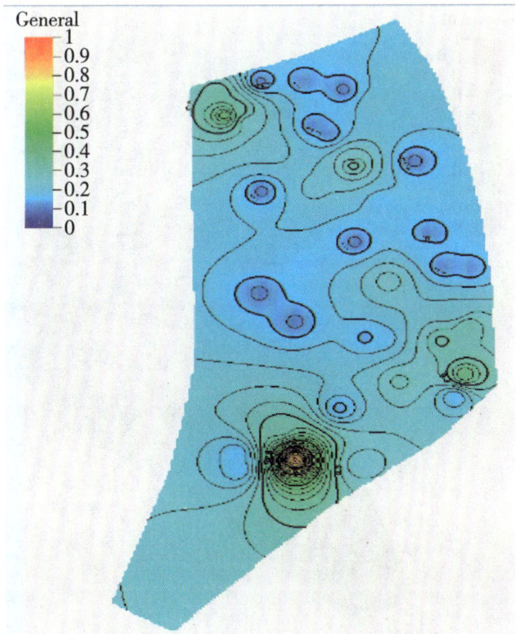

图 3-1-9　S_4^3地层孔隙压力等值线图

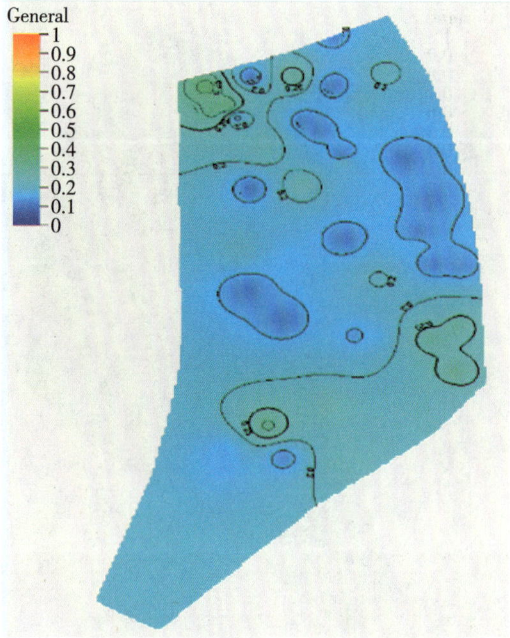

图 3-1-10　S_4^4 地层孔隙压力等值线图

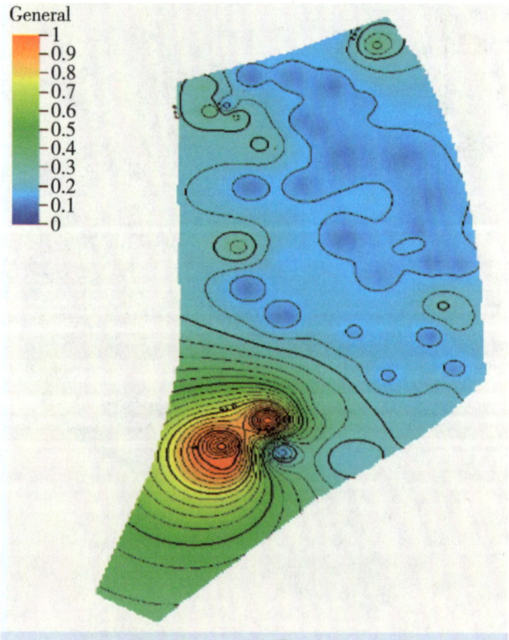

图 3-1-11　S_4^5 地层孔隙压力等值线图

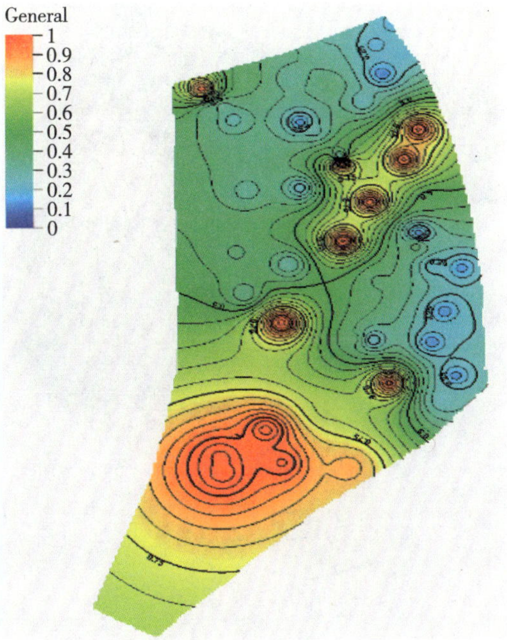

图 3－1－12　S_4^6地层孔隙压力等值线图

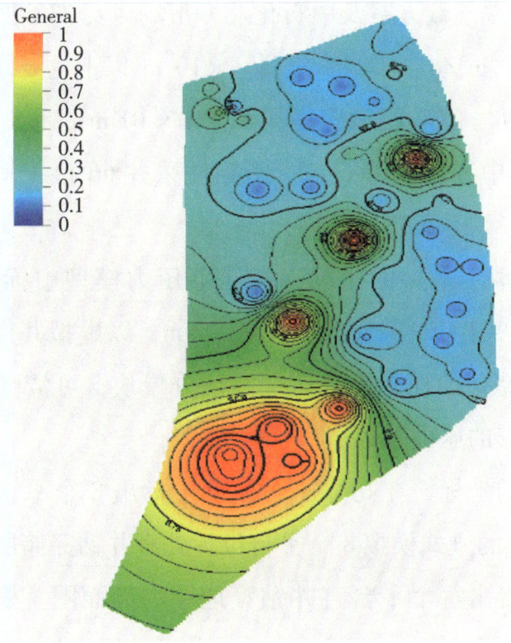

图 3－1－13　S_4^7地层孔隙压力等值线图

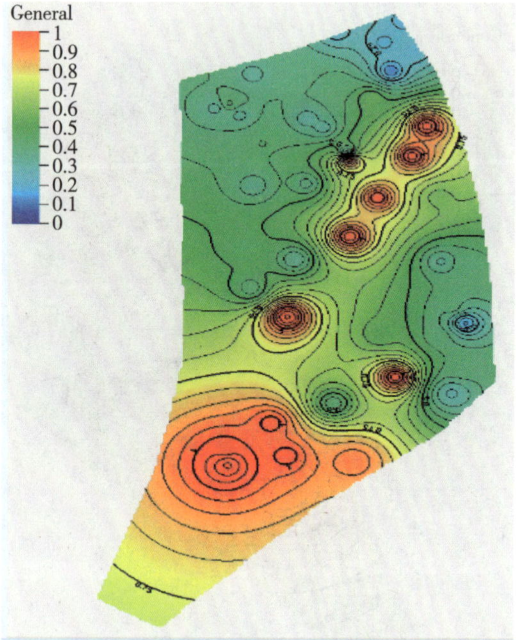

图 3-1-14　S_4^8地层孔隙压力等值线图

3. 储层地层压力预测

根据文 23 储气库气藏方案及中石化北方市场对文 23 储气库提出的近期调峰高峰期日需求 $3\times10^7m^3/d$、年调峰气量 $3\times10^9m^3$ 以上的要求。储气库采取多期分段建设，其中一期方案动用库容体积 $8.431\times10^9m^3$，设计 8 个钻井平台，总体部署 72 口井，其中利用老井 6 口，新钻注采井 66 口，其中新钻直井 11 口，定向井 55 口。

根据一期建设 8 个平台的坐标，在孔隙压力模型中标出 8 个平台的位置（图 3-1-16 ~ 图 3-1-19），设定井深 3200m，以虚拟井位的方式模拟 8 个平台位置处直井钻穿储层的压力系数。任意切分模块，可清晰地看到每口直井钻穿地层的剖面，钻遇的压力系数。

根据 8 个平台的坐标，在孔隙压力模型中标出 8 个平台的位置，设定井深 3200m，以虚拟井位的方式模拟 8 个平台位置处直井钻穿储层的压力系数。

任意切分块，得出每个平台直井钻穿地层的剖面图。根据剖面图，可读出该平台钻遇储层的压力系数，从而为优化钻井及储层保护提供技术依据。

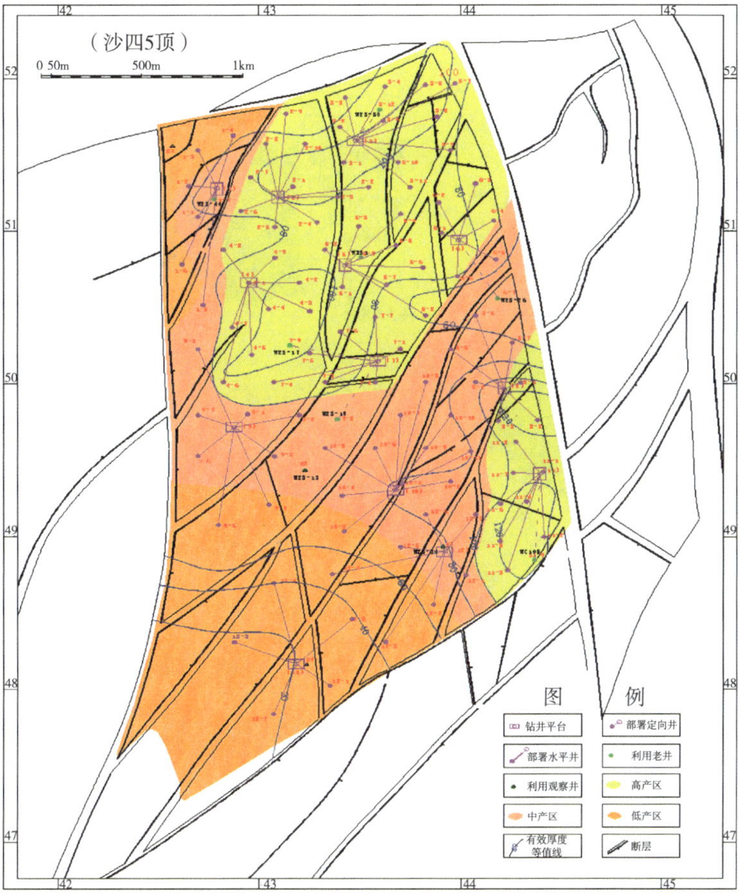

图 3－1－15　文 23 储气库总体（一期）井网方案部署图

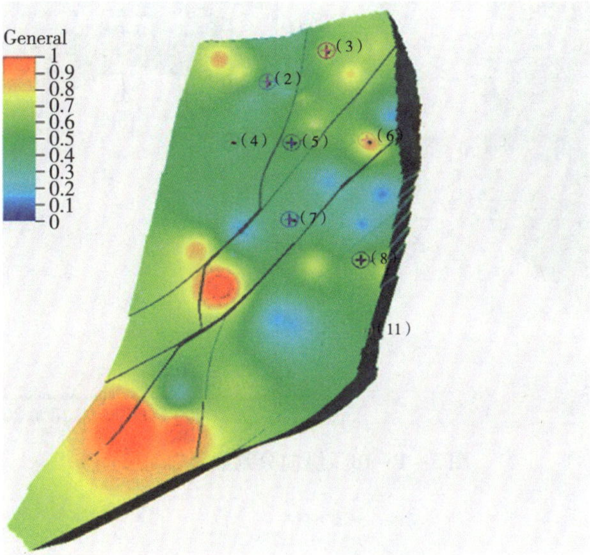

图 3－1－16　平台位置图

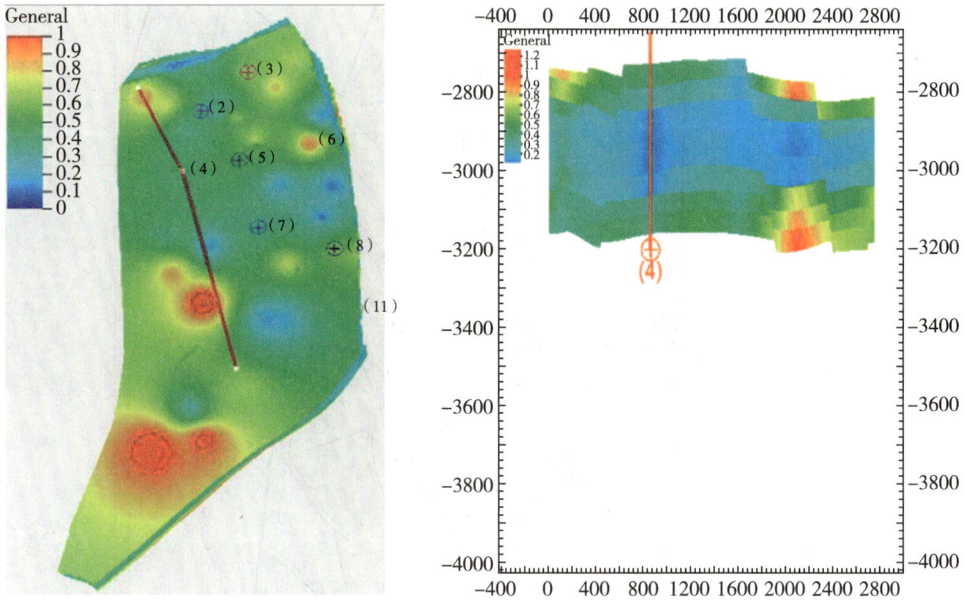

图 3-1-17　纵向分割线及剖面 1

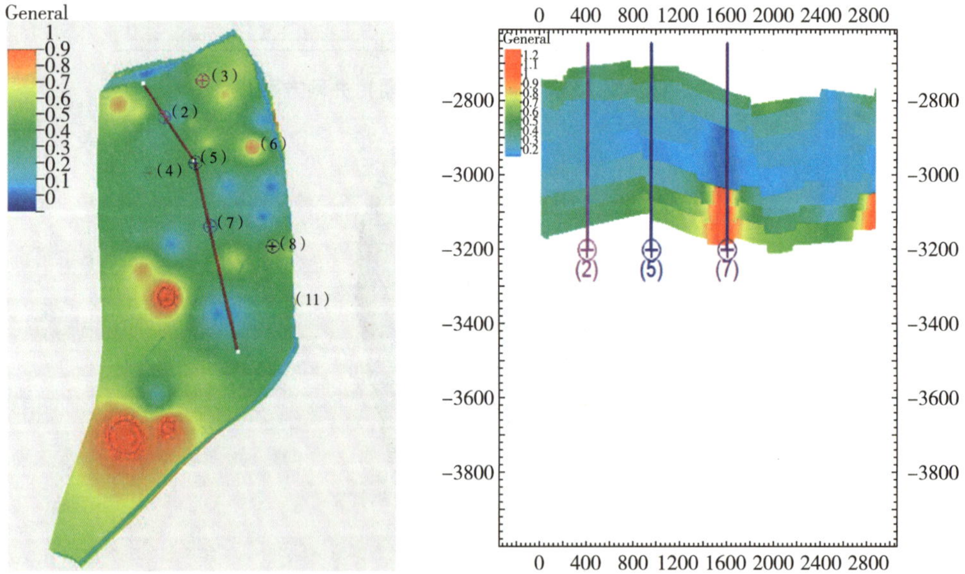

图 3-1-18　纵向分割线及剖面 2

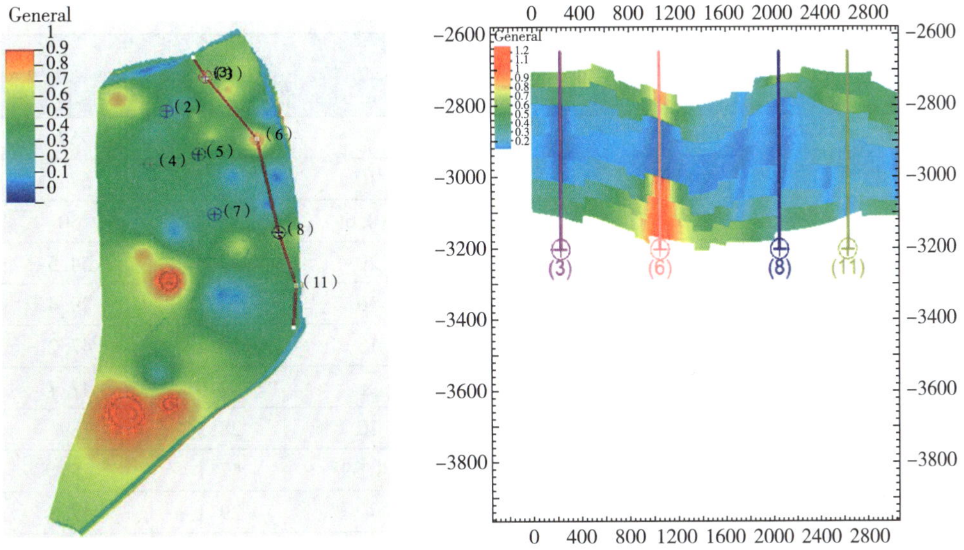

图 3－1－19　纵向分割线及剖面 3

（三） 破裂压力分布规律

1. 储层破裂压力等值线图绘制

破裂压力是井眼裸露地层在井内泥浆柱压力作用下使其破裂或原有裂缝重新开启的压力，它是由于井内泥浆密度过大使井壁岩石所受到的周向应力超过岩石的抗拉强度造成的。地层破裂压力的大小取决于许多因素，如上覆岩层压力、地层孔隙压力、岩石的结构、地层年代、埋藏深度以及该处的应力状态等。

从力学上理解，地层破裂是由于井内钻井液密度过大使井壁岩石所受的周向应力超过岩石的拉伸强度（S_t为抗张强度）而造成。在水平方向上岩石受水平最大主应力和水平最小主应力的挤压，一般认为最大主应力（σ_1）、最小水平主应力（σ_3）一是由上覆岩层压力的泊松效应引起，二是由构造运动所产生的构造应力引起。最大主应力（σ_1）、最小水平主应力（σ_3）与中间铅垂主应力（σ_2）之间的关系可表达为：

$$\sigma_3 = \sigma_2 - {}^{1}/_{2}\Delta\sigma \qquad (3-1)$$

$$\sigma_1 = \sigma_2 + {}^{1}/_{2}\Delta\sigma \qquad (3-2)$$

式中，$\Delta\sigma$ 为差应力即水平最大主应力和水平最小主应力之差。根据地破试验数据，统计出文 23 主块的地破试验数据（表 3－1－2）。

表 3-1-2　地破试验数据统计表

序号	井号	时间	层位	地层压力/MPa	加沙量/m^3	破裂压力值/MPa
1	W108-5	200503	S_4^{7-8}		17.9	57
		200506	S_4^{5}	10	36.2	57.8
2	W109	200608	S_4^{3-5}	10.6	48	50
3	W22	200607	S_4^{2-4}	20	29	54.5
		200904	S_4^{4}	10	17	29.4
4	W23-11	200604	S_4^{5-6}	15	50.2	47.2
		200705	S_4^{3-4}	8	27.9	47.7
5	W23-15	200607	S_4^{5-6}	10	28.5	39
6	W23-16	200512	S_4^{5}	14.39	57.1	56
		200811	S_4^{5}	4	29.1	47.5
		200909	S_4^{4-5}	5	42.5	40.3
7	W23-17	200711	S_4^{3-4}	8	34.4	52.4
8	W23-18	200909	S_4^{3-4}	6	37.2	
9	W23-2	200906	S_4^{6}	15	27	56.7
10	W23-22	200612	S_4^{5-6}	12	26.2	46.9
		200706	S_4^{5}	9	27	37.2
		200810	S_4^{2}	15	27.3	60.5
11	W23-23	200512	S_4下	6	41.6	47
		200811	S_4^{5}	8	40.4	28.5
12	W23-26	200606	S_4^{1-4}	10	23.9	43.4
		200701	S_4^{4}	10	42.2	41.5
13	W23-28	200504	S_4^{6-7}		26.6	40.9
		200606	S_4^{5-6}	12	53.6	38.3
14	W23-29	200601	S_4^{5}	12	42.8	46.7
		200606	S_4^{4-5}	12	46.4	48.3
15	W23-30	200603	S_4^{5}	15	48	50
		200811	S_4^{6-7}	24	57.4	66.9
16	W23-31	200505	S_4^{6-8}		50	48.3
17	W23-5	200610	S_4^{3-4}	10	40.3	49.1
		201001	S_4^{2-3}	38	36.5	52.8
18	W23-8	200510	S_4^{3-4}	11	18	60.9
		201004	S_4^{2-3}	5	18.3	42.4
19	W104	200706	S_4^{5}	9	23.7	39.1
20	W23	200510	S_4^{4-6}	8.9	58	65.8

根据地破试验数据，绘制得出破裂压力等值线图（图 3－1－20）。通过破裂压力等直线图，可以看出该区块横向上破裂压力变化比较大，可通过该研究预测出区块内各位置的破裂压力值，为确定钻井液密度提供依据。

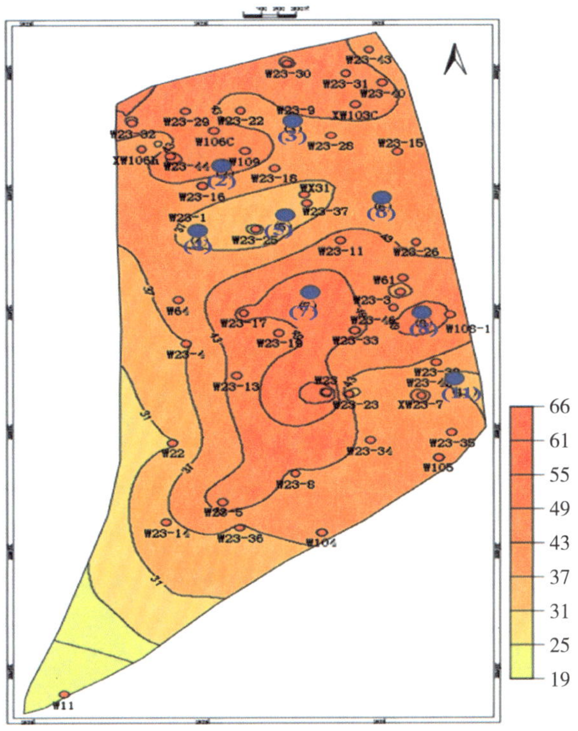

图 3－1－20　破裂压力等值线及平台位置图

2. 提升储层承压能力研究

在压力衰竭地层进行安全钻完井的首要任务是优化钻井液封堵性能，提高井壁的承压能力，防止井漏最有效的方法是利用封堵能力强的钻井液对近井筒的漏失通道进行封堵，在井壁附近形成低渗高强度的屏蔽层以增大钻井液进入地层的阻力，提高井壁的承压能力，拓宽安全的钻井液密度窗口。

文 23 储气库属于枯竭砂岩气田，压力衰竭严重，在钻进储层时为了稳定压力需要较高的钻井液密度，较高的压差发生井漏事故的风险非常高。

为了预测渗透性砂岩地层的漏失压力，提高钻井的安全性，根据塑性流体的本构方程和毛细管渗流理论，分析了钻井液（宾汉流体）在井壁泥饼带，地层侵入带和原地层孔隙中的流动特性，建立了井壁有泥饼情况下的渗漏压力计算模型。

当钻井液能在井壁上有效形成泥饼时，滤液将通过泥饼渗滤，此时渗漏压降由4部分组成：滤液在外泥饼中的流动压降、滤液在封堵层（内泥饼）中的流动压降、滤液在侵入带中的流动压降和远地层流体在孔隙中的流动压降。由于泥饼渗透率很低，相对于钻井液滤液在泥饼中的流动压降而言，滤液在侵入带的流动压降和远地层流体的流动压降都很小，可以忽略不计，则钻井液向地层漏失的压差主要由钻井液在泥饼中的流动压降所决定，如图3-1-21所示（ΔP 为钻井液在泥饼中的压力降；r_m、r_n 分别为形成泥饼后的井眼和封堵层的半径）。

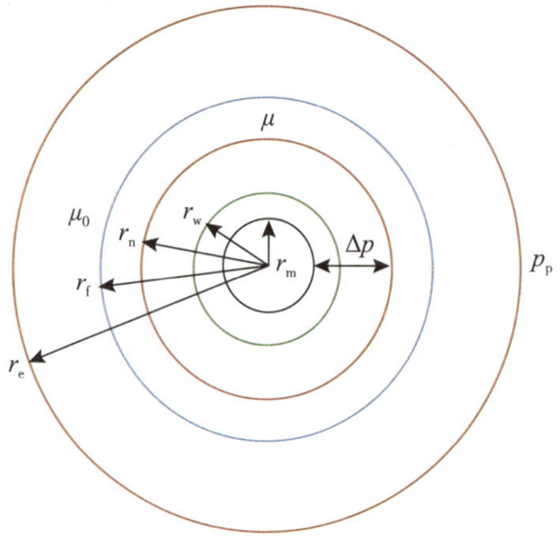

图3-1-21　井壁有泥饼时的漏失压力计算模型

井壁承压能力计算公式如下：

$$P_L = P_P + \frac{q}{2\pi h}\left(\frac{\mu_f}{K_m}\ln\frac{r_w}{r_m} + \frac{\mu_f}{K_n}\ln\frac{r_n}{r_w}\right) \tag{3-3}$$

式中，P_L 为渗漏压力，MPa；P_P 为地层压力，MPa；K_m 为泥饼的渗透率，mD；K_n 为封堵层的渗透率，mD；r_w 为原井眼半径，cm；r_m 为有泥饼的井眼半径，cm；r_n 为封堵层半径，cm；μ_f 为钻井液滤液的表观黏度，mPa·s；h 为地层厚度，m；q 为漏失速度，L/s。

以高产区文23-18井无土相水基钻井液为例计算地层漏失压力，设最大钻井液渗流速度为0.2L/s，钻井液黏度50s，泥饼渗透率0.0012mD，封堵层渗透率0.091mD，利用建立的数学模型，对压力衰竭储层段的漏失压力进行了预测。

如表3-1-3、图3-1-22所示，地层承压能力得到较大程度的提高，减少地层漏失，提高钻井安全性。通过以上计算可知，能有效提高该区块的承压能力。

表 3-1-3 地层承压能力对比

层位	S_4^1	S_4^2	S_4^3	S_4^4	S_4^5	S_4^6	S_4^7	S_4^8
地层厚度	56	53	37	47	78	56	49	55
压力系数	0.63	0.35	0.12	0.12	0.12	0.12	0.29	0.32
漏失压力当量密度/(g/cm^3)	1.21	0.89	0.49	0.59	0.89	0.65	0.75	0.82

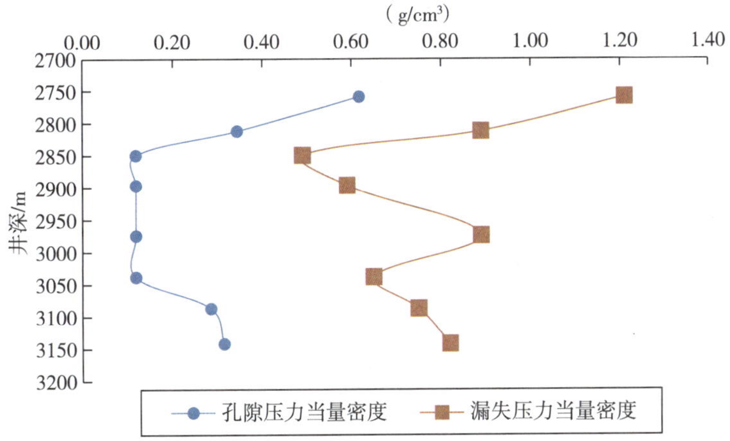

图 3-1-22 文 23-18 井地层承压能力对比

（四） 钻井液密度范围推荐

根据石油天然气钻井井控技术规范 GB/T 31033-2014 标准，钻井液密度设计以各裸眼井段中的最高地层孔隙压力当量钻井液密度为基准，另加 1 个安全附加值。

油井、水井为 0.05~0.10g/cm^3或控压井底压差 1.5~3.5MPa；

气井为 0.07~0.15g/cm^3或控制压差 3.0~5.0MPa。

钻井液密度范围：根据预测地层压力推荐选用 0.6~1.0g/cm^3的钻井液体系。

根据以上原则，结合 8 个平台钻遇储层压力情况，统计出 8 个平台钻遇储层压力情况及使用的钻井液密度，可以看出，S_4^1、S_4^2和 S_4^6、S_4^7、S_4^8钻遇压力相对高于 S_4^4、S_4^5，最高达到 1.0 左右，压力范围比较大，为防止发生渗透性漏失，设计在储层采用加入堵漏材料的钻井液体系。

三、井身结构设计及优化技术

井身结构设计是钻井工程设计的重要内容之一，不仅关系到钻井施工的安全与顺利，还关系到钻井作业的经济效益。合理的井身结构设计既能最大限度地避免漏、喷、塌、卡等工程事故的发生，使各项钻井作业得以安全顺利进行，又能最大幅度地减少钻井费用，使工程成本达到最低。

（一）常规开发井钻井井身结构特点

东濮油田油藏类型多、含油层系多，具有“三高一低一破碎”的特点，断块破碎，构造复杂，物性差。受注水井影响，井下地层压力紊乱。沙三段中、下部以低渗砂岩储层为主，断块发育、厚度薄且储层渗透率低，自上而下发育多套盐膏层。

对于卫城、胡状集等地层比较稳定、油层埋藏较浅的老开发区块，在安全措施落实的情况下，就可以不下技术套管或浅下技术套管，采用二开井身结构，一开 Φ444.5mm 钻头钻至平原组底，井深 300～350m，Φ339.7mm 表层套管封隔地表松软地层；二开采用 Φ215.9mm 钻头钻至完钻井深。这样就可以节约套管费用、固井费用和与其相关的工作量。

二开井身结构：一般生产井或者邻井无复杂情况、常规地层压力、水平段较短的水平井，采用二开井身结构。

一开：生产井采用 Φ444.5mm/Φ311.2mm 钻头钻至井深 300～500m，下 Φ339.7mm/244.5mm 表层套管表松软地层和流沙层，为二开安装井口和建立循环创造条件。

二开：采用 Φ215.9mm 钻头钻至完钻井深，下 Φ139.7mm 油层套管完井或套管 + 筛管完井。

对于沙三段发育盐膏层，钻井过程中膏岩与含膏泥岩段极易造成蠕变缩径，盐岩与泥岩互层段容易出现盐溶性井壁失稳垮塌，给钻井施工带来极大风险。特别是夹层盐膏层在一定温度压力下会发生蠕变，极易造成井壁跨塌、卡钻等事故，需在盐上下技术套管，采用三开井身结构，套管程序优化为 Φ339.7mm +

Φ244.5mm + Φ139.7mm。应用新型高抗挤套管与复合管柱技术，解决盐膏层钻井的技术难题。

三开井身结构：邻井复杂情况较多、地质条件和压力系统复杂，技术套管结合单井具体情况，封馆陶、东营、沙一、沙二段。

一开：采用 Φ444.5mm 钻头钻至井深 300m，下 Φ339.7mm 表层套管封地表松软地层。

二开：采用 Φ311.2mm 钻头钻至馆陶、东营、沙一或沙二段底界中完，为三开水平井钻进创造条件。

三开：采用 Φ215.9mm 钻头，下 Φ139.7mm 油层套管。

东濮凹陷常规井身结构图如图 3－1－23 所示。

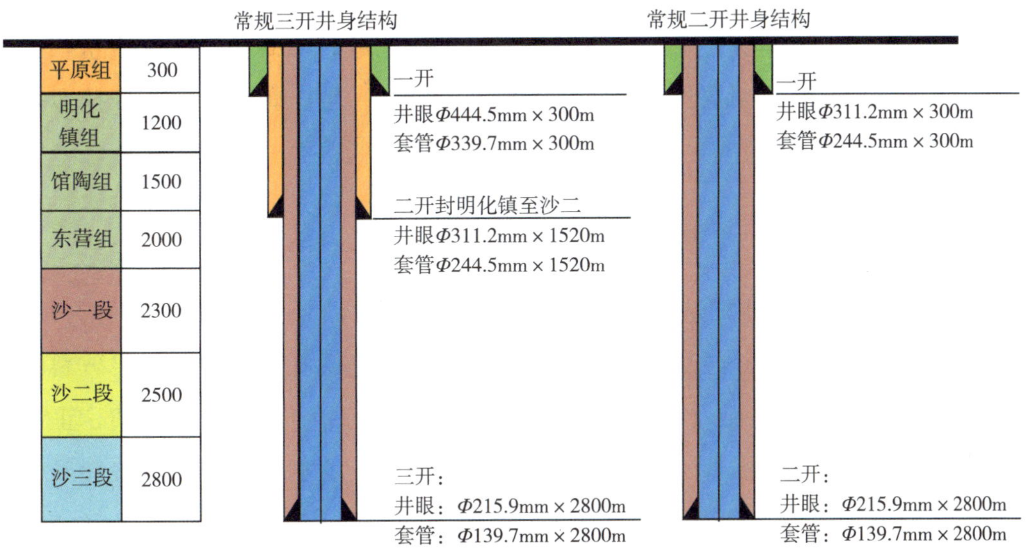

图 3－1－23　东濮凹陷常规井身结构图

（二） 储气库注采井井身结构设计原则

要实现科学、优质、经济、安全的钻井作业，取得预期的钻探目的和经济效益，最重要的前提就是要有合理的井身结构。所谓合理的井身结构，就是按照地质要求，结合地层压力特征，综合考虑当前钻井设备现状、钻井工艺技术水平及施工能力等一系列因素，设计出合理的井身结构，以满足地质、钻井及采油等方面的要求。

1. 满足注采管柱要求

储气库注采井需要考虑注采管柱及井下安全阀的下入要求。一般情况，采用 Φ73mm 油管完井的注采井，生产套管设计采用 Φ139.7mm 套管或筛管；采用 Φ114.3mm 油管完井的注采井，生产套管设计采用 Φ177.8mm 套管或筛管；采用 Φ177.8mm 油管完井的注采井，生产套管设计采用 Φ244.5mm 套管或筛管。

2. 需满足长期强注强采要求

储气库运行周期长，一般为 30 ~ 50 年，注采井要求强注强采，并且周期循环，因此，包括井内管柱、井口装置和固井质量等井筒质量必须能承受强注强采交变应力的影响。

3. 保障安全钻完井要求

经过长期开发储气库注采井将会面临储层亏空的问题，钻井、固井过程中易发生井漏，造成储层污染、水泥浆返高不够等问题，从而影响建库质量。技术套管下深应封隔复杂层位，以保障储层安全钻井；生产套管宜采用悬挂回接方式，以保障固井质量。

（三） 储气库井身结构优化设计

1. 井身结构设计方法的选择

传统井身结构设计方法是采用 2 条压力剖面（地层孔隙压力及地层破裂压力剖面），取得 6 个参数（抽吸压力允值、激动压力允值、井涌条件允值、正常或异常压力压差卡钻临界值、钻井液密度允值），确定必封点（垮塌井段和漏失井段），然后根据压力平衡关系设计出井身结构。储气库地层压力系统紊乱，呈现“高（盖层）－低（气层）”或者“低（油层）－高（盖层）－低（气层）”特征，且多数低压地层压力系数均小于 0.5。若采用传统井身结构设计方法，运用压力平衡关系，将需要下入多层套管，不能保证储气库井的高效、经济开发。

井身结构设计理念是保证钻井施工的安全与顺利，保证钻井作业的经济效益，最大限度地避免漏、喷、塌、卡等工程事故的发生，使得各项钻井作业得以安全顺利进行，又能最大幅度地减少钻井费用，使工程成本达到最低。储气库井井身结构设计不仅要满足传统井身结构设计的要求，将更加重视固井质量和储层保护，更加重视井筒的密封完整性，保证储气库长寿命周期内强注强采下安全平稳运行的需要，保证储气库井注的进、采的出。

储气库井强注强采，周期循环，为了保证储气库长寿命周期内安全平稳运行的需要，对盖层和产层套管固井质量提出了更高要求。根据储气库相关标准，需要满足盖层连续优质段25m，产层套管固井满足合格率≥70%的最低要求。以巨厚盐膏层为盖层，传统的套管与钻头最小19mm的要求不能完全保证巨厚盐膏层作为盖层的固井质量的需要。

通过对国内外储气库井身结构的调研以及中原储气库群已完钻井施工情况的统计分析，并结合已建储气库井身结构设计经验，对中原储气库群工程井身结构进行优化设计。采用自下而上的井身结构设计方法，储层考虑为异常低压，通过压力剖面分析，区域施工情况及必封点选择形成井身结构初步设计，其中油管尺寸通过抗冲蚀及携液能力确定，进而匹配生产套管尺寸；计算水泥环最小厚度，确定每一开次套管尺寸、壁厚及下深；分析区块套管损坏因素，计算套管损坏风险系数，形成盖层段技术套管优化设计方法。综合邻井实钻情况和储气库目前储层压力特点，以保障井筒完整性为主要原则，形成了“储层专打”的三开次井身结构和“盖层专封、储层专打”的四开次井身结构设计方案。

2. 井身结构优化设计

（1）压力剖面分析

本章储层压力预测技术已对储气库地层的压力进行了详细的分析和预测，典

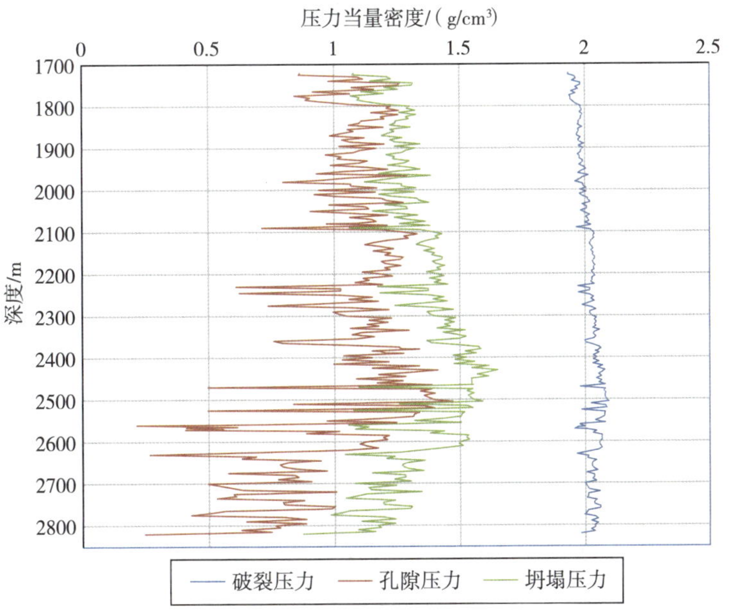

图3-1-24　卫11储气库压力特征

型储气库压力剖面有呈现“高－低”压力特征的卫11储气库（图3－1－24），其储层具有明显压力下降的特点，储层最低压力当量密度降至0.1～0.3g/cm³接近于枯竭；有呈现“低－高－低”压力特征的文13西储气库（图3－1－25），其沙二段（2150～2400m）和沙三中段（2800～3150m）显示出明显的低压，而沙三上段，即文9盐发育段呈现出明显的高压。

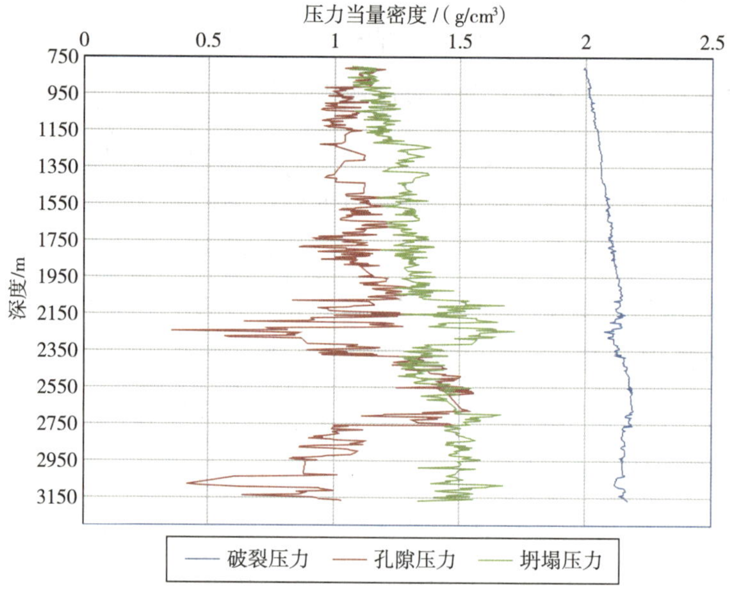

图3－1－25　文13西储气库压力特征

（2）区域钻井施工情况

东濮凹陷呈断块发育，不同区域施工情况差异化较大。

①卫11气藏钻井施工情况

卫11块有老井75口，其中气井36口、油井20口、水井19口（图3－1－26）。老井全部采用二开次井身结构，一开Φ444.5mm钻头钻至平原组底，井深300～350m，Φ339.7mm表层套管封隔地表松软地层；二开采用Φ215.9mm钻头钻至完钻井深±2800m，下Φ139.7mm套管完井，钻井液密度1.03～1.47g/cm³。该区块地层岩石可钻性好，地层相对简单，近几年完钻井周期都在±20d。

卫11区块老井套损情况，有14口井发生套损，套损比例为18.67%，套损以套变为主，发生6井次，套漏和套破各发生4井次（表3－1－4）。根据统计资料，有8口井的套损发生在盐层段及其上下。

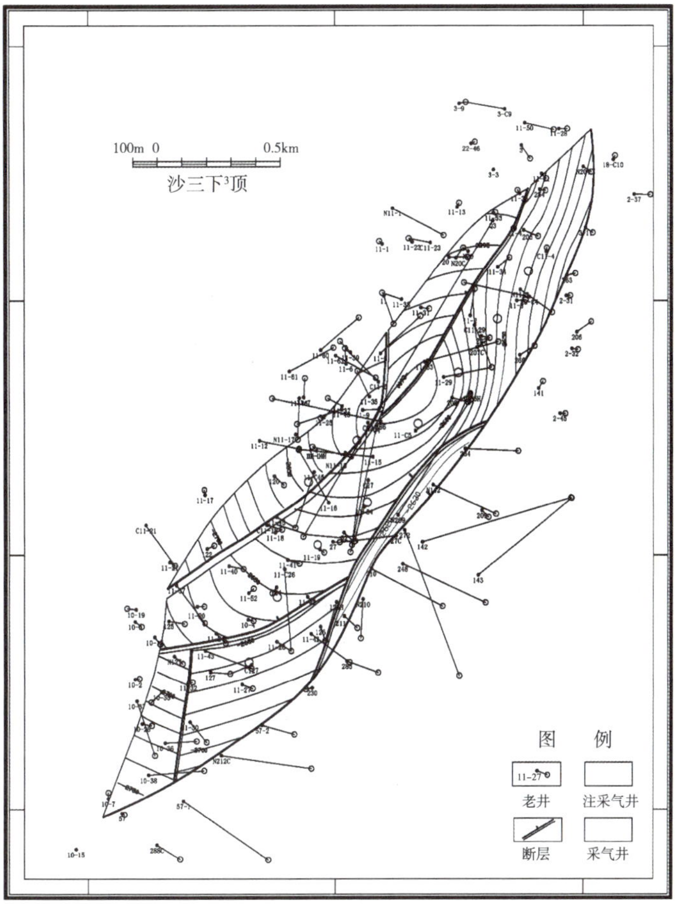

图 3-1-26 卫 11 块井网现状图

表 3-1-4 卫 11 块套损情况统计表

序号	井号	人工井底/m	水泥返高/m	事故类型	深度/m	发现日期
1	卫侧侧 11-18	2821	313	套变	2646	2011.4.11
2	卫侧 3-3	2860.48	1102.6	套破+落物	不详	2017.3.24
3	卫侧 22-46	2923.3	1730.5	套漏	1538.68-1586.8	2010.4.23
4	卫侧 11-38	2993.5	1065	套变+落物	2274.3	2013.4.16
5	卫侧新 11-15	2823.33	1267.5	套变	2801	2009.6.7
6	卫侧 11-19	2802.5	1453	套漏	2698	2012.9.9
7	卫侧 11	2893.14	1756	套破	1579	2013.5.1
8	卫 11-20	2880.95	1326	套漏	2856.7	2009.2.17
9	卫侧 11-32	2847.95	1063	套变	2428.91	2011.5.16
10	卫 11-23	2897.31	1284.7	落物套破	1308.21	1998.1
11	卫 11-13	2925.5	893.8	套破	2673.5	2005.11
12	卫 11-8	2884.81	1398	落物套变	套变 1585.4	1997.9

续表

序号	井号	人工井底/m	水泥返高/m	事故类型	深度/m	发现日期
13	卫 11-18	2858.55	1440	套漏	0~2549.07	1995.2
14	卫 11-2	2844.34	1285	套破	2594.4~2634.5	2004.9

卫 11 块地层相对简单，机械钻速高，钻井周期短，钻井复杂较少。近 2 年钻井复杂主要以渗漏为主，漏失量小，以静止堵漏即可解决（表 3-1-5）。

表 3-1-5　卫 11 块钻井复杂事故情况统计表

井号	类型	复杂事故简况
卫 11-33	气侵溢流	钻进至 2863m 气侵，原因：钻穿气层，循环除气至正常； 钻进至 2886m 溢流，原因：钻穿高压水层，循环加重，出水 12m³。
卫新 209 井	落物，填井侧钻	井深 1503m 起钻，钻头磨损严重，下 8　1/2″井底清洁器，未发现落物，有磨痕，换牙轮钻头下钻，返出水泥块和堵漏剂，为邻井处理井下复杂的堵漏剂，为防止打着邻井，填井侧钻。
卫 22-46 井	出水	井深 2051m，下钻至井底钻井液污染严重，原因：2020m 钻遇高压水层；转换盐水钻井液后正常。
卫 11-38 井	卡钻	钻至井深 2611.67m 接单根时发生黏卡，泡解卡剂解卡。
卫 11-8 井	卡钻	分别在井深 1880m、2035m、2614m 由于钻具静止时间长导致黏卡，泡解卡剂解卡。
卫 11-60 井	井漏	钻至井深 2237m、2895m 发生漏失，漏失 1.35g/cm³ 钻井液 50m³，起钻静止堵漏。
卫 11-61 井	井漏	钻至井深 2217m 发生井漏，密度 1.32g/cm³，起钻静止堵漏。
卫 11-62 井	井漏	钻至井深 2150m，漏失 1.27g/cm³ 钻井液 13m³；井深 2228m 漏失 1.32g/cm³ 钻井液 15m³，起钻静止堵漏。

②文 13 西气藏钻井施工情况

文 13 西块有老井 84 口，老井大部分采用三开次井身结构，一开 Φ444.5mm 钻头钻至平原组底，井深 300~350m，Φ339.7mm 表层套管封隔地表松软地层；二开采用 Φ311.2mm 钻头钻至文 9 盐顶井深 2900m±，下 Φ244.5mm 技术套管；三开采用 215.9 钻头钻至完井井深，下 139.7mm 生产套管完井，钻井液密度 1.03~1.95g/cm³。文 13 西块井网现状图如图 3-1-27 所示。

文 13 西区块 84 口老井套损情况，有 30 口井发生套损，套损以套变为主，发生 19 井次，套漏 4 井次、套管错断 5 井次、套破 2 井次。根据统计资料，有 10 口井的套损发生在文 9 盐及其上下，套损率 11.90%。文 13 西块套损情况统计表见表 3-1-6。

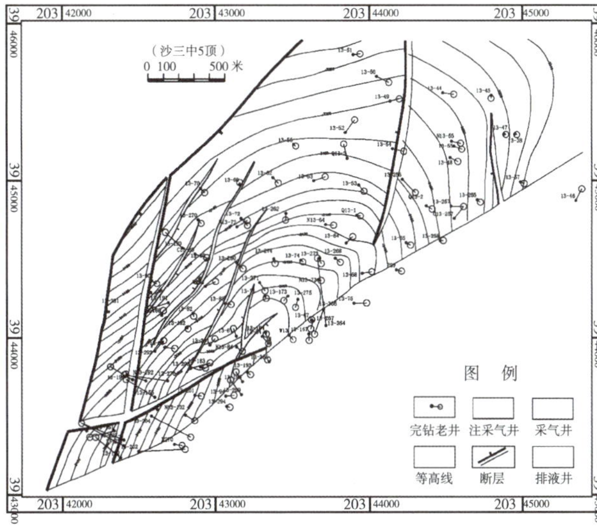

图 3-1-27　文 13 西块井网现状图

表 3-1-6　文 13 西块套损情况统计表

序号	井号	套损位置/m	事故类型	套管尺寸/mm	钢级	壁厚/mm
1	文 13-184	3049	套变	139.7	P110	10.54
2	文 13-271	3109	套破			
3	文 13-276	3058.02	套漏			
4	文 13-64	3040.31、3208.2、3275.19	套变			
5	文 13-68	2946.19	套变			
6	文 13-93	3091.24	套管错断			
7	文 13-94	3024.52	套管缩径			
8	新文 13-84	3092.25	套漏			
9	文 13-67	3107.1～3114.6	套漏	139.7	P110	9.17
10	新文 13-73	3088.71	套管错断	177.8	N80	11.51

文 13 西块地层存在异常高压、高温系统，且沙三中文 9 盐发育，地质条件复杂、钻井复杂多。84 口老井中 43 口井发生复杂，复杂主要发生在沙三中、沙三下，以卡钻和井漏为主，其中卡钻发生 20 井次、井漏发生 55 井次（图 3-1-28）。

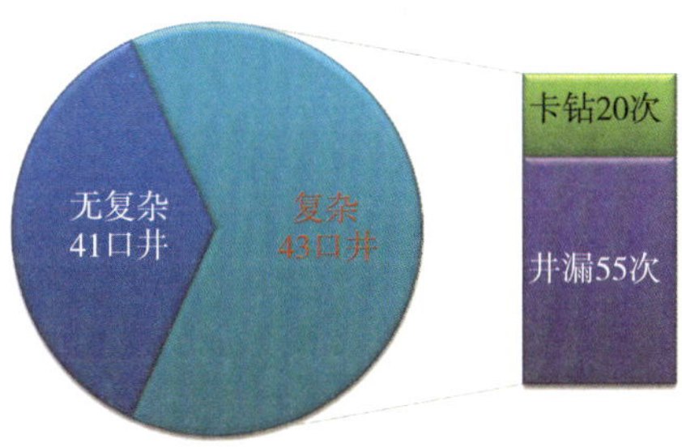

图 3-1-28　文 13 西区块复杂情况统计

③文 24 气藏钻井施工情况

文 24 块目前有老井 46 口。文 24 块老井主要采用二开次井身结构，一开 Φ444.5mm 钻头钻至平原组底，井深 300～350m，Φ339.7mm 表层套管封隔地表松软地层；二开采用 Φ215.9mm 钻头钻至完钻井深 ±2800m，下 Φ139.7mm 套管完井，钻井液密度 1.03～1.47g/cm^3。该区块地层岩石可钻性好，地层相对简单，钻井周期相对较短。文 24 块井网现状图，如图 3－1－29 所示。

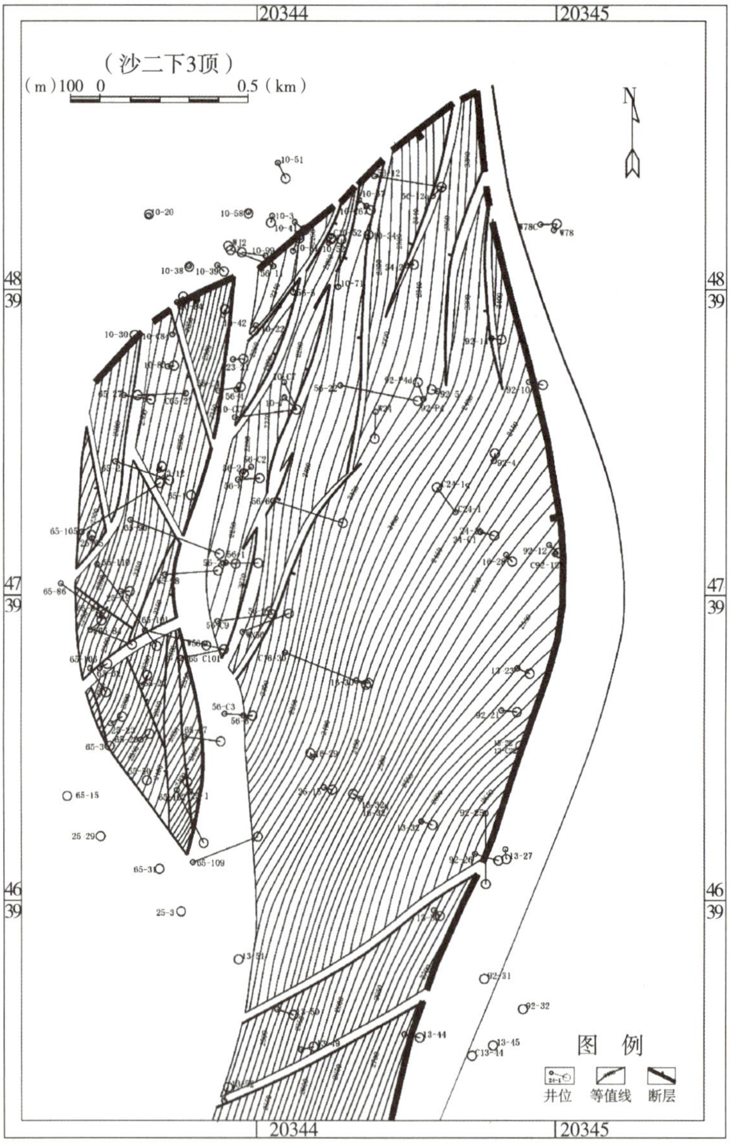

图 3－1－29　文 24 块井网现状图

文24区块46口老井套损情况，有10口井发生套损（表3－1－7），套损率21.7%；套损以套变为主，发生8井次，套损1次、套管错断1井次、套破1井次；套损都是发生在射孔层位及附近，套损原因应是后期生产导致。

表3－1－7　文24块套损情况统计表

序号	井号	射孔层位/m	事故类型	套损情况
1	文10－22	2234.2－2463.6	套损	层下套损，层下不影响
2	文10－41	2190－2264.6	套变	层下有套变，层下不影响
3	文10－67	2271.2－2438.0	套变	套变2171.73m
4	文10－52	2314.0－2458	套变	层上套破2269.48m
5	文10－81	2228－2268 2280－2434.6	套变	套变2287.80m
6	文56－1	2194.6－2411.3	套破	套变2210.3m
7	文56－2	2255.1－2383	套管错断	套管错断2355.1m
8	文56－C2	2344.1－2450.1	套变	套管2359.2m处缩径至Φ77mm
9	文56－5	2255.1－2425.8 2255.1－2496.8	套变	2482m，95mm套铣筒遇阻；2487.53，80套铣头遇阻；出砂
10	文56－7	2321.0－2423.4	套变	层下有套变，Φ95mm套铣头深度为：2438.27m；出砂

文24区块地质构造简单，机械钻速高，钻井周期短。由于发育大段含膏泥岩，钻井复杂主要以卡钻为主，均发生在1800~2300m（表3－1－8）。

表3－1－8　文24块钻井复杂事故情况统计表

井号	类型	复杂事故简况
文新56	电测遇卡	电测中子，密度曲线测至井深1820m和2240m遇卡。
文56－侧9	电测遇卡	分别在井深2345m和2300m遇卡，均穿心打捞成功。
文56－11	水侵	钻至1866m发生井涌，泥浆总量多1m^3，原因：1. 周围注水井有未停注的文10－35.2、井口8m处文检；2. 井套管可能破裂。处理：关井，地面配浆1.3g/cm^3、黏度43s，压井排水48m^3，恢复钻进至1885m又出，比重提至1.45g/cm^3、黏度60s压井成功，恢复钻进。

续表

井号	类型	复杂事故简况
文检 2	卡钻	下钻至井深 2420m 发生卡钻，原因：1. 本井浸泡地层的时间长，把页岩、泥岩地层泡垮；2. 下钻过程中，由于钻速快，产生激动压力发生井漏，井内液柱压力不足以平衡地层侧压力，致使胶结不好的地层垮塌；3. 下钻过程中，坐岗不认真，未及时发现井漏，及时采取措施。处理：经过 24 次套铣倒扣和下光钻杆公锥倒扣接头 17 次，最后钻具全部捞出。
文 56－5	电测遇卡	遇卡井深 2324m、2370m。
文 56－6	卡钻	下钻到底，接方钻杆时钻具被卡，卡点位置 320m，钻头位置 1815. 31m。套铣：落鱼长 595. 57m，鱼顶井深 1219. 74m。打捞：下钻对上扣后提不起来，注解卡剂 $10m^3$，泡卡 4 小时后震击解卡，钻具全部捞出。
文 10－22	卡钻	下钻至井深 1710. 36m 未返泥浆，继续下钻至井深 1810. 37m 发生卡钻，经倒扣、套铣，落鱼全部捞出。下钻至井深 2299. 77m，开泵循环时出现憋泵，上提遇阻，发生卡钻，经倒扣、套铣无效，填井侧钻。
文 56－侧 3	电测遇阻	遇阻井深 2384m，上提至 2376m 时遇卡 3t，强行起出仪器。
文 10－侧 7	落物	下斜向器至进井深 279. 38m 遇阻，起钻发现斜向器落井，经多次套铣打捞成功。
文 56－侧 2	卡钻、井漏	下钻至井深 2376. 87m 循环过程中转换凡尔后发生卡钻，上提 80. 0t，下放至 0t，活动范围 9. 07m，循环混入原油 6. 0t，上提 40. 0t，解卡成功。本井在沙二下亚段发生井漏 2 次，钻井液密度 $1.28g/cm^3$、黏度 72s，静止堵漏成功。

④白庙浅层储气库

白庙区块目前有老井 42 口。白庙区块老井主要采用三开次井身结构，一开 Φ444. 5mm 钻头钻至平原组底，井深 300m，Φ339. 7mm 表层套管封隔地表松软地层；二开采用 Φ311. 2mm 钻头钻至井深 ±1550m，下 Φ244. 5mm 套管完井；三开采用 Φ215. 9mm 钻头钻至完钻井深 ±3500m，下 Φ139. 7mm 套管完井，钻井液密度 $1.03 \sim 1.53g/cm^3$。白庙浅层块井网现状图如图 3－1－30 所示。

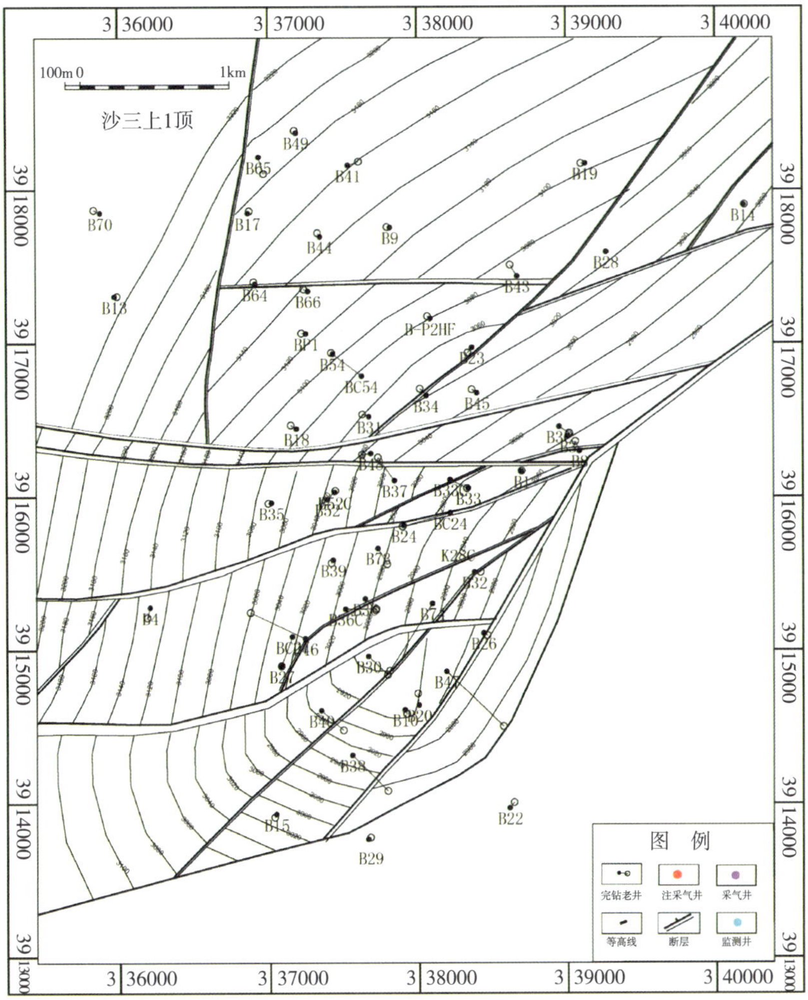

图 3－1－30　白庙浅层块井网现状图

统计白庙浅层区块 42 口老井套损情况，未发现有套损井。白庙区块 42 口井，有 10 口井出现复杂（表 3－1－9）。复杂主要为卡钻，原因分析为沙二上发育大段含膏泥岩。白庙区块断层较发育，上部沙二上发育大段泥岩易发生卡钻，下部沙三上压力系数较低，沙三中、下为高压层易发生井漏和井涌。

表 3－1－9　白庙浅层储气库钻井复杂事故情况统计表

井号	类型	复杂事故简况
白 52	井漏	二开固井时发生井漏，井口无水泥浆返出。
白 48	井漏	钻至井深 3124.12m 井漏，漏失密度 1.40g/cm^{3}钻井液 4m^3； 钻至 3340.29m 发生井漏，只进不出，漏失密度 1.48g/cm^{3}钻井液 1m^3。

续表

井号	类型	复杂事故简况
白34	井涌/井漏/卡钻	钻至3622.45m，沙三中发生井涌，大量钻井液从喇叭口涌出，钻井液密度为1.50g/cm³。 起钻至3080循环，地层憋漏。漏失密度1.70g/cm³钻井液20m³。划眼至井深3658.29m，钻具上提至3655.10时卡钻。
白3井	井喷	以比重1.16g/cm³钻过3135.20～3137m，发生井喷，喷势高达32m。
白10	井喷/卡钻	沙三段3064.2～3077.6m钻进时，在泥浆比重1.24的情况下发生强烈井喷，控制井喷的套压达214at。技术套管固井中途因阻流环坏，液柱压力失去平衡，导致井壁坍塌，套管被卡，未能下至预计井深。
白22井	卡钻	井深2865.19m遇卡。
白30	电测遇阻	井深2825m电测遇阻。
白32侧	电测遇阻	电测遇阻，2600～2707m。
白37	井漏	钻至井深3672.33m井漏，漏失密度1.59g/cm³钻井液20m³。
白24井	井喷	井深3361m，下钻至2262m发生井喷。

3. 必封点分析

必封点1：平原组水层

东濮凹陷表层有地表水，埋深50～200m，钻井过程为保障井下安全将逐渐加入各类钻井液处理剂，易对地下水造成污染，考虑环保要求，表层套管应将地表水和流沙层进行有效封隔，结合近几年东濮凹陷实施井情况，选择必封点为平原组底部，深度±300m。

必封点2：上部低压层

东濮凹陷具有多变的陆相湖盆沉积环境，发育多套油气层，自上而下有东营组、沙一段、沙二段、沙三段、沙四段5个层段，其中沙二段、沙三段是主力含油气层段。部分区块对多套油气层进行了长期开发，油气层的地层压力已明显下降，如文13西区块，沙二下为亏空产层且渗透性好，地层压力降至0.8g/cm³；而沙三中段发育文9盐，具有蠕变性强的特点，钻井液平衡密度不小于1.7g/cm³，若和沙二下段同时揭开，上部地层漏失及压差卡钻风险大，故选择上部低压层为必封点。

必封点3：泥/盐岩盖层

东濮凹陷的盖层主要为巨厚盐盖层，部分区域为大段泥岩盖层，泥/盐岩盖层平衡地层蠕变钻井液密度高，而储层经过长期开发后亏空严重，承压能力低，若同时揭开漏失风险大且易污染储层，故选择泥/盐岩盖层为必封点，进行储层专打。

4. 井身结构的初步设计

（1）生产套管尺寸选择

生产套管的尺寸主要受油管尺寸影响，而油管尺寸主要受气井的冲蚀流量、油管携液能力及工作气量影响。

①油管抗冲蚀能力

气井冲蚀流量计算有多种方法，常用的有 API 算法、Beggs 算法和软件计算方法。对各种算法进行比较，优选合适的计算方法，以文 23 储气库为例，计算出了不同管径不同压力情况下的临界冲蚀流量。

由 Beggs 计算公式计算：

$$q_e = 5.164 \times 10^4 A\ (P/\ (ZTr_g))^{0.5} \tag{3-4}$$

式中 q_e为冲蚀流量，$10^4 m^3/d$；

r_g 为气体相对密度；

A 为油管截面积，m^2；

P 为油管压力，MPa；

Z 为气体压缩因子；

T 为油管流温，K。

对文 23 储气库块采用 Φ73mm × 5.51mm（62mm）、Φ88.9mm × 6.45mm（76mm）、Φ101.6mm × 6.65mm（88.3mm）、Φ114.3mm × 6.88mm（100.3mm）油管时最大注采能力进行冲蚀评价。

采气过程中，井口外输压力为 9MPa 条件下，分别计算了不同管径油管在地层压力情况对应的临界冲蚀流量（表 3－1－10）。

表 3－1－10 不同地层压力下对应的临界冲蚀流量

地层压力/MPa		不同管径临界冲蚀流量/（$10^4 m^3/d$）			
		Φ73mm	Φ88.9mm	Φ101.6mm	Φ114.3mm
38.5	高产区	35.09	52.47	70.76	91.25
	中产区	35.81	53.99	73.17	94.80
	低产区	36.99	55.93	75.88	98.34

续表

地层压力/MPa		不同管径临界冲蚀流量/（$10^4m^3/d$）			
		Φ73mm	Φ88.9mm	Φ101.6mm	Φ114.3mm
35	高产区	35.11	52.53	70.88	91.39
	中产区	35.95	54.22	73.50	95.25
	低产区	37.22	56.26	76.33	98.91
33	高产区	35.14	52.57	70.90	91.59
	中产区	36.04	54.37	73.71	95.55
	低产区	37.36	56.48	76.61	99.26
30	高产区	35.21	52.68	71.09	91.88
	中产区	36.20	54.63	74.10	96.06
	低产区	37.59	56.83	77.06	99.81
27	高产区	35.32	52.85	71.37	92.27
	中产区	36.39	54.95	74.55	96.66
	低产区	37.86	57.21	77.55	100.40
24	高产区	35.45	53.09	71.74	92.78
	中产区	36.63	55.34	75.10	97.37
	低产区	38.16	57.62	78.05	100.98
21	高产区	35.70	53.51	72.36	93.65
	中产区	36.95	55.83	75.76	98.19
	低产区	38.48	58.04	78.58	101.62
19	高产区	35.97	53.96	72.99	94.53
	中产区	37.21	56.22	76.27	98.84
	低产区	38.70	58.35	78.95	102.07
18	高产区	36.14	54.24	73.41	95.08
	中产区	37.36	56.44	76.56	99.19
	低产区	38.82	58.51	79.15	102.30
15	高产区	36.96	55.58	75.31	97.58
	中产区	37.92	57.26	77.60	100.45
	低产区	39.20	59.02	79.78	103.06

由不同地层压力下对应的临界冲蚀流量表可以得出，不同管径冲蚀流量随井口压力的增加而上升。当气藏压力在15～38.6MPa之间时，当井口压力最低、地层压力最高时，冲蚀流量最高，通过计算Φ73mm、Φ88.9mm、Φ101.6mm、

Φ114.3mm 的油管的冲蚀流量分别为 $35.09\times10^4m^3/d$、$52.47\times10^4m^3/d$、$70.76\times10^4m^3/d$、$91.25\times10^4m^3/d$。

注气过程中，在压缩机井口达到额定压力 34.5MPa、井口温度 60℃时，通过计算 Φ73、Φ88.9、Φ101.6、Φ114.3mm 油管的冲蚀流量分别为 $62.82\times10^4m^3/d$、$100.84\times10^4m^3/d$、$137.54\times10^4m^3/d$、$162.11\times10^4m^3/d$。

②油管携液能力

井底的液体通过 2 个过程被带到地面：

（1）液体薄膜沿着管壁向上运动；

（2）液体小液滴由高速气流携带出来。

经验表明，从井内把液体带至地面所需的最小气流速度，应足以把井内可能存在的最大液滴带到地面，该气流速度称为临界流速。

目前常用的临界携液模型有 Turner 模型、Coleman 模型、李闽模型和王毅忠模型。临界流速表达式见表 3－1－11。

表 3－1－11　临界携液模型对比

模型	Turner	Coleman	李闽	王毅忠
假设条件	球形		椭球形	球帽形
曳力系数	0.44		1	1.17
临界流速	$u_{cr}=6.6\left[\frac{\delta(\rho_l-\rho_g)}{\rho_g^2}\right]^{0.25}$	$u_{cr}=5.5\left[\frac{\delta(\rho_l-\rho_g)}{\rho_g^2}\right]^{0.25}$	$u_{cr}=2.5\left[\frac{\delta(\rho_l-\rho_g)}{\rho_g^2}\right]^{0.25}$	$u_{cr}=1.8\left[\frac{\delta(\rho_l-\rho_g)}{\rho_g^2}\right]^{0.25}$
系数	6.6	5.5	2.5	1.8

其中，Turner 模型适用于气液比非常高（$GLR>1367m^3/m^3$）、流态属雾状流的气液井。考虑文 23 储气库强注强采、注采气量大的特点，选用 Turner 模型计算不同油管临界携液流量，计算公式如下：

$$q_{cr}=2.5\times10^4\frac{AP\,v_{cr}}{ZT} \tag{3-5}$$

$$v_{cr}=6.6\left[\frac{\sigma g(\rho_l-\rho_g)}{\rho_g^2}\right]^{0.25} \tag{3-6}$$

式中　v_{cr}为气井携液临界流速，m/s；

σ 为气水（凝析油）界面张力，N/m，对凝析油 $\sigma=0.02$N/m；

g 为重力加速度，$g=9.8m/s^2$；

ρ_l 为液体的密度，凝析油 $\rho_l=721kg/m^3$；

ρ_g 为气体的密度，kg/m^3；

A 为油管截面积，m^2；

P 为井筒压力，MPa；

T 为井筒温度，K；

Z 为 P、T 条件下的气体压缩因子。

根据文 23 气藏基础数据和储气库设计指标，利用 T 模型，计算出不同管径的油管在不同井口压力下的临界携液气量，见表 3-1-12。

表 3-1-12　不同井口压力、油管尺寸下的气井临界携液流量

井口压力/MPa	不同管径油管的临界流量/（$\times10^4m^3/d$）			
	Φ73mm	Φ88.9mm	Φ101.6mm	Φ114.3mm
17	6.99	10.51	14.19	18.05
15	6.59	9.91	13.38	17.02
13	6.16	9.26	12.50	15.90
11	5.69	8.55	11.54	14.68
9	5.16	7.76	10.47	13.33
7	4.57	6.87	9.27	11.79
5	3.88	5.82	7.86	10.00
3	3.01	4.53	6.11	7.77
1	1.75	2.62	3.54	4.50

从表 2-1-12 可以看出，在最低井口压力 9MPa 时，采用 Φ73、Φ88.9、Φ101.6、Φ114.3mm 油管临界携液流量分别为 $5.16\times10^4m^3/d$、$7.76\times10^4m^3/d$、$10.47\times10^4m^3/d$、$13.33\times10^4m^3/d$，气藏方案最低配产气量大于临界携液流量则能够连续携液生产。

③油管尺寸的选择

综合气体临界冲蚀流量和临界携液流量等计算结果，充分考虑经济性，优选满足生产要求的油管尺寸。配产气量 $35\times10^4m^3/d$ 以下，选择外径 Φ73mm 的油管；气量 $35\times10^4\sim52\times10^4m^3/d$，选择外径 Φ88.9mm 的油管；气量 52×10^4 ~

$70\times10^4m^3/d$ 选择外径 $\Phi101.6mm$ 油管，气量 $70\times10^4\sim91.00\times10^4m^3/d$ 选择外径 $\Phi114.3mm$ 油管生产。

④生产套管尺寸的确定

结合油管尺寸和钻井工程成本，外径 $\Phi73mm$ 的油管可配套 $\Phi139.7mm$ 生产套管，$\Phi88.9mm$、$\Phi101.6mm$、$\Phi114.3mm$ 可配套 $\Phi177.8mm$ 生产套管。

（2）水泥环厚度设计

由于储气库井对井筒完整性要求高，采用了逆向设计思路进行了井身结构设计，基于确定的生产套管尺寸，逆向计算基于井筒完整性设计和保证固井质量的原则确定水泥环最小厚度，即通过测量弹韧性水泥石的弹性模量，计算出产层套管和盖层套管受力时最大变形量的大小。具体的计算方法如下：

①套管变形量计算：

考虑套管为完全对称问题，可简化为平面应力应变求解，根据拉梅方程：

$$\delta_s=\frac{b}{E_s}(1-\nu_s^2)\left(\frac{2a^2p_s}{b^2-a^2}\right) \tag{3-7}$$

式中 δ_s 为套管外壁变形量大小，mm；

b 分别为套管内外半径，mm；

E_s 为套管弹性模量，MPa；

ν_s 为套管泊松比；

p_s 为套管内壁实际受内压大小，MPa。

考虑到套管外壁受地层围压影响，有：

$$p_s=\kappa p \tag{3-8}$$

式中 p 为最大内压大小，MPa；

κ 为套管内压修正系数，一般 0.91～0.99。

②考虑水泥为弹性体，根据胡克定律，计算水泥环变形量：

$$p_c=E_c\cdot(\Delta l/l_0) \tag{3-9}$$

式中 p_c 为水泥环受到的内压，MPa；

E_c 为水泥弹性模量，MPa；

l_0 为水泥环原始厚度，mm；

Δl 为水泥环变形量，mm。

考虑到界面胶结强度与水泥环外壁受地层围压影响，有：

$$p_c = \varepsilon p_s = \varepsilon \kappa p \tag{3-10}$$

式中　ε 为水泥受压修正系数，其值范围为 0.85 ~ 0.95。

考虑到实际井眼井径扩大率，有：

$$l_0 = \eta l \tag{3-11}$$

式中　l 为原始环空尺寸，mm；

η 为井径修正系数，其值范围为 1.01 ~ 1.1。

根据套管所受最大内压 p，计算出套管变形量 δ_s，根据水泥环所受最大应力，计算出水泥环变形量 l_0，设计要求 $l_0 \geqslant \delta_s$，即套管在内压 p 的作用下产生的变形，其压力可传递在水泥环上，水泥环的变形量须大于套管变形量，可确保水泥环不受破坏，保证井筒完整性。

依据水泥环的变形量须大于套管变形量原则，计算出水泥环最小厚度，同时水泥环厚度应满足行业标准 SY/T 5374.1 – 2016 固井作业规程要求，即水泥环厚度≥19mm。

③水泥环厚度计算

为了提高顶替效率，固井注替时环空上返速度要求控制在 0.9 ~ 1.5m/s，水泥环厚度越大，注替排量越大，基于现有装备能力的排量极限，计算水泥环的厚度。

计算公式为：

$$D < \frac{\sqrt{L \times 4 \times \dfrac{1000}{\pi} - d^2} - d}{2} \tag{3-12}$$

式中　D 为水泥环厚度，mm；

d 分别为套管外径，mm；

L 为泥浆泵的最大排量，L/s。

采用这种逆向设计方法，进行水泥环厚度设计，再确定每一开次套管尺寸、壁厚及下深，合理的水泥环厚度解决了盐层段固井质量不稳定的问题，保证了目的层段的有效封隔，从而有效保证整个储气库的安全生产。

（3）盖层段套管抗外挤强度设计

目前的储气库盖层套管抗外挤强度设计一般是采用等安全法和三轴应力校核法，没有对于强注强采条件下套管 – 水泥环 – 地层岩石多层结构的相互作用机理、变形和应力分布规律以及地层套管柱载荷的分布规律等进行深入的研究。而中原油田部分储气库所在区域的常规开发井，其盖层段已出现套管损坏且损坏处套管抗外挤强度大于采用等安全法和三轴应力校核法的计算值，这表明仅采用等安全法和三轴应力校核法计算出的盖层套管抗外挤强度无法适应储气库注采井的生产需要。

针对这一问题，首次将套管损坏因素引入到套管强度设计。套管损坏的原因主要有地质因素、工程因素、套管质量因素、套管腐蚀，而地质因素一般为主导因素起着决定性的作用。地质因素主要包括构造应力、泥岩和盐岩的膨胀与蠕变、油层出砂、地层沉降与油层压实、断层复活、地壳运动及地震等。通过计算区块内套管损坏比例反演了套管损坏风险系数，该风险系数一定程度上反应了地质因素的复杂程度。结合损坏套管的抗外挤强度和套管基本抗外挤强度，采用均方根的方法计算了套管损坏风险值，该风险值则反应了地应力、泥岩和盐岩的膨胀与蠕变、地壳运动等地质因素的影响值，损坏套管的抗外挤强度和套管基本抗外挤强度差值越大，表明地质因素的影响值越高。综合计算出考虑套管损坏风险的套管抗外挤强度的最小值，也就考虑了套管和岩石之间的相互作用及应力分布等复杂情况。通过综合考虑区块情况的盖层段技术套管优化设计方法，既可以满足储气库井筒完整性的要求，也可以满足油田建设低成本开发的需求。与目前储气库的设计方法相比，具有更科学、针对性更强的特点。具体的盖层段套管抗外挤强度设计方法如下：

①依据区块内套管损坏比例，确定套管损坏风险系数；

$$\alpha = N_t / T \tag{3-13}$$

式中 α 为套管损坏风险系数；

N_t 为区块内盖层段套管损坏井数；

T 为已实施的井数。

②依据设计井的套管鞋深、最大地层压力当量密度、盐层分布，计算套管基本抗外挤强度。

盖层若为非盐层：

$$P = H_g \times \rho_{max} \times 1.125 \times 0.00981 \tag{3-14}$$

若有盐层：

$$P = H_s \times 2.31 \times 1.125 \times 0.00981 \tag{3-15}$$

式中 P 为套管基本抗外挤强度，单位 MPa；

H_g 为盖层套管下入垂深，单位 m；

ρ_{max} 为最大地层压力当量密度，单位 g/cm^3；

H_s 为盐层最大垂深，单位 m；

2.31 为盐层蠕变压力当量密度，单位 g/cm^3；

1.125 为储气库注采井套管最低要求的抗外挤安全系数，无量纲；

0.00981 为常数 g 的千分之一，单位 kN/kg。

③基于套管损坏井损坏套管的抗外挤强度和套管基本抗外挤强度，计算出区块内的套管损坏风险值。

$$\beta_{rms} = \sqrt{\frac{\sum_{i=1}^{N}(P_i - P)^2}{N}} \quad (3-16)$$

式中 β_{rms} 为套管损坏风险值，单位 MPa；

N 为套管损坏且损坏处套管抗外挤强度大于套管基本抗外挤强度 P 的井数；

P_i 为套管损坏处的套管抗外挤强度，单位 MPa。

④由套管损坏风险系数、套管基本抗外挤强度、套管损坏风险值综合计算出考虑套管损坏风险的套管抗外挤强度的最小值 P_{min}。

$$P_{min} \geqslant P + (\alpha + 1) \times \beta_{rms} \quad (3-17)$$

式中 P_{min} 为考虑套管损坏风险的套管抗外挤强度的最小值，单位 MPa。

最后依据考虑套管损坏风险的套管抗外挤强度的最小值 P_{min}，结合常用套管抗外挤强度，优选储气库井盖层套管技术参数。

例如某储气库，设计注气排量 $30 \times 10^4 m^3/d$，采用 Φ139.7mm 产层套管周期注采，盖层埋深为 2420～2560m（垂深），盐层埋深为 2500～2560m（垂深），盖层、盐层、储层位置关系见图 3－1－31。盐层的最大垂深 H_s 为 2560m，盖层段最大地层压力当量密度 ρ_{max} 为 1.2g/cm^3。该区块内共实施开发井数量 T 为 127 口，盖层段出现套管损坏的井数 N_t 为 14 口，套管损坏井情况见表 3－1－13。

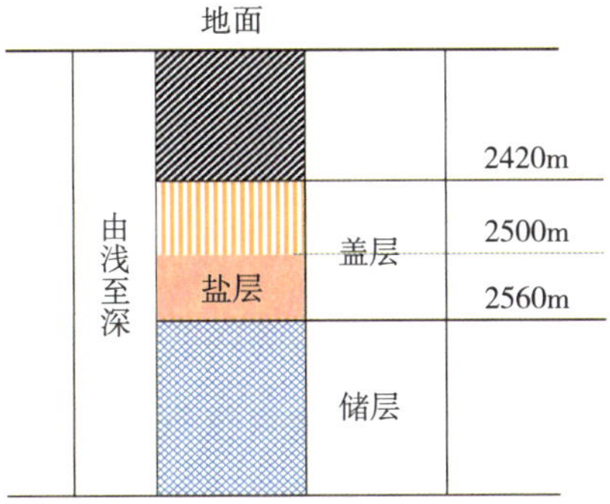

图 3－1－31 盖层、盐层和储层位置关系

表 3－1－13 套管损坏井情况

序号	外径/mm	钢级	壁厚/mm	抗外挤强度/MPa	数量
1	139.7	J55	7.72	33.9	4
2	139.7	N80	7.72	43.4	2
3	139.7	P110	7.72	51.6	3
4	139.7	P110	9.17	76.5	3
5	139.7	N80	10.54	76.9	1
6	139.7	P110	10.54	100.3	1

注：J 为铸钢，N 为镍合金钢，P 为精密金属合金钢；55 表示承压级别 55000psi，80 表示承压级别 80000psi，110 表示承压级别 110000psi，例如 J55 表示承压级别 55000psi 的铸钢套管。

①首先依据区块内套管损坏比例，确定套管损坏风险系数 α；

$$\alpha = 14/127 = 0.110 \tag{3-18}$$

②计算套管基本抗外挤强度，盖层为盐层。

$$P = 2560 \times 2.31 \times 1.125 \times 0.00981 = 65.26\text{MPa} \tag{3-19}$$

③套管损坏且损坏处套管抗外挤强度大于套管基本抗外挤强度 P 的井数 N 为 5，套管损坏风险值；

$$\beta_{rms} = \sqrt{\frac{\sum_{i=1}^{5}(P_i - 65.26)^2}{5}} = 18.66\text{MPa} \tag{3-20}$$

④考虑套管损坏风险的套管抗外挤强度的最小值。

$$P_{min} \geqslant 65.26 + (0.110 + 1) \times 18.66 = 85.98\text{MPa} \tag{3-21}$$

本储气库采用 Φ139.7mm 产层套管周期注采，盖层段套管与井眼间隙不低于 25mm，故盖层套管通径不小于 Φ189.7mm，依据已有套管情况，盖层套管优

选为外径 Φ250.8mm、钢级 P110TT、扣型 TP－CQ（天津钢管研制的国产套管特殊气密封螺纹）、壁厚 15.88mm 套管，其抗外挤强度为 88MPa。

对比采用等安全法和三轴应力校核法计算出的套管抗外挤强度，最小值为 65.26MPa，依据已有套管情况，盖层套管可选为外径 Φ244.5mm、钢级 P110、扣型 TP－CQ、壁厚 15.11mm 套管，其抗外挤强度为 67.3MPa。该区块内共实施开发井中有 5 口套损井的套管抗外挤强度大于 76.5MPa，若采用选用抗外挤强度为 67.3MPa 的套管，会有较高的套损风险，不利于储气库井进行长期强注强采。

（4）形成的井身结构

通过对中原不同区块已完钻井施工情况的统计分析、必封点分析、水泥环厚度及盖层套管抗外挤强度设计，结合已建储气库井身结构设计经验，综合考虑当前钻井设备现状、钻井工艺技术水平及施工能力等一系列因素，设计了高－低压力特征的“储层专打”三开井身结构、低－高－低压力特征的“盖层专封、储层专打”四开井身结构，以满足地质、钻井及注采气等方面的要求。

①高－低压力特征的“储层专打”三开井身结构（图 3－1－32）

针对高－低压力特征的注采井，基于“一个专打”“一个保护”“一个保障”，即储层专打、储层保护、保障井筒完整密封性的井身结构设计原则，采用“储层专打”三开井身结构方案。

一开：采用 Φ444.5mm 钻头钻至井深 300m，下 Φ339.7mm 表层套管封地表松软地层。

二开：采用 Φ311.2mm 钻头钻过盐盖层或泥岩盖层中完，下 Φ244.5/250.8mm 技术套管封盖层及以上复杂地层，为三开亏空目的层安全钻进和储层保护创造条件。为了提高盖层段套管强度和保证套管安全下入，在盐盖层段下入 Φ250.8mm 钢级 P110TT，壁厚 15.88mm 套管。

三开：采用 Φ215.9mm 钻头钻至设计井深，下 Φ139.7mm 套管。采用尾管悬挂＋回接的固井工艺，悬挂点位置为盖层顶以上 100m，且与上层套管的重叠段不少于 300m。

②低－高－低压力特征的“盖层专封、储层专打”四开井身结构（图 3－1－33）

针对盖层压力系数高、上部地层易漏、储层亏空的区块，优化采用“两个专打”“一个保护”“一个保障”（即盖层专封、储层专打、储层保护、保障井筒完整密封性）的四开井身结构设计方案。

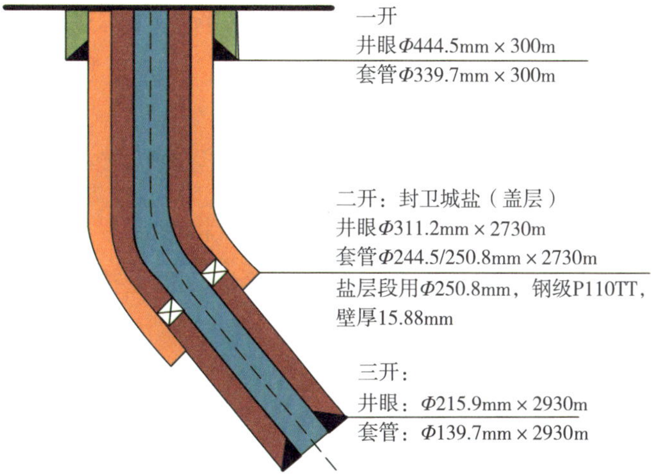

图 3-1-32 高-低压“储层专打”三开井身结构示意图（卫 11 储气库）

一开：采用 Φ609.6mm 钻头钻至井深 300m，下 Φ473.08mm 表层套管封隔上部松散、易垮塌地层，缩短二开裸眼段长度，保证二开井眼安全、快速钻进。

二开：Φ431.8mm 钻头钻进至盖层顶，且不揭开盖层，下入 Φ339.7mm 套管封盖层及以上低压易漏、易垮地层。为三开盖层段安全、快速钻进创造条件。

三开：Φ311.2mm 钻头钻至钻过盖层中完，下 Φ244.5/250.8mm 技术套管封盖层及以上复杂地层，为三开亏空目的层安全钻进和储层保护创造条件。为了提高盖层段套管强度和保证套管安全下入，在盖层段下入 Φ250.8mm 钢级 P110TT，壁厚 15.88mm 套管。

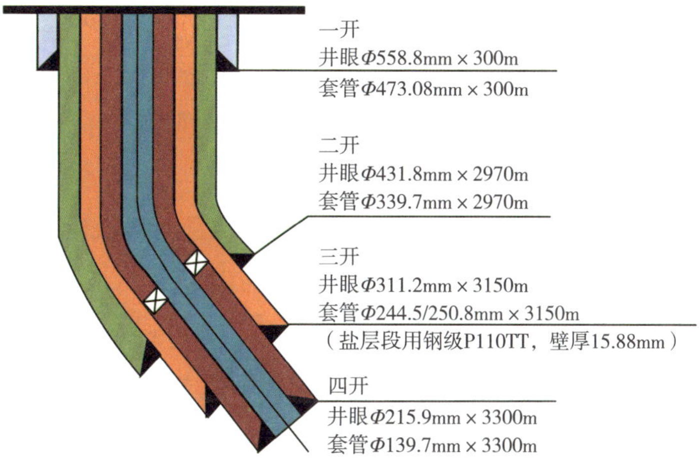

图 3-1-33 低-高-低压“盖层专封、储层专打”四开井身结构示意图（文 13 西储气库）

四开：Φ215.9mm 钻头钻至设计井深，下 Φ139.7mm 生产套管，采用尾管悬挂 + 回接的固井工艺，悬挂点为盖顶以上 100m，且与上层套管的重叠段不少于 300m。

（5）井身结构验证

参考 SY/T 5431 – 2017 井身结构设计方法，将储层考虑为异常低压，以卫 11 储气库为例对设计的井身结构进行了风险验证。验证技术套管封盐层时二开是否有压裂地层的风险、二开有无卡钻风险、按溢流压井条件校核表层套管鞋处是否有压漏的风险。卫 11 储气库采用高 – 低压力特征的“储层专打”三开井身结构，技术套管下入深度初选点为卫城盐盐下 5m，即 2730m。

①压裂地层校核

根据最大地层孔隙压力当量密度，选择钻井液密度的确定方法并计算最大钻井液密度 ρ_{mmax}。经过计算卫 11 储气库最大钻井液密度 ρ_{mmax} 为 1.40g/cm^3。为避免将井段内的地层压裂，应考虑最大井内压力。在下入钻柱时，由于产生激动压力而使井内压力升高，将产生正常作业最大井内压力。

正常作业时井内最大压力当量密度：

$$\rho_{bnmax} = \rho_{mmax} + S_g \tag{3-22}$$

式中 ρ_{bnmax} —正常作业最大井内压力当量密度，g/cm^3；

ρ_{mmax} —裸眼井段最大钻井液密度，g/cm^3；

S_g —激动压力当量密度，g/cm^3。

依照正常作业，S_g 取 0.05g/cm^3，经过计算卫 11 储气库 ρ_{bnmax} 为 1.45g/cm^3；预测卫 11 储气库 300 ~ 2730m 地层破裂压力的当量密度 ρ_f 为 2.00 ~ 2.10g/cm^3，远高于 ρ_{bnmax}，技术套管下深 2730m 没有压裂地层的风险。

②卡钻风险校核

为了在下套管过程中不发生压差黏卡套管的事故，应该限制井内钻井液液柱压力与地层压力的压力差值，即规定最大允许压差。

在正常压力地层：ΔP_N = 11 ~ 17MPa（《钻井工艺原理》推荐）。

在异常压力井段：ΔP_a = 14 ~ 22MPa（《钻井工艺原理》推荐）。

钻井作业过程，压差卡钻的约束条件为钻井液液柱压力与地层孔隙压力最大压差不大于 ΔP_N 或 ΔP_a，即：

$$\Delta P = 0.00981 \times (\rho_{mmax} - \rho_{pmin}) \times D_n \leqslant \Delta P_N(\Delta P_a) \tag{3-23}$$

式中　ΔP —钻井液液柱压力与地层孔隙压力最大压差，MPa；

ρ_{mmax} —裸眼井段最大钻井液密度，g/cm^3；

ρ_{mmin} —裸眼井段正常或最小地层孔隙压力当量密度，g/cm^3；

D_n —最深正常地层孔隙压力当量密度或最深最小地层孔隙压力当量密度对应井深，m。

依照正常作业，ρ_{mmax} 为1.40g/cm^3，ρ_{mmin} 为1.05g/cm^3，D_n 为2300m，经过计算 ΔP 为7.89MPa，$\Delta P < \Delta P_N$，发生压差卡钻的风险较小；依照溢流关井作业，ρ_{mmax} 为1.40g/cm^3，ρ_{mmin} 为1.05g/cm^3，D_n 为2300m，经过计算 ΔP 为7.89MPa，$\Delta P < \Delta P_N$，发生压差卡钻的风险较小，因此，初选的技术套管下深2730m即为技术套管下入复选深度，再进行溢流条件校核。

③溢流条件校核

按溢流压井条件校核计算套管下入复选深度是否有压漏的风险，即根据最大地层孔隙压力当量密度 ρ_{bamax} 对应的井深 D_m，计算2730m处最大井内压力当量密度 ρ_{bamax} 并与地层安全破裂压力当量密度 ρ_{ff} 进行对比。

发生溢流时，需进行压井作业，将产生溢流关井最大井内压力。发生溢流关井时井内最大压力当量密度：

$$\rho_{bamax} = \rho_{mmax} + \frac{D_m}{D_x} \times S_k \tag{3-24}$$

式中　ρ_{bamax} —在设计套管层所在的裸眼井段发生溢流时最大井内压力当量密度，g/cm^3；

ρ_{mmax} —裸眼井段最大钻井液密度，g/cm^3；

D_m —裸眼井段最大地层孔隙压力当量密度对应的顶部井深，m；

D_x —裸眼井段最浅井深，m；

S_k —溢流允许值，g/cm^3。

安全地层破裂压力当量密度：

$$\rho_{ff} = \rho_f - S_f \tag{3-25}$$

式中　ρ_{ff} —安全地层破裂压力当量密度，g/cm^3；

ρ_f —地层破裂压力当量密度，g/cm^3；

S_f —地层破裂压力当量密度安全允许值一般取值0.024～0.048，g/cm^3。

结合邻井实钻情况，预测卫11储气库 ρ_f 为2.00～2.10g/cm^3，S_f 取0.03g/cm^3，

经过计算地层安全破裂压力当量密度 ρ_{ff} 为 1.97 ~2.07g/cm³。依照发生溢流关井情况，D_m 取值 2300m，D_x 为 300m，S_k 取值 0.06g/cm³，经过计算卫 11 储气库 ρ_{bamax} 为 1.86g/cm³，小于且接近地层安全破裂压力当量密度 ρ_{ff}，因此，技术套管下深 2730m 满足溢流压井要求。

经过验证，高 - 低压力特征的“储层专打”三开井身结构可以满足安全钻井的要求。低 - 高 - 低压力特征的“盖层专封、储层专打”四开井身结构可采用同样方法计算，经过验证也同样可以满足安全钻井的要求。

四、从式井平台优化及防碰绕障优化设计技术

中原储气库建设属于枯竭砂岩气田改建工程，相当于在老井区原有密集井网基础上，再以丛式井井型部署加密井，因此，在做储气库井的设计时，须从整个平台的井口布局、钻井顺序，单井的剖面类型、轨道设计综合考虑。

储气库从开发和钻井施工的实际需要出发，采用丛式井组布井，根据控制面积要求及地面情况设计每个井组 5 ~11 口井。为不影响其他井的正常生产，要求井口距、排距不宜过小，井口距应满足注采天然气的井口设备检修，井距设计为 10m，排距设计为 40m。老区经过多年的勘探开发，工区老井多，施工年限长、井况复杂，导致储气库轨道防碰设计难度大。

（一）从式井平台井组优化设计技术

以文 23 储气库一期为例，设计 8 个钻井平台，总体部署 66 口井。平台周边老井多，井网密集，轨道防碰压力大。整个工区需要考虑防碰问题的老井共有 60 口，其中文 23 储 11 平台周边老井最多，共 20 口。

1. 平台井口布局优化

（1）井口布局原则

①满足地质勘探开发的要求；

②满足注采气工艺的要求；

③满足油田建设施工的要求；

④满足钻井施工的要求；

⑤满足降低碰撞风险、提高钻井速度、降低钻井成本的要求；

⑥满足防喷、防爆、防火、防毒、防冻等安全要求；

⑦满足设备合理布置，油、气、水、电集中供应，污水、污油、废弃物回收综合处理的要求；

⑧根据每个平台所钻井数的多少选择井口的排列方式；

⑨根据平台内各井目标点与平台位置的关系确定平台总体布局；

⑩地面井口的排列应不妨碍各井的作业且利于各井组的钻机相互支援，使总体钻井时间最短。

（2）井口布局方案

采用“一字形”或“双一字形”等布井方式进行模拟分析，优选出适合各个井组的布井方式（表3－1－14）。

采用“一字形”布井方式的井组（图3－1－35）：文23储6平台、文23储11平台。

采用“双一字形”布井方式的井组（图3－3－34）：文23储2平台、文23储3平台、文23储4平台、文23储5平台、文23储7平台、文23储8平台。

表3－1－14　文23储气库井口布局

平台井组	井口布局类型	平台井数
2平台	双一字形	11
3平台	双一字形	10
4平台	双一字形	9
5平台	双一字形	7
6平台	一字形	5
7平台	双一字形	9
8平台	双一字形	7
11平台	一字形	8

（3）井口布局优化设计重点平台

①井口布局优化原则

主要有利于放大井眼防碰距离、减小钻井施工工作量及井眼轨迹水平投影线交叉需保证交叉点轨迹垂向距离满足安全施工需要。

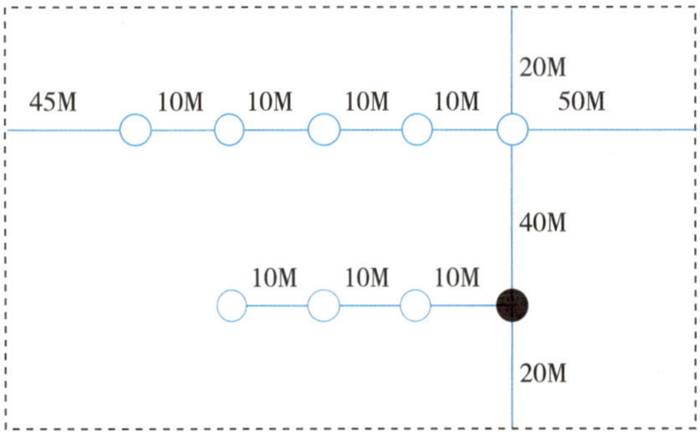

图 3-1-34　双一字形排列示意图

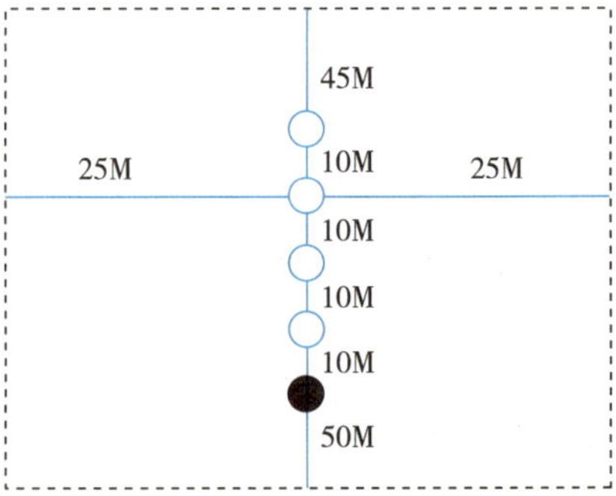

图 3-1-35　一字形排列示意图

②文 23 储 11 平台井口布局优化

文 23 储 11-5 井需要与文 23-7 井、新文 23-7 井、文 10-92 井、文侧 10-92 井、文 10-13 井、文 10-56 井、文 10-63 井、文 105 井、文侧 105 井、文 23-39 井共计 10 口井进行防碰，其中与文 10-92 井井口距离仅有 1.65m，因此，优化文 23 储 11-5 井井口向南平移 10m，井口坐标修改后与同平台井及各老井的防碰扫描情况见表 3-1-15。

表 3-1-15　周围邻井与文 23 储 11-5 井防碰数据表

序号	老井防碰		同平台井防碰	
	防碰井	最小距离/m	防碰井	最小距离/m
1	文 23-7	86.6	文 23 储 11-1	64.93
2	新文 23-7	37.53	文 23 储 11-2	109.97
3	文 10-92	9.33	文 23 储 11-3	79.96
4	文侧 10-92	10.27	文 23 储 11-4	26.19
5	文 10-13	60.54	文 23 储 11-6	19.98
6	文 10-56	136.88	文 23 储 11-7	39.95
7	文 10-63	122.97	文 23 储 11-8	95.03
8	文 105	108.22		
9	文侧 105	138.36		
10	文 23-39	208.24		

文 23 储 11-1 井在做初始轨道模拟时，与新文 23-7 井防碰距离仅 6.6m，同时，该井轨迹方位需要从 265.27°扭到 229.84°中靶，扭方位量 35.43°。

为了减小防碰风险和轨迹控制施工难度，进行井口调换。使用原文 23 储 11-

7 井井口打文 23 储 11 －1 井靶点，使用原文 23 储 11 －4 井井口打文 23 储 11 －7 井靶点，使用原文 23 储 11 －1 井打文 23 储 11 －4 井靶点。

通过调换井口和扭方位绕障轨道设计，文 23 储 11 －1 井与新文 23 －7 井最小防碰距离由 6.6m 放大到 10.26m，降低了防碰风险与轨迹控制难度。同时，虽然文 23 储 11 －1 井与文 23 储 11 －7 井水平投影图轨迹有交叉现象，但通过设计文 23 储 11 －1 井造斜点 2415m，设计文 23 储 11 －7 井造斜点 1200m，文 23 储 11 －1 井轨迹从文 23 储 11 －7 井下方穿越，两者最小防碰距离为 24.93m，基本不存在防碰风险。

文 23 储 11 平台优化调整前、后井口布局图如图 3 －1 －36、图 3 －1 －37 所示。

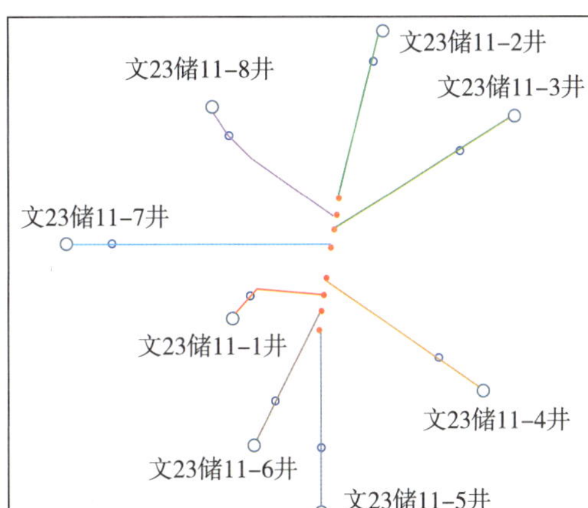

图 3 －1 －36　文 23 储 11 平台优化调整前井口布局图

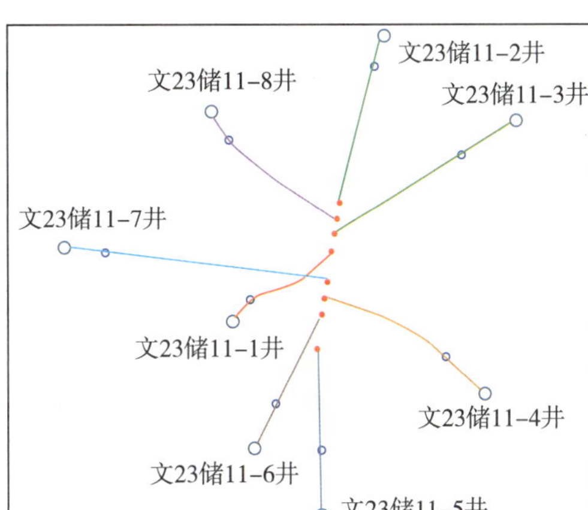

图 3 －1 －37　文 23 储 11 平台优化调整后井口布局图

2. **同平台井钻井施工顺序优化**

同平台井钻井施工顺序优化原则（图 3－1－38）：

（1）先浅后深：靶前位移决定造斜点深度，应尽量先施工靶前位移大、造斜点浅的井，后施工靶前位移小、造斜点深的井，以防止定向施工时邻井套管对随钻仪器产生磁干扰。

（2）先难后易：由于井网密集，防碰井数多，先施工完成的井眼还可能对后施工的井眼造成干扰，因此，应尽量先施工轨迹复杂、控制难度大的井，比如防碰绕障压力大、井眼扭方位工作量大的井，再施工轨迹控制难度小的井。

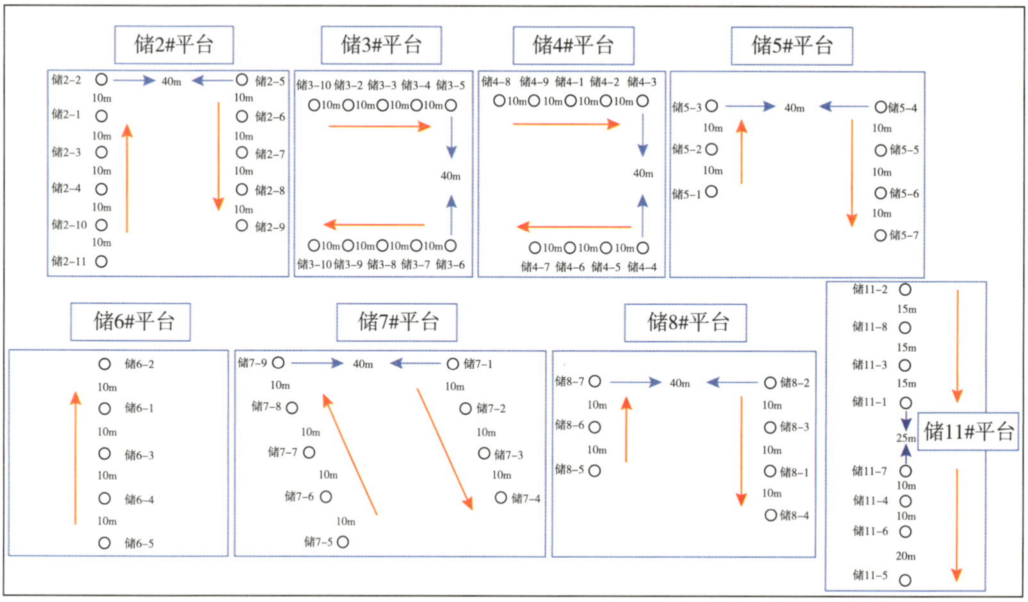

图 3－1－38　文 23 储气库平台井组布井方式及钻井顺序

（二）老井区密集井网丛式井组防碰绕障优化设计技术

丛式井组防碰绕障优化设计，首先要明确工区地质特点和设计难点，然后以井口布局优化为基础，通过复测老井井口坐标、井眼轨迹确保防碰井参数的准确性，针对平台井组各井不同情况开展防碰绕障轨道优化设计。针对直井段、斜井段、目的层等不同的防碰类型，分别优选垂向绕障或扭方位绕障方法，经过剖面模拟设计，优选防碰绕障轨道设计方案。

1. **防碰扫描方法的选择**

计算井距时采用的方法主要有三种：水平距离计算法、法面距离计算法和最小距离井距计算法。水平距离计算法是本井和相关邻井间在同一垂深平面上的相互关系；法面距离计算法是本井和相关邻井间的径向距离，方向上反映了两井上、下、左、右的关系；最小距离井距计算法是确定基准井和比较井，通常是以计划实施井作为基准井，以相关邻井作为比较井，以基准井上的每一个点为基准点，在比较井上寻找一个点为比较点，使两点之间的距离等于该基准点到比较井的最近距离。水平距离计算法和法面距离计算法这两种方法计算出的与周围相关邻井的距离，不一定是最小距离，对于指导定向井施工尚可，但由于储气库井的防碰精度要求高，只有获得本井和相关邻井井间在各个计算点的最小距离才能真正解决高密度的防碰问题。最小距离法计算出的是邻井轨迹的空间最近距离，因而最适合用于中原储气库群丛式井的防碰扫描，通过最小距离法扫描，能动态显示出井眼轨迹之间在空间上是逐渐靠拢，还是逐渐分开，提示现场人员及时做出相应的防范措施。

2. 井眼轨道类型及参数选择

对于单靶定向井、井口与靶点二维布局的井位，采用“直－增－稳”三段制剖面，如图3－1－39a所示；针对防碰导致斜点深度受限、单圆弧轨道不能满足位移控制要求的井位，选用“直－增－稳－增－稳”双增型剖面，更有利于井眼轨迹控制，如图3－1－39b所示；对于防碰风险高的井，轨道上部采用小井斜走位移的方式进行绕障，下部采用“直－增－稳”三段制剖面，如图3－1－39c所示。以卫11储1－4井为例，该井与邻井卫侧27井防碰距离较近，为拉大防

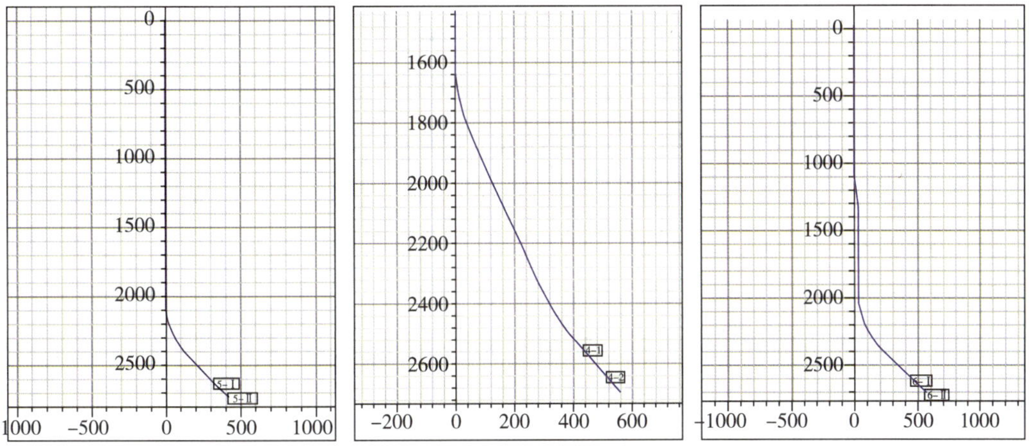

a “直–增–稳”三段制　　b “直–增–稳–增–稳”五段制　　c “直–增–稳–降–稳”五段制

图3－1－39　卫11储气库定向井井身剖面类型（纵坐标为垂深/m，横坐标为投影位移/m）

碰距离，上提造斜点至1600m，设计为“直－增－稳－增－稳”双增型剖面（表3－1－16）。

表3－1－16 卫11储1－4井井身剖面设计参数

井深/m	井斜角/(°)	方位角/(°)	垂深/m	南北/m	东西/m	狗腿度/[(°)/30m]	备注
0.00	0.00	0.00	0.00	0.00	0.00	0.00	井口
1600.00	0.00	0.00	1600.00	0.00	0.00	0.00	造斜点
1851.50	25.15	353.21	1843.50	57.52	－6.42	3.00	增斜段
2427.14	25.15	353.21	2364.57	296.86	－35.33	0.00	稳斜段
2595.92	41.63	0.00	2505.05	389.21	－39.60	3.00	增斜段
2615.92	41.63	0.00	2520.00	402.50	－39.60	0.00	稳斜中Ⅰ靶
2736.34	41.63	0.00	2610.00	482.50	－39.60	0.00	稳斜中Ⅱ靶
2850.06	41.63	0.00	2695.00	558.06	－39.60	0.00	稳斜至井底

3. 复杂防碰绕障设计

（1）老井轨迹在新井设计方位线附近的情况

文23储4－5井与文23－1井的防碰就属于平台新井轨迹在斜井段与老井防碰的情况。

文23储4－5井靶点闭合方位为141.56°，文23－1井井眼轨迹恰好在设计方位线附近，见图3－1－40。模拟剖面设计后对两井轨迹进行防碰扫描，发现两井在2379.28m处最小防碰距离仅10.73m，需要进行防碰绕障轨道优化。从两井的水平投影图可以看出，文23－1井轨迹在文23储4－5井设计方位线侧面，针对这种情况最佳的绕障方式是扭方位绕障，因此，在进行防碰绕障轨道优化设计时，先将文23储4－5井设计轨迹方位朝向150°，待轨迹通过两井最小防碰距离所在位置后，再调整轨迹方位回到设计对靶方位线上，优化调整后的轨道剖面见表3－1－17，水平投影图见图3－1－41。通过防碰绕障轨道优化设计，成功将两井最小防碰距离放大到26.83m，大大提高了钻井施工的安全性。

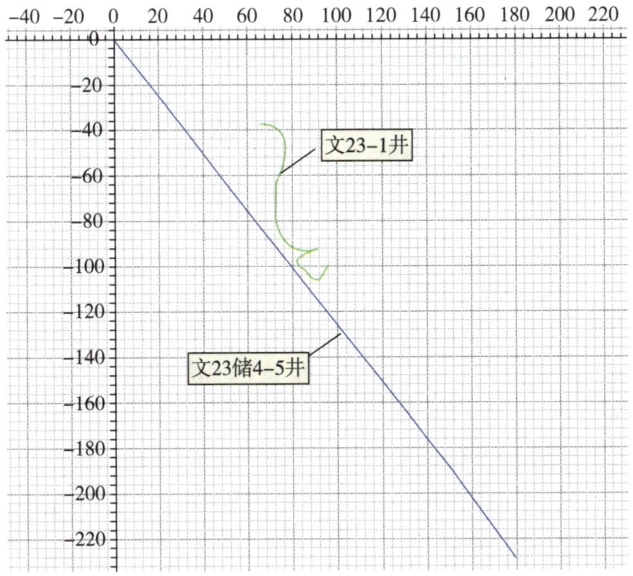

图 3-1-40　文 23 储 4-5 井与文 23-1 井防碰水平投影图

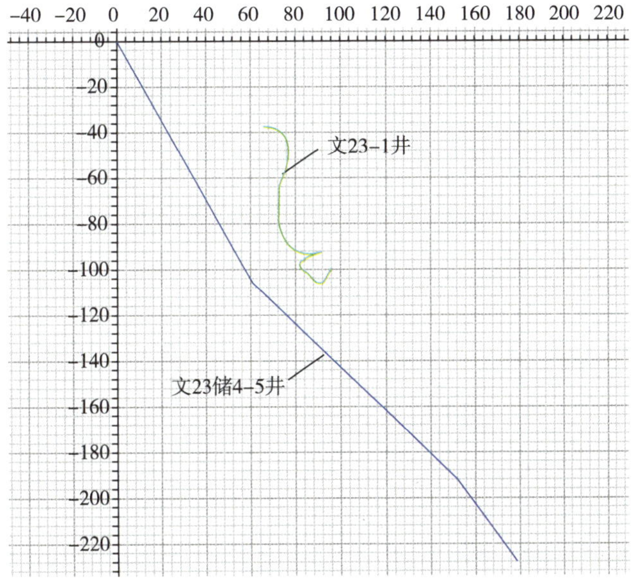

图 3-1-41　文 23 储 4-5 井优化剖面与文 23-1 井防碰水平投影图

表 3-1-17　文 23 储 4-5 井防碰绕障优化设计剖面

井深/m	井斜/(°)	方位/(°)	垂深/m	南北/m	东西/m	狗腿度/[(°)/30m]	备注
0.00	0.00	0.00	0.00	0.00	0.00	0.00	
1800.00	0.00	0.00	1800.00	0.00	0.00	0.00	

续表

井深/m	井斜/(°)	方位/(°)	垂深/m	南北/m	东西/m	狗腿度/[(°)/30m]	备注
1920.00	14.40	150.00	1918.74	-12.99	7.50	3.60	
2340.00	14.40	150.00	2325.55	-103.45	59.73	0.00	
2375.62	14.79	133.04	2360.04	-110.39	65.26	3.60	
2830.67	14.79	133.04	2800.01	-189.65	150.14	0.00	
2853.41	14.95	143.67	2822.00	-194.00	154.00	3.60	I 靶点
3016.95	14.95	143.67	2980.00	-228.00	179.00	0.00	II 靶点

（2）老井轨迹在设计方位线上的情况

文 23 储 11－1 井与新文 23－7 井的防碰同样属于斜井段防碰，但其防碰绕障轨道的设计就要困难得多。如图 3－1－42 所示，新文 23－7 井作为文 23 储 11－1 井的防碰井，井眼轨迹正好落于文 23 储 11－1 井设计方位线上。

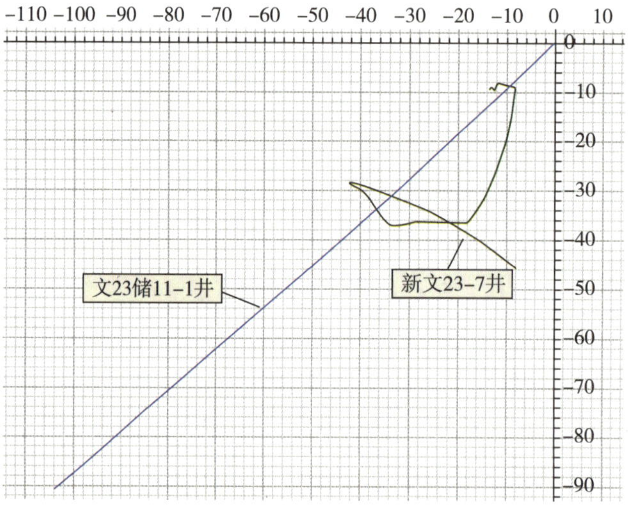

图 3－1－42　文 23 储 11－1 井与新文 23－7 井防碰水平投影图

针对斜井段防碰，如果采用扭方位绕障法能够放大两井间的防碰距离，应优先选用扭方位绕障法，因为该方法简单易操作，轨迹控制难度小，绕障剖面设计完成后具体施工时安全余量大，防碰风险控制比较可靠。但是文 23 储 11－1 井防碰点位置斜深 2754.75m，垂深 2749.22m，防碰距离 7.32m；二开技套下深 2779m，与防碰点相距仅 30m；A 靶垂深 2795m，与防碰点相距仅 46m。进行扭方位绕障剖面设计时（表 3－1－18），轨迹无法在通过防碰点后及时将方位扭回设计方位线，无法在二开中完以前调整好轨迹和井斜、方位参数，以确保稳斜中靶，需要在三开以后继续定向调整轨迹，见图 3－1－43。而三开微泡钻井液环境下常规泥浆脉冲 MWD 使用可靠性较低，可能需要使用有线随钻仪器定向，有线随钻仪器定向施工时需要频繁起下电缆，这不仅严重影响了钻井效率，且施工程序复杂，加大了轨迹控制难度。

表 3－1－18　文 23 储 11－1 井扭方位绕障剖面

井深/m	井斜/(°)	方位/(°)	垂深/m	南北/m	东西/m	狗腿度/[(°)/30m]	备注
0.00	0.00	0.00	0.00	0.00	0.00	0.00	
2400.00	0.00	0.00	2400.00	0.00	0.00	0.00	
2485.00	10.20	240.00	2484.55	－3.77	－6.54	3.60	
2565.00	10.20	240.00	2563.29	－10.86	－18.80	0.00	
2665.00	10.20	240.00	2661.71	－19.71	－34.14	0.00	
2800.85	13.67	184.66	2795.00	－41.80	－45.90	2.53	储 11－1 井 A 靶
2980.79	19.76	259.57	2969.00	－68.80	－77.90	3.46	储 11－1 井 B 靶

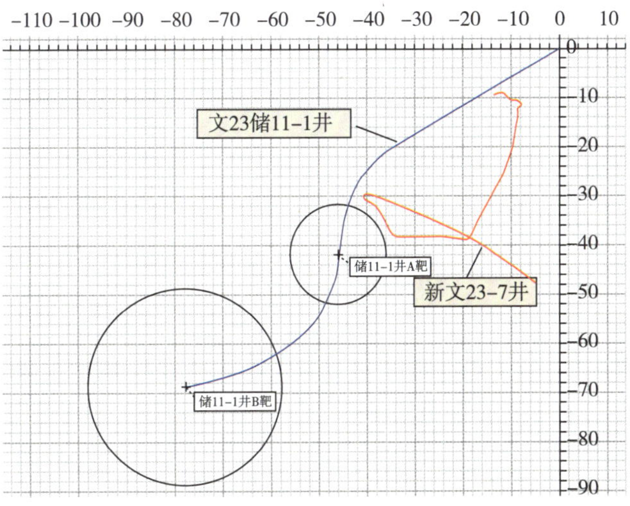

图 3－1－43　文 23 储 11－1 井与新文 23－7 井扭方位绕障

针对文 23 储 11－1 井特殊的防碰情况，只能通过多次剖面优化模拟，调整造斜点、造斜率、轨迹方位，细分轨迹、方位调整段，尽量放大防碰距离，使文 23 储 11－1 井轨迹从一个较为合适的位置通过防碰点，最终优化完成的三维防碰绕障轨迹剖面见表 3－1－19、图 3－1－44。

表 3-1-19　文 23 储 11-1 井防碰绕障优化剖面

井深/m	井斜/(°)	方位/(°)	垂深/m	南北/m	东西/m	狗腿度/[(°)/30m]	备注
0.00	0.00	0.00	0.00	0.00	0.00	0.00	
2415.00	0.00	0.00	2415.00	0.00	0.00	0.00	
2499.70	10.16	218.35	2499.26	-5.88	-4.65	3.60	
2557.67	10.39	200.82	2556.31	-14.78	-9.68	1.62	
2580.13	10.39	200.82	2578.40	-18.57	-11.12	0.00	
2770.32	13.53	256.00	2765.00	-40.05	-38.90	1.79	
2801.17	13.53	256.00	2795.00	-41.80	-45.90	0.00	储 11-1 井 A 靶
2856.34	13.81	225.33	2848.68	-48.00	-56.86	3.90	
2980.25	13.82	225.33	2969.00	-68.80	-77.90	0.00	储 11-1 井 B 靶

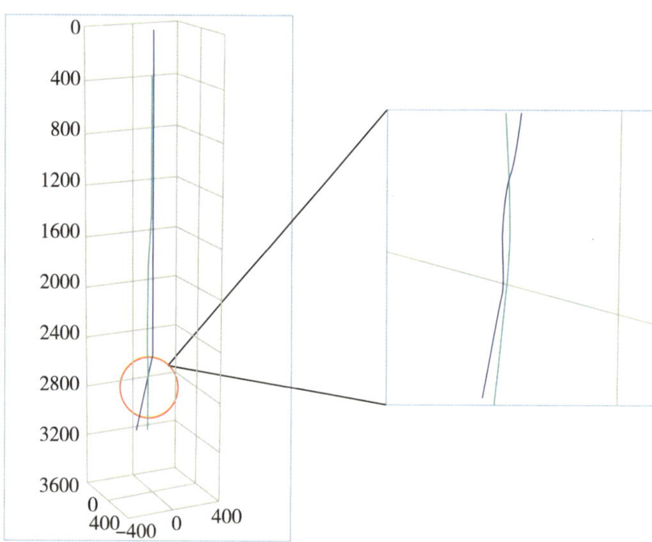

图 3-1-44　文 23 储 11-1 井与新文 23-7 井三维防碰绕障图

(3) 目的层防碰

目的层防碰的情况相对比较少，因为可以通过在丛式井组方案设计之初对地质靶点进行调整加以避免，但也存在因为地质需要而无法调整靶点，不得不进行防碰的情况。例如文 23 储 3-3 井与文 23-31 井在井深 3040.95m 处防碰距离最近，仅为 4.71m，防碰点位于 B 靶点以下 46.67m。由于井身剖面设计标准要求轨迹必须中靶心，而中靶后再进行扭方位需要定向施工，三开目的层微泡钻井液环境又限制了 MWD 的应用，因此，该井防碰考虑在实钻过程中通过调整入靶位置拉开防碰距离，同时在防碰点附近时刻关注钻压、扭矩变化，减小防碰风险（图 3－1－45）。

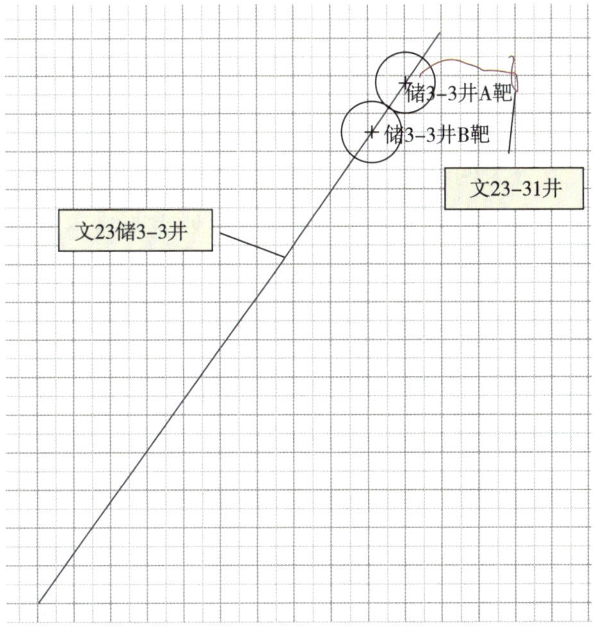

图 3－1－45　文 23 储 3－3 井与文 23－31 井防碰图

丛式井组防碰绕障优化设计首先要明确工区地质特点和设计难点，然后以井口布局优化为基础，通过复测老井井口坐标、井眼轨迹确保防碰井参数的准确性，针对平台井组各井不同情况开展防碰绕障轨道优化设计。针对直井段防碰、斜井段防碰、目的层防碰等不同防碰类型，分别优选垂向绕障或扭方位绕障方法，经过剖面模拟设计，优选防碰绕障轨道设计方案。

五、微泡钻井液及储层保护技术

储气库一般具有储层采空程度高、地层亏空严重的特点，中原储气库群部分储层压力系数降至 0.1g/cm³；中原储气库群的储层一般为砂岩，具有渗透性强的特点，造成钻井过程中易发生漏失和污染储层。针对储气库储层低压易漏的特点，研发了一种新型低密度钻井液，即微泡钻井液技术；针对储气库储层保护要求高和循环强注强采的特点，建立了储气库储保效果评价，形成了储气库储层保护技术，有效解决了中原储气库群储层低压易漏易污染储层的技术难题，保证了中原“百亿方”储气库群的顺利建设。

（一）微泡钻井液技术

1. 微泡形成的机理

（1）微泡的结构

微泡结构可大致分为两部分，空气核和包裹空气的保护性外壳（一种薄的非渗透性水基外壁）。微泡外壳与普通空气泡沫外壳明显不同，普通泡沫的外壳很薄，仅由单层表面活性剂分子组成；而微泡的外壳结构相对复杂，在内部的表面活性剂层外面还有两层结构，黏性水层和其外部的表面活性剂双层结构（图 3－1－46）。微泡的这种结构使得其与一般泡沫相比，水基外壁更厚、强度更高、密封性更好，稳定性更强，可以有效阻止空气泄漏，使得微泡能承受较高的井底压力，并且具有胶体性质，其流动性甚至如同水一样。

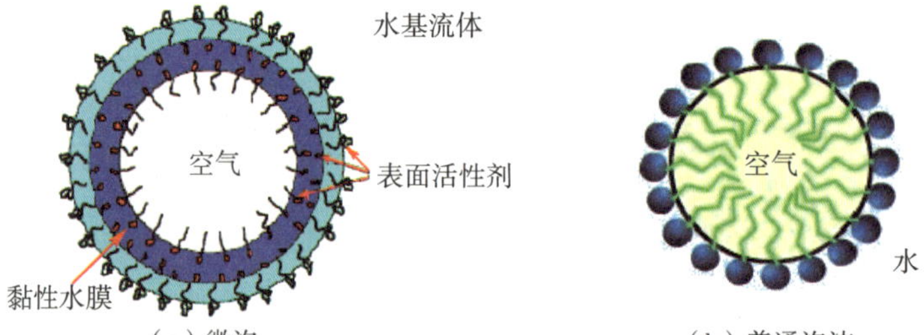

图 3－1－46　微泡与普通泡沫结构示意图

从上图可以看出，微泡最外层表面活性剂的亲水端向外，这使得微泡与连续的水相具有很好的配伍性；同时，由于表面活性剂常常带有同种电荷，这使得微泡之间会产生静电斥力，防止微泡聚集，微泡可以自动分散在水相中（图 3－1－47）。

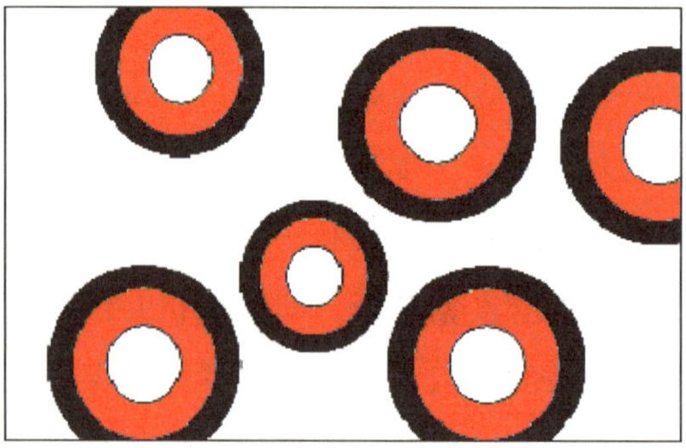

图 3－1－47　钻井液中微泡的分散状态示意图

微泡内部的表面活性剂层和黏性水层结构相对较牢固，但外部的表面活性剂双层结构较弱，与微泡其他部分的连接作用不是很强，因此，当微泡钻井液高速流动、通过比微泡直径还要小的孔隙、短时间内微泡快速膨胀等时，部分微泡最外层表面活性剂很容易就会从微泡结构中脱落下来，中间表面活性剂层的亲油端向外，使得微泡显示出一定的憎水特性，它们可以聚集在一起，但却不合并形成大的泡沫。

同时，研究发现微泡中空气的扩散速率与泡沫的表面积成正比，当泡沫较大时，在压力作用下，空气会迅速从泡沫中扩散出来进入钻井液中，无法保证微泡的气密性；而当泡沫较小时，包裹气核的微泡外壳的曲率半径很小，使得微泡结构中的表面活性剂三层结构不稳定。因此，典型的微泡直径在 25 ~ 200μm 之间，这使得它们可以不受固控设备的影响。而微泡的黏性水层厚度也存在一定的范围，当黏性水层厚度较低时，随微泡体积增大，气－液界面张力也增加，最终会导致水层无法承受界面张力增加而破裂，因此，稳定的微泡壁厚在 4 ~ 10μm。

（2）微泡的形成

微泡的形成可大致分为以下 3 个步骤：

①形成单层泡沫结构

在剧烈搅拌等作用下，空气被裹进钻井液中，由于表面活性剂的存在，显著降低了气－液之间的界面张力，保证了泡沫的稳定性，形成了具有单层表面活性剂结构的普通泡沫。

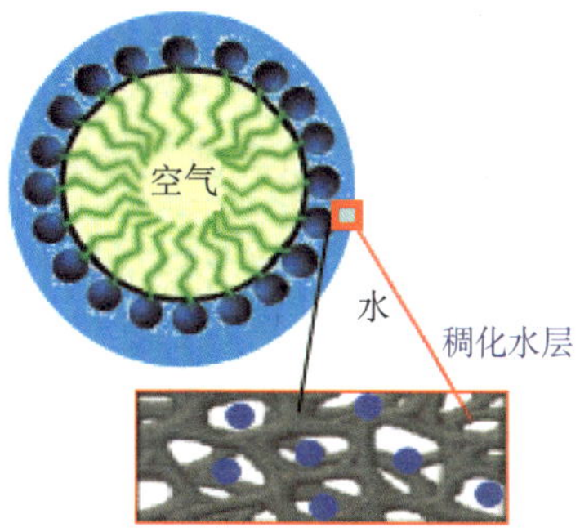

图 3－1－48　黏性水层结构示意图

②形成黏性水层

形成单层泡沫结构后，钻井液中的聚合物类处理剂吸附在单层泡沫表面，聚合物之间可形成空间网状结构从而束缚自由水形成一层黏性水层（图3－1－48），保证液膜黏度，延长排液时间，提高微泡稳定性。

③形成表面活性剂双层结构

微泡的黏性水层形成后，钻井液中剩余的表面活性剂分子中的疏水基长链可通过疏水缔合作用在稠化水层表面形成一个表面活性剂双层结构，从而形成具有三层表面活性剂和一层黏性水层的微泡，进一步提高了微泡气密性（图3－1－49、图3－1－50）。

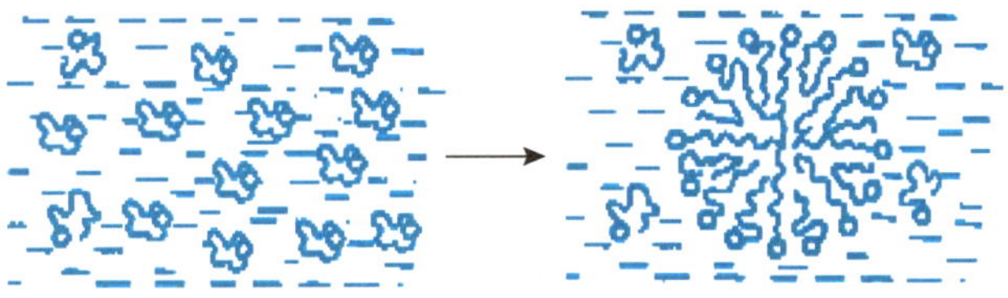

图3－1－49　疏水缔合作用示意图

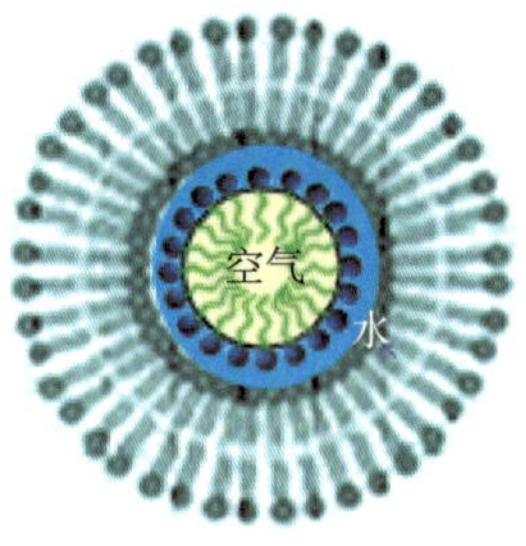

图3－1－50　微泡结构示意图

虽然，微泡的形成可分为以上3个步骤，但在微泡钻井液实际配制过程中，微泡是瞬间产生的。在钻井过程中，由于振动筛等设备的影响，部分空气会进入钻井液内形成普通泡沫，而这样的泡沫在高速通过钻头喷嘴时，由于巨大的剪切力，微泡就会自动形成。

2. 微泡钻井液主要组成

微泡钻井液与普通可循环泡沫钻井液类似，主要是由起泡剂、稳泡剂和其它配合处理剂组成，通过搅拌、充入气体或其它方式形成一个亚稳定状态的泡沫体系，而其中起泡剂和稳泡剂是影响所形成泡沫体系稳定性的关键因素。

（1）起泡剂

起泡剂是微泡钻井液的核心处理剂，它保证了微泡在井底高温、高压条件下具有良好的抗压缩性能。目前，可用的起泡剂主要可分为阴离子型、阳离子型、非离子型、两性离子型、高分子聚合物型和复合型起泡剂。

①阴离子型起泡剂

阴离子型起泡剂可分为羧酸盐型、磺酸盐型、硫酸盐型、磷酸盐型等。阴离子型起泡剂具有起泡体积大，起泡速度快等优点，是目前最常用的起泡剂

（如烷基苯磺酸钠、十二烷基磺酸钠、十二烷基硫酸钠、α－烯基聚醚磺酸盐等），但阴离子型起泡剂自身存在一定的缺陷，如对 pH 值敏感、抗电解质能力弱等。

②阳离子型起泡剂

阳离子型起泡剂通常是有机胺衍生出来的盐类，在水溶液中能解离出具有表面活性的阳离子基团。其耐盐性比阴离子型起泡剂好，发泡能力中等（如三乙醇胺、十二烷基三甲基氯化铵等），但阳离子型起泡剂价格高，生产来源少，不适合被广泛利用，且与微泡钻井液其他处理剂配伍性差，一般作为复配辅剂使用。

③非离子型起泡剂

非离子型起泡剂在水溶液中不电离，具有一定的稳定性，不易受强电解质、无机盐、酸、碱存在的影响，具有耐高矿化度，对 pH 值不敏感等特点，但一般非离子型起泡剂发泡性能稍差，需要与其他类型起泡剂复配使用。

④两性离子型起泡剂

两性离子型起泡剂是一种分子中既含有阴离子亲水基又含有阳离子亲水基的表面活性剂（如甜菜碱型、α－氨基丙酸型等）。由于其随着溶液 pH 值的变化既能给电子又能接受电子，在酸性和碱性溶液中均具有较好的发泡性能和一定的耐盐性。

⑤高分子聚合物型起泡剂

这类起泡剂是指自身相对分子质量比较大且具有一定表面活性的物质（如丙烯酰胺和乙酰酮丙烯酰胺的共聚物等）。

⑥复合型起泡剂

在实际使用过程中，起泡剂通常是由两种或者两种以上的协同性较好的起泡剂复配组成，如阴离子－非离子型起泡剂、阴离子－阳离子型起泡剂、阴离子－两性离子型起泡剂等。这类起泡剂是根据各种起泡剂的优点进行选择，通过不同起泡剂的协同作用，使得复合型起泡剂在发泡体积、对 pH 值的敏感性、泡沫的稳定性等方面得到很好的改善，这也是目前微泡钻井液用起泡剂最常用的类型。

（2）稳泡剂

良好的稳泡剂是微泡钻井液稳定的另一关键因素。由于存在马朗格尼效应，水分子趋向于向膜外扩散进入液相中（即所谓的排液现象），这使得微泡的液膜变薄和不稳定，而排液速率与黏度成反比，因此，微泡的液膜必须保证有足够的黏度。而在微泡结构中，一般通过加入稳泡剂提高液膜的黏度。稳泡剂大多数为表面活性剂和聚电解质，其稳定机理通常是两亲性的表面活性剂在微泡表面吸附形成吸附层增加液膜黏弹性或聚合物溶于液相来增加液相黏度，因此，可将稳泡剂按照作用方式不同分为两类。

第一类能提高液膜强度，增加液膜的黏弹性，降低微泡的透气性，从而增强微泡的稳定性。这类稳泡剂稳定泡沫的主要原理是稳泡剂分子与微泡内层表面活性剂分子间通过自身的羧基、胺基、羰基等相互作用，使界面吸附膜强度增大，从而增强微泡的稳定性。常用的这类稳泡剂有十二醇、三乙醇胺等。例如，在起泡剂烷基硫酸钠中加入少量十二醇后，液膜黏度增高，泡沫稳定性增强，这是因为烷基硫酸钠分子中的磺酸基与十二醇的羟基间形成氢键，使得烷基硫酸钠分子中磺酸基之间的静电斥力减弱，单位面积上处理剂分子密度增加，界面膜强度增强，提高了泡沫的稳定性。

第二类通过提高微泡结构中黏性水层的黏度来减缓微泡的排液速率，降低微泡破灭，从而增强微泡的稳定性。这类稳泡剂主要是水溶性高分子聚合物，聚合物使得微泡钻井液中液相黏度增加，甚至部分水溶性高分子聚合物可以通过与起泡剂的协同作用使得微泡排液速度减缓，增加微泡的稳定性。国外的研究表明，黄原胶（XC）是稳定钻井液中微泡最有效的物质。而国内研究人员通过研究发现，XC、羧甲基纤维素（CMC）、羟丙基甲基纤维素、聚丙烯酰胺等水溶性高分子聚合物都有较好的稳泡效果。

此外，除了上述介绍的有机化合物稳泡剂外，一些无机物（黏土颗粒、无机盐等）也具有一定的稳定微泡的能力。

（3）其他处理剂

典型的微泡钻井液配方除上述的核心处理剂——起泡剂、稳泡剂之外，还需要其它一些辅助处理剂才能使得微泡钻井液的综合性能（流变性、滤失量等）更好地满足现场需求。

①降滤失剂

降滤失剂在钻井液中起到降滤失、增黏和改善泥饼质量等作用，是维护钻井液性能稳定、改善钻井液流变性、减少有害液体向地层滤失以及稳定井壁、保证井径规则和保护油气层的重要化学处理剂。它对于安全高效钻井、防止钻井事故的发生有着重要的作用。常用的降滤失剂有水解聚丙烯腈铵盐（NH_4－HPAN）、褐煤树脂（SPNH）羧甲基纤维素钠等。

②抑制剂

抑制剂在钻井液中主要用于抑制泥页岩水化膨胀、分散，防止井壁失稳现象的发生，也是钻井液中一种重要的处理剂组分。可用的抑制剂有聚胺、小阳离子化合物等。

③杀菌剂

由于微泡钻井液中往往需要使用生物聚合物（XC 等），其不可避免地会被活性微生物降解，因此，需要使用杀菌剂作预先处理，避免钻井液或地层中微生物细菌的出现。目前，常用的杀菌剂有醛类、异噻唑酮类及季磷酸盐类。在微泡钻井液中，杀菌剂至少要保持在 300ppm 以上才能有效防止微生物的出现。

④泡沫控制剂

在钻井过程中，有时钻井液中气体含量过多，使得钻井液密度过低，泥浆泵上水困难；有时钻井液表层存在大量虚泡，不仅对钻井生产造成不利影响，而且有可能污染环境，因此，需要使用泡沫控制剂对钻井液中多余虚泡进行处理。目前，常用的泡沫控制剂有聚醚多元醇、有机硅油等。

3. 微泡钻井液的主要特征

（1）密度特征

微泡钻井液与普通泡沫钻井液表面上看区别不大，但在微观结构和应用性能方面存在明显差异。普通泡沫的气泡半径较大，液膜很薄，气泡之间排列紧密，存在明显的 Plateau 交界，气泡形状为不规则多边形，且大小分布不均。而微泡钻井液中的微泡半径很小，液膜较厚，微泡与微泡之间分散排列，气泡大小分布较为均匀，几乎不存在 Plateau 交界，微泡这种特殊的结构使其具有一定的刚性。微泡钻井液中的微泡通常含有体积分数为 8%～15% 的空气。若空气含量过低，微泡钻井液密度较高，钻井液内没有足够多的微泡，在低压易漏地层无法发挥其良好的应用性能；若空气含量过高，不仅会对微泡钻井液应用时泵上水性能造成影响，而且大量的微泡可能相互聚集，形成 Plateau 交界，影响微泡的稳定性。

普通泡沫钻井液内的空气在几十个大气压下，体积变化大致会遵循理想气体方程，而且由于泡沫壁密封性差，在受到挤压后的几秒钟内几乎所有的空气都会从泡沫中扩散出来，使得泡沫粒径迅速变小甚至完全消失，从而造成在井底高压条件下，普通泡沫钻井液密度接近于钻井液基浆的密度。而对于微泡钻井液来说，由于微泡的特殊结构，使其具有“聚能”作用，因此微泡的液膜有足够大的强度和不渗透性。随着压力的升高，微泡内蕴含愈来愈多的能量，允许它们抵抗压力的影响，而微泡的体积减少很小甚至不会变小，从而使微泡钻井液在井底高压条件下仍能保持较低的钻井液密度，有利于井下施工安全。

此外，微泡能承受短时间内重复的加压和减压。常压下，将微泡钻井液迅速加压至上百个大气压，然后又快速减压到常压，微泡基本上能完全恢复原状。在钻井过程中，微泡的这种性质使其可以在井底高温高压条件下被适度压缩，而在返回井口后，随着压力下降微泡又恢复至原来的尺寸，从而实现了在整个钻井循环过程中微泡钻井液密度的还原。

（2）流变性特征

为增强微泡稳定性，通常需要提高微泡钻井液的黏度，降低微泡液膜的排液速率。而微泡钻井液黏度通常与钻井液中处理剂种类、用量及微泡中所含空气的体积分数有关。在微泡钻井液中加入增黏型稳泡剂，可以有效增加微泡液膜的黏度。目前，最好的增黏型稳泡剂就是黄原胶。黄原胶的侧链与主链间通过氢键结合形成双螺旋结构，并以多重螺旋聚合体状态存在，这些多螺旋体形成的网络结构使黄原胶可以很好地控制水的流动，因而具有良好的增稠性能。而在高速搅拌条件下，黄原胶侧链与主链形成的氢键被破坏，表现出良好的剪切稀释性（图3－1－51）。由于微泡钻井液黏度相对较高，微泡和其他成分对其黏度影响不明显，但当微泡中含气量超过15%时，高剪切速率下微泡钻井液黏度会有所增高。

微泡钻井液是一种较复杂的非牛顿流体，影响其流变性的因素很多，如温度、压力、剪切速率、气相和液相的相对体积等。王洪军等的研究表明，由于微泡具有假塑性的流动特性，在静止状态时又存在随微泡质量的增加而增加的静切力，使用屈服值幂律模式及赫－巴流变模式能较真实地反映泡沫的流动特性，但是由于幂律模式简单、使用方便，且拟合效果与赫－巴模式相当，故综合考虑认为，幂律模式是描述该钻井液的较佳模式。詹美萍等也对微泡钻井液流变模式进行了考察，通过对不同转速下旋转黏度计读数进行数学回归，认为采用赫－巴流变模式能较真实地反映微泡钻井液的流动特性。

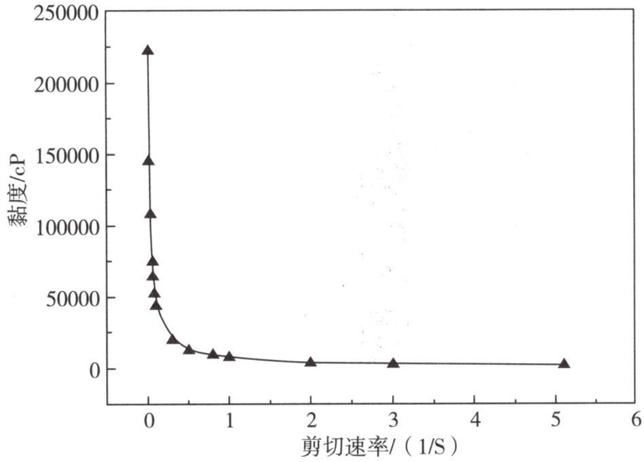

图 3－1－51　密度 1.1g/cm³ 典型微泡钻井液流变曲线

（3）承压封堵特征

微泡钻井液在低压易漏地层可起到很好的防漏堵漏作用，这已在许多现场应用中得到了证明。而微泡钻井液能在不同漏失地层堵漏的原因就在于微泡能够在不同漏失地层改变自身尺寸。在钻遇较大孔隙时，由于存在压力梯度，微泡钻井液会出现“多泡流动”现象。这是一种微泡比基液运移速度快并形成一层微泡薄膜的现象。“多泡流动”符合传统的纳维－斯托克斯理论。当流体受单向压力梯度 $\Delta P/L$ 的影响时，微泡作为流体中的一种稳定球状物，在直径无限大管道中的相对速度为：

$$V = 0.23r^2/\eta \times \Delta P/L \tag{3-26}$$

式中　r 为泡沫半径；η 为流体黏度。

由于“多泡流动”现象的存在，在微泡钻井液进入漏层的起始阶段，微泡聚集在钻井液前端。根据 Sebba 有关微泡的理论，聚集在一起的微泡可以建立起一个复杂的聚集体，由于微泡之间拉普拉斯压力的作用，使这种聚集体获得极大的能量，从而逐渐与漏层达到压力平衡并阻止液相流体进入孔隙。

而当钻遇狭窄的孔隙时，微泡可以改变它们的形状进入孔隙中。当压力不足以摧毁微泡时，微泡会在孔隙产生毛细管力，这将防止后面微泡的进入，并会减慢它们进入的速度。而毛细管力的积累形成了巨大的阻力，并且在极低的流动速率下产生较高的切力，防止微泡钻井液继续进入漏层。

在渗流区，由于直径太大，膨胀的微泡不能进入渗流区，但由于微泡钻井液中含有大量聚合物，使得钻井液具有很大的黏度。一方面，高黏度的聚合物

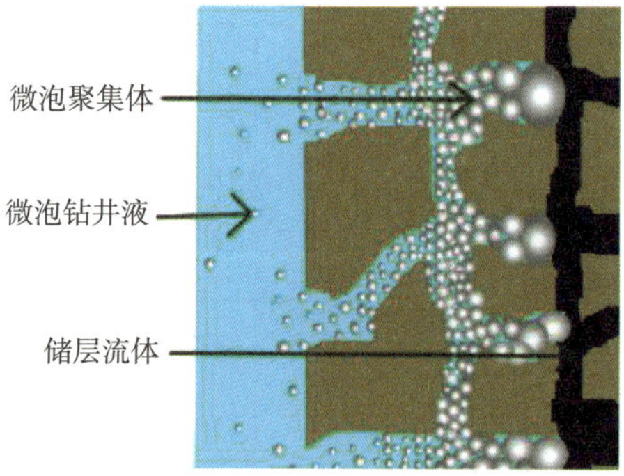

图3-1-52　微泡桥堵大孔隙示意图

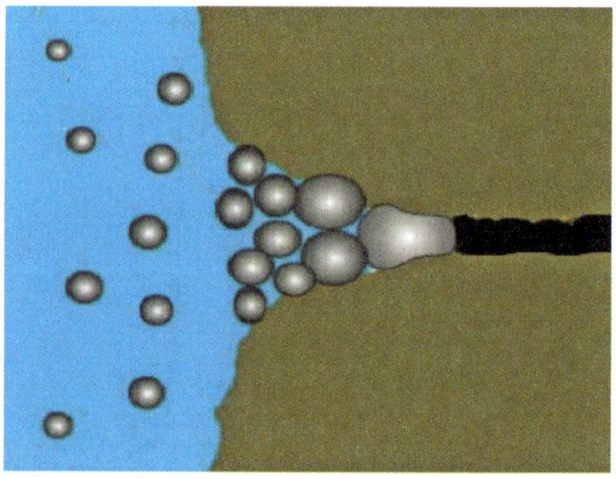

图3-1-53　微泡封堵狭窄孔吼示意图

能减缓钻井液的渗透速度；另一方面，形成的泥饼可以有效防止微泡钻井液进一步渗入。总之，微泡能根据孔隙大小自动调整大小、形状或结构对孔隙进行封堵，提高地层承压能力（图3-1-52、图3-1-53）。

当在含多套压力层系地层中钻井时，微泡钻井液密度应选择平衡地层最高压力系数。在钻遇孔隙时，微泡钻井液首先将封堵具有最高钻井液静液柱压差的漏层，而经压缩和变形后的微泡可提高地层承压能力；然后，微泡会自动封堵其他较低压差漏层，直到封堵所有漏层，从而实现安全钻井。

4. 储气库防漏防塌微泡钻井液技术

（1）泡沫增强剂研制

通过研制一种自身具有较高表面活性的高分子化合物，可使其与表面活性剂协同作用，共同参与微泡壁的形成，增加微泡壁厚度和强度（图3-1-54），有利于提高微泡在高温高压条件下的稳定性和抗压缩性能，改善微泡钻井液防漏性能。

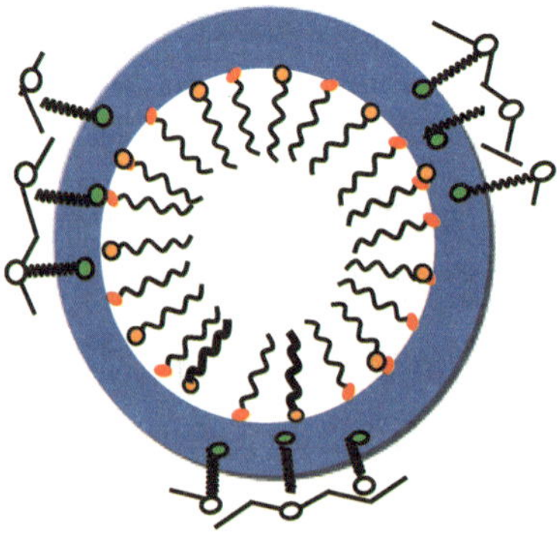

图3-1-54　泡沫增强剂稳泡作用示意图

1）合成方法

通过多种丙烯酸类乙烯基单体和高活性含烷基长链的乙烯基单体和分子量调节剂合成后得到泡沫增强剂 FSA－1。

2）性能评价

①泡沫增强剂用量

不同泡沫增强剂加量会影响表面活性剂 VES－1 形成泡沫的体积及稳定性，从而影响微泡钻井液性能。实验中，固定其他实验条件，考察泡沫增强剂用量对表面活性剂性能影响，见表 3－1－20。

表 3－1－20　泡沫增强剂用量对表面活性剂 VES－1 性能影响

泡沫增强剂用量/%	起泡体积/mL	半衰期/min
0	450	9.3
0.1	435	12.8
0.3	420	15.7
0.5	410	19.2
0.7	400	21.6
1.0	385	24.4
1.5	345	27.1

从表 3－1－20 可以看出，随着泡沫增强剂用量的增加，表面活性剂 VES－1 发泡体积降低，泡沫半衰期增加，综合考虑泡沫增强剂对表面活性剂 VES－1 发泡体积和泡沫半衰期的影响，其用量在 0.5%～0.7% 之间时效果最佳。

②老化温度的影响

温度也会影响表面活性剂 VES－1 形成泡沫的体积及稳定性，从而影响微泡钻井液性能。实验中，将 1% 泡沫增强剂和 1% 表面活性剂 VES－1 溶解于清水中，然后将溶液在不同温度下老化 8h 后在室温下检测，考察不同老化温度对表面活性剂 VES－1 性能影响（表 3－1－21）。

表 3－1－21　老化温度对表面活性剂 VES－1 性能影响

老化温度/℃	起泡体积/mL	半衰期/min
50	390	24.0
80	395	23.1
110	410	20.7
135	415	18.5

从表 3－1－21 可以看出，随着老化温度的升高，表面活性剂 VES－1 发泡体积升高，泡沫半衰期下降。这主要是由于泡沫增强剂是一种共聚物，随着老化温度的升高，共聚物会出现一定程度的降解，导致其相对分子质量下降，溶液黏度降低，虽然这有利于提高表面活性剂 VES－1 起泡性能，但会影响形成的泡沫壁稳定性，从而造成泡沫半衰期降低。

③抗压缩性能评价

泡沫增强剂用量对泡沫抗压缩性能具有较大影响（图 3－1－55）。实验中，取泡沫增强剂样品，固定其它实验条件，改变泡沫增强剂加量，考察其对泡沫抗压缩性能的影响。

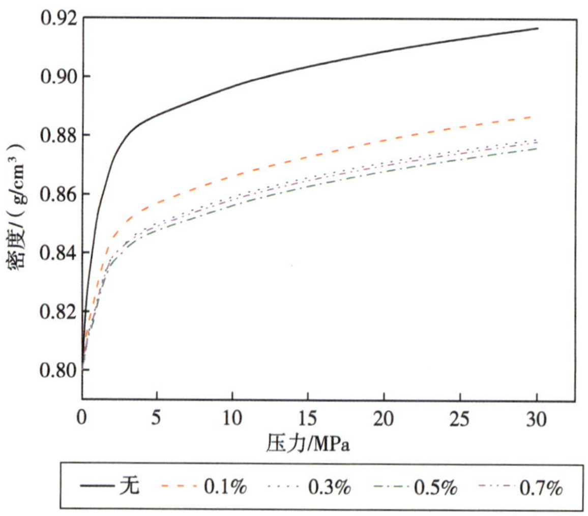

图 3－1－55　泡沫增强剂用量对泡沫抗压缩性能影响

从图 3－1－55 可以看出，加入 0.1% 泡沫增强剂 FSA－1 后，泡沫抗压缩性能明显提高，与未加入泡沫增强剂相比，在 30MPa 压力下体系密度差达到

0.03g/cm³。这主要是由于泡沫增强剂 FSA－1 分子量适中，同时自身具有表面活性，易于与表面活性剂 VES－1 协同作用，并在微泡壁表面聚集。由于泡沫增强剂分子中含有大量水化基团，可以增加微泡壁的水化膜厚度和强度，提高对内部空气核的密封性，从而提高泡沫的抗压缩性能。同时，从图中可看出当泡沫增强剂用量为 0.3% 时，继续增加其用量泡沫抗压缩性能变化不大，泡沫抗压缩性可提高 25%（约 0.04g/cm³），因此，泡沫增强剂合适的用量可选择 0.3%~0.7%。

3）结构及理化性能表征

①红外光谱分析

利用红外光谱对泡沫增强剂样品进行结构表征，验证其结构是否与设计思路一致。将研制的泡沫增强剂 FSA－1 经多次纯化后，用 NICOLET 560 付里叶变换红外光谱仪进行红外光谱分析，结果如图 3－1－56 所示。

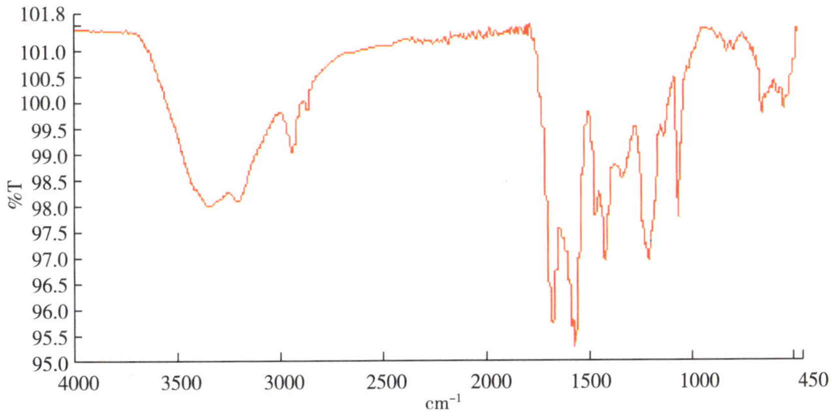

图 3－1－56　泡沫增强剂 FSA－1 红外光谱图

从上图中可以看出，3334cm^{-1}是产品中酰胺基中的 N－H 伸缩振动吸收峰，1554cm^{-1}是产品中羰基（－C＝O）伸缩振动吸收峰，1186cm^{-1}和 1042cm^{-1}为产品中磺酸基（$-SO_3$）伸缩振动吸收峰。

②表面张力测定

利用 BZY－2 型表面张力仪测定泡沫增强剂 FSA－1 的表面张力，验证其是否具有表面活性（图 3－1－57）。

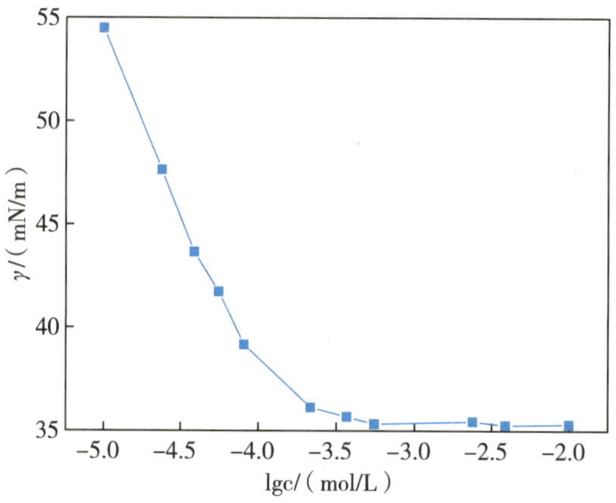

图 3－1－57　泡沫增强剂 FSA－1 表面张力与浓度的关系

从图 3－1－57 可以看出，实验测得的泡沫增强剂表面张力值为 35.3mN/m，并且由于泡沫增强剂 FSA－1 是一种聚合物，受聚合条件影响，其表面张力测定值与样品批次有关，不同批次样品表面张力值会有微小差异。

（2）微泡钻井液配方优化

根据上述微泡钻井液用处理剂性能评价结果，利用正交实验表对微泡钻井液配方进行优化。本正交实验对泡沫增强剂、稳泡剂、降滤失剂、膨润土用量等进行因素水平分析，采用 L_9（3^4）正交实验表进行正交试验。各因素水平及分析结果如表 3－1－22、表 3－1－23 所示。

表 3－1－22　正交实验因素水平表 L_9（3^4）

因素	水平		
泡沫增强剂（A）	0.4%	0.8%	1.2%
稳泡剂（B）	0.3%	0.5%	0.7%
降滤失剂（C）	0.5%	1.0%	1.5%
膨润土（D）	2%	4%	6%

表 3－1－23　微泡钻井液性能实验结果分析

序号	A	B	C	D	AV/(mPa·s)	YP/Pa	FL/mL	密度差/(g/cm^3)
1	1	1	1	1	32	15	11.6	0.36
2	1	2	2	2	52	25	8.0	0.06
3	1	3	3	3	89.5	42	7.4	0.03

续表

序号	A	B	C	D	AV/(mPa·s)	YP/Pa	FL/mL	密度差/(g/cm^3)
4	2	1	2	3	41	19	8.6	0.18
5	2	2	3	1	47	25	9.6	0.20
6	2	3	1	2	80.5	41	8.2	0.05
7	3	1	3	2	38	17	9.2	0.15
8	3	2	1	3	62	28	8.2	0.06
9	3	3	2	1	67	35	9.4	0.12
K_1二位级 1 三次表观黏度的算术平均值 K_2二位级 2 三次表观黏度的算术平均值 K_3二位级 3 三次表观黏度的算术平均值	57.83 56.17 55.67	37 53.67 79	58.17 53.33 58.17	48.67 56.83 64.17				
R = K_1 K_2 K_3 中最大的减去最小的	2.16	42	4.84	15.5				
优位级	A_3	B_1	C_2	D_1				
K_1二位级 1 三次动切力的算术平均值 K_2二位级 2 三次动切力的算术平均值 K_3二位级 3 三次动切力的算术平均值	27.33 28.33 26.67	17 26 39.33	28 26.33 28	25 27.67 29.67				
R = K_1 K_2 K_3 中最大的减去最小的	1.66	22.33	1.67	4.67				
优位级	A_2	B_3	C_3	D_3				
K_1二位级 1 三次滤失量的算术平均值 K_2二位级 2 三次滤失量的算术平均值 K_3二位级 3 三次滤失量的算术平均值	9 8.8 8.93	9.8 8.6 8.33	9.33 8.67 8.73	10.2 8.47 8.07				
R = K_1 K_2 K_3 中最大的减去最小的	0.2	1.47	0.66	2.13				

续表

序号	A	B	C	D	AV/(mPa·s)	YP/Pa	FL/mL	密度差/(g/cm^3)
优位级	A_2	B_3	C_2	D_3				
K_1二位级 1 三次密度差的算术平均值 K_2二位级 2 三次密度差的算术平均值 K_3二位级 3 三次密度差的算术平均值	0.15 0.14 0.11	0.23 0.11 0.07	0.16 0.12 0.13	0.23 0.09 0.09				
R = K_1 K_2 K_3 中最大的减去最小的	0.04	0.16	0.04	0.14				
优位级	A_3	B_3	C_2	D_2				

注：密度差指经 120℃/16h 老化后，钻井液上下层密度差。

从上表可以看出，表观黏度的位次：9 次试验（位级组合为 $A_3B_1C_2D_1$），1 号试验配方表观黏度最小，A 对表观黏度影响最小，对表观黏度影响因素的次序为：稳泡剂 > 膨润土 > 降滤失剂 > 泡沫增强剂；动切力的位次：9 次试验（位级组合为 $A_2B_3C_3D_3$），3 号试验配方动切力最大，A 对动切力影响最小，对动切力影响因素的次序为：稳泡剂 > 膨润土 > 降滤失剂 > 泡沫增强剂；滤失量的位次：9 次试验（位级组合为 $A_2B_3C_2D_3$），3 号试验配方滤失量最小，A 对滤失量影响最小，对滤失量影响因素的次序为：膨润土 > 稳泡剂 > 降滤失剂 > 泡沫增强剂；密度差的位次：9 次试验（位级组合为 $A_3B_3C_2D_2$），3 号试验配方密度差最小，C 对密度差影响最小，对密度差影响因素的次序为，稳泡剂 > 膨润土 > 泡沫增强剂 > 降滤失剂。

通过上述正交实验优化，并配合其他处理剂形成储气库防漏防塌微泡钻井液基础配方：

（3%~5%）膨润土浆 +（0.5%~1%）泡沫增强剂 +（0.2%~0.4%）稳泡剂 +（1.5%~2.5%）降滤失剂 +（0.5%~2%）抑制剂 +（1%~2%）胶束促进剂 +（0.1%~0.3%）杀菌剂。

5. 储气库防漏防塌微泡钻井液主要性能评价

将形成的储气库防漏防塌微泡钻井液配方进行综合性能评价，分析了微泡微观表征，考察抗压缩、防漏及抗污染等方面的性能，为微泡钻井液在现场的应用做好准备。

（1）微泡微观表征

微泡是微泡钻井液的核心，但由于微泡粒径仅在 25～200μm，难以通过肉眼进行观察。实验中，通过光学显微镜观察微泡的大小、形貌等。

利用光学显微镜对微泡的微观形貌进行表征。从图 3－1－58 可以看出，微泡的粒径主要分布在 25～200μm 之间，符合典型微泡粒径分布的特点；同时可以看出，与一般泡沫相比，微泡壁较厚，部分粒径较小的微泡液膜外壁的半径甚至可以达到微泡总半径的一半，这就使得微泡的结构非常稳定，不易破灭。

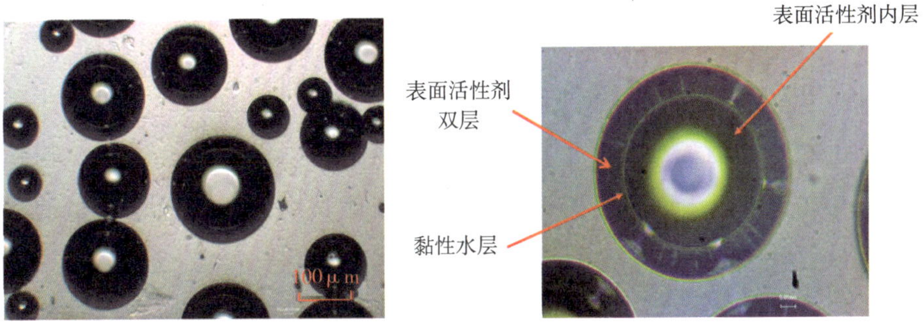

（a）钻井液中的微泡　　（b）单一微泡

图 3－1－58　钻井液中微泡的微观形貌

（2）抗压缩性

微泡具有的“三层一膜”结构使其与普通泡沫相比具有良好的抗压缩性能，而高压下微泡受压力影响造成的粒径变化也会对体系防漏性能造成影响，因此，需要对微泡钻井液在高压条件下的密度进行系统考察。

①温度的影响

微泡中的空气随着温度的升高会发生气体膨胀，而这对于微泡钻井液的抗压缩性能会产生影响。实验中，利用 PVT 测试仪对不同温度下微泡钻井液密度随压力的变化进行测定，结果如图 3－1－59 所示。

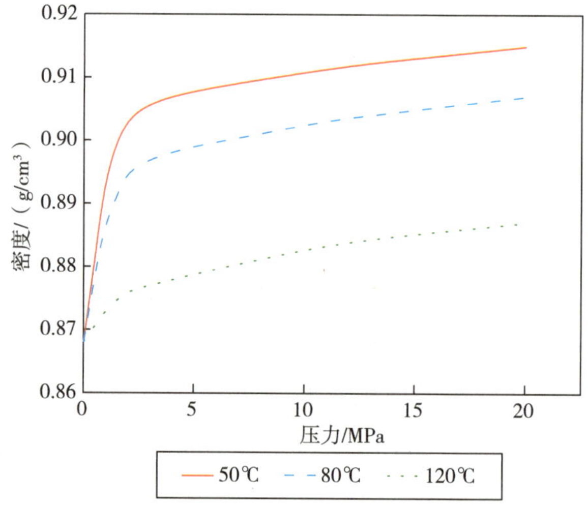

图 3－1－59　温度对微泡钻井液抗压缩性能影响

从图 3－1－59 可以看出，微泡钻井液密度随着压力的增加而升高。这主要是由于微泡内含有的空气具有可压缩性，随着施加压力的增加，微泡内空气体积逐渐减小，单位体积内钻井液质量增大，造成钻井液密度逐渐升高。同时还可以看出，压力在 3MPa 以下时钻井液密度上升较快，而随着压力进一步升高，钻井液密度上升的趋势趋于平缓。这是由于随着压力的增加，微泡体积减小，钻井液密度升高，但微泡具有的“聚能”作用使其内部迅速蕴含大量的能量，抵消压力对微泡的影响，导致微泡钻井液密度变化趋于平缓。此外，随着温度升高，微泡钻井液可压缩性逐渐降低。这主要是由于微泡中的空气随着温度的升高会发生体积膨胀，而这种作用力会部分抵消压力对微泡内空气的影响，从而导致微泡钻井液可压缩性能降低。

②钻井液密度的影响

微泡钻井液密度的不同在高压条件下体系的抗压缩性能也会产生差异。实验中，在 80℃下，利用 PVT 测试仪对不同密度的微泡钻井液密度随压力的变化进行测定，结果如图 3－1－60 所示。

从图 3－1－60 可以看出，密度较低的微泡钻井液可压缩性较强，密度较高的微泡钻井液可压缩性较差。这主要是由于不同密度的微泡钻井液空气含量不同，密度较低的微泡钻井液空气含量高，密度较高的微泡钻井液空气含量低。而空气受压力的影响较大，因此，低密度微泡钻井液更易被压缩，高密度微泡钻井液抗压缩能力更强。

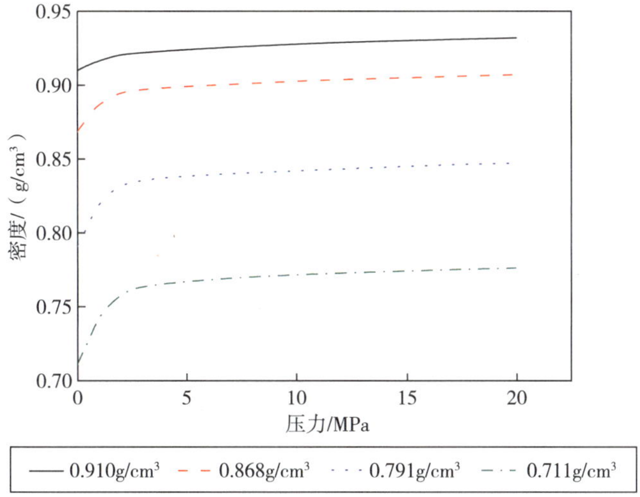

图 3－1－60　不同密度微泡钻井液抗压缩性能

③密度还原性能

密度还原性能是微泡钻井液一个重要的特征。实验中，利用 PVT 测试仪考察微泡钻井液密度随压力的变化曲线，结果如图 3－1－61 所示。

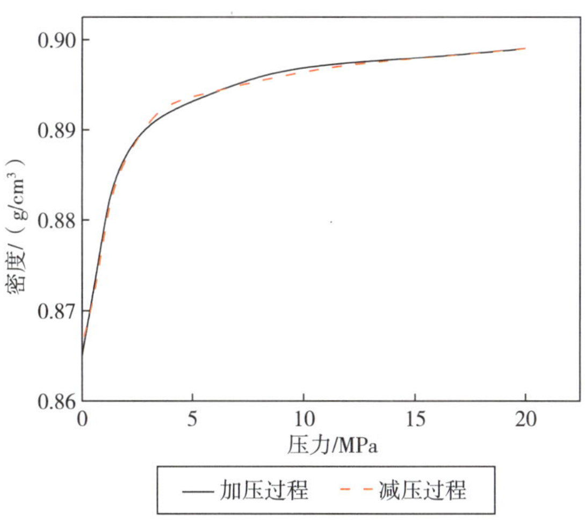

图 3－1－61　压力变化对微泡钻井液密度影响

从图 3－1－61 可以看出，在加压过程中，微泡钻井液密度逐渐升高；而在减压过程中，微泡钻井液的密度又几乎恢复至未加压前的密度。这主要是由于微泡的特殊结构使其能承受短时间内重复的加压和减压。在加压过程中，微泡可以被适度压缩；而随着压力下降，微泡又逐渐恢复至原来的尺寸，从而使得微泡钻井液表现出良好的密度还原特性。

④性能对比

为了更客观地评价微泡钻井液抗压缩性能，将其与我们前期开发的可循环泡沫钻井液进行了性能对比。实验中将相近密度的两种钻井液在50℃下进行抗压缩性能测试，结果如图3-1-62所示。

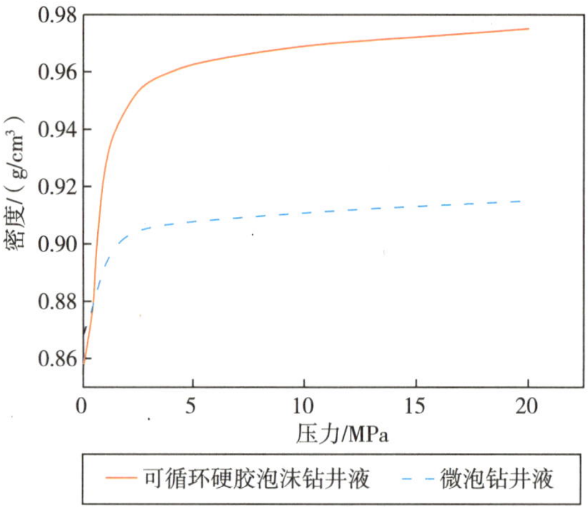

图3-1-62　两种钻井液抗压缩性能对比

从图3-1-62可以看出，在20MPa压力下，可循环泡沫钻井液密度由0.86g/cm³上升至0.98g/cm³，而微泡钻井液密度仅上升至0.91g/cm³。这主要是由于微泡的特殊结构使其具有良好的抗压缩性能，能够使微泡钻井液在高压条件下保持较低的密度；而普通泡沫结构简单，抗压缩能力不强，使得可循环泡沫钻井液在高压条件下的密度接近于基浆的密度。

（3）承压封堵性能

微泡钻井液能在不同漏失地层改变自身尺寸，从而具有一定的防漏堵漏作用，因此，需要对微泡钻井液承压封堵性能进行系统评价。

1）影响因素

①砂床目数的影响

不同目数的砂床具有不同的孔隙尺寸，从而对微泡钻井液的承压封堵性能产生影响。实验中，配制密度0.80g/cm³微泡钻井液，在80℃下利用不同目数的砂子模拟不同孔隙大小的漏失地层，考察砂床目数对微泡钻井液封堵性能的影响，结果如图3-1-63所示。

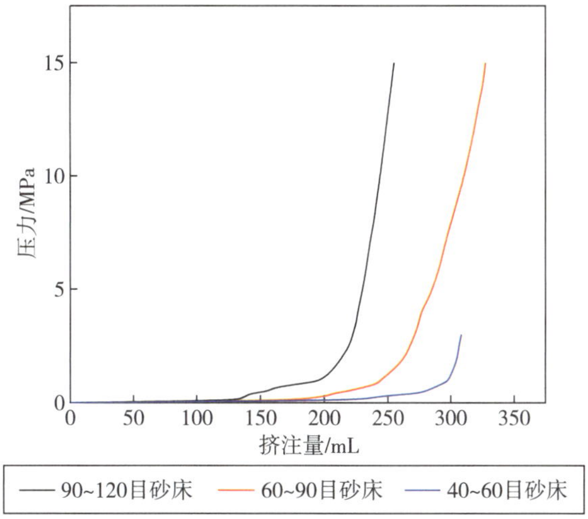

图 3-1-63　砂床目数对微泡钻井液封堵性能的影响

从图 3-1-63 可以看出，当砂床目数在 60~90 目（孔隙直径约 50~90μm）时，微泡钻井液的承压封堵能力可达 15MPa 以上，并且由于 90~120 目砂床孔隙直径更小，微泡钻井液用较少的挤注量，其承压封堵能力即可达 15MPa 以上；而当砂床目数在 40~60 目（孔隙直径约 80~120μm）时，微泡钻井液的最大承压能力仅为 3MPa。这主要是由于砂床目数越大，形成的孔隙尺寸越小，更有利于微泡钻井液中的微泡对这些孔隙的封堵；而砂床目数越小，形成的孔隙尺寸越大，而微泡自身粒径主要分布在 50~200μm，并且在高压条件下粒径变小，难以与砂床孔隙尺寸匹配，形成有效的封堵层，造成砂床被击穿。

显微镜下微泡形态如图 3-1-64 所示。

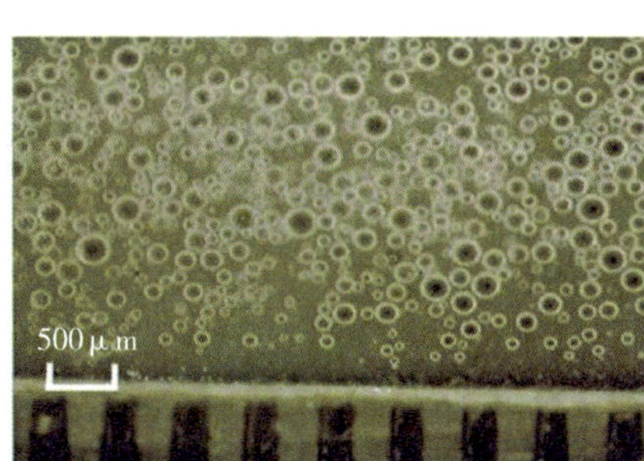

图 3-1-64　显微镜下微泡形态

②温度的影响

升高温度会引起微泡体积膨胀，而这对于微泡钻井液的承压封堵能力可能产生影响。实验中，配制密度 0.82g/cm³微泡钻井液，在不同温度下考察微泡钻井液对 60～90 目砂床的承压封堵性能，结果如图 3－1－65 所示。

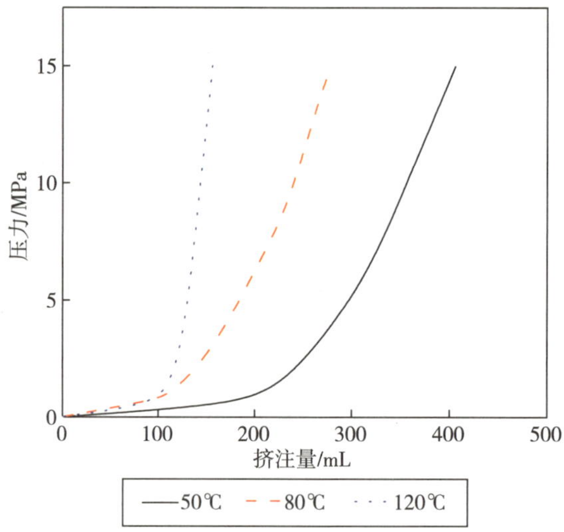

图 3－1－65　温度对微泡钻井液封堵性能的影响

从图 3－1－65 可以看出，在高温条件下，微泡钻井液以较小的挤注量其承压能力即可达到 15MPa。这主要是由于挤注过程中压力升高，钻井液中微泡粒径减小，而升高温度会使微泡体积膨胀，抵抗压力对微泡的影响，造成高温下微泡粒径相对较大，更有利于微泡钻井液对孔隙的封堵。

③性能对比

为了更客观地评价微泡钻井液承压封堵性能，将其与未发泡基浆和水包油钻井液进行了性能对比。实验中，在 50℃下将微泡钻井液、未发泡基浆和水包油钻井液在不同目数的砂床中进行承压封堵性能考察，结果如图 3－1－66 所示。

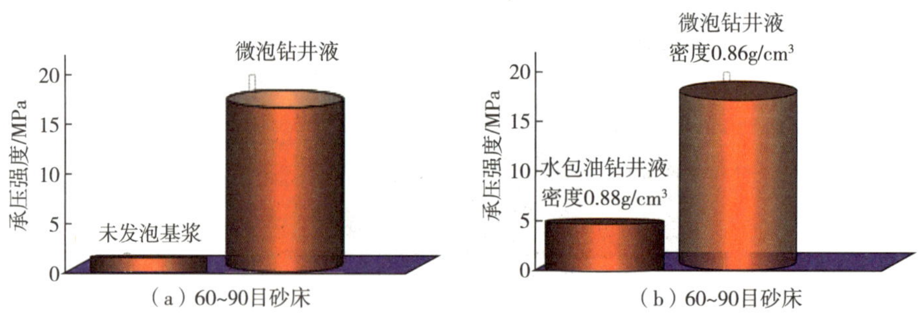

图 3－1－66　不同钻井液封堵性能对比

从图 3－1－66 可以看出，在 60～90 目砂床中未发泡基浆承压封堵能力仅为

2.3MPa，水包油钻井液承压封堵能力仅为5MPa；而在相同条件下，微泡钻井液承压封堵能力可达15MPa以上，表现出良好的承压封堵性能。

2）防漏性能优化

微泡钻井液对直径较小的孔隙或裂缝具有良好的封堵效果，但进一步增加孔隙直径（如40~60目砂床），由于自身粒径难以与地层孔隙匹配，其承压仅为4MPa以下，因此，为进一步提高微泡钻井液封堵性能，开展了随钻封堵材料优选，配合微泡钻井液提高体系防漏性能。

①封堵材料选择

（a）配伍性考察

在微泡钻井液中加入随钻封堵材料对提高体系封堵性能具有重要作用，但随钻封堵材料应具备以下几个特点：

i. 与微泡钻井液体系配伍性好；

ii. 粒径小，可过120目筛布；

iii. 自身密度较低，不会对微泡钻井液体系密度造成影响。

根据上述原则，对随钻封堵材料进行优选。实验选择了5种随钻封堵材料，并与微泡钻井液体系进行了配伍性考察，结果如表3-1-24所示。

表3-1-24 随钻封堵材料与微泡钻井液体系配伍性考察

材料种类	用量/%	实验条件	*AV*/(mPa·s)	*PV*/(mPa·s)	*YP*/Pa	*ρ*/(g/cm³)
反相乳液凝胶LWT	2%	室温	65	36	29	0.88
		120℃/16h	46	30	16	0.99
可变性材料LMS	2%	室温	67	37	30	0.88
		120℃/16h	58	33	25	0.92
橡胶类材料XJF	2%	室温	64	35	29	0.88
		120℃/16h	59	33	26	0.92
植物类材料XW	2%	室温	66	37	29	0.88
		120℃/16h	60.5	35	25.5	0.90
超钙	2%	室温	64	36	28	0.89
		120℃/16h	59.5	35	24.5	0.92

从表3-1-24可以看出，优选的5种随钻封堵材料中，反相乳液凝胶LWT与微泡钻井液体系配伍性较差，120℃高温老化后体系密度接近于1.0g/cm³。这主要是由于反相乳液凝胶LWT合成工艺采用白油作为连续相，最终产物中含有大量白油，而白油严重影响微泡钻井液中微泡的稳定性，造成体系消泡，密度

显著上升。而其余4种材料与微泡钻井液体系配伍性较好。

（b）防漏性能评价

将可视砂床采用20~40目砂填充15cm高度，然后分别将上述优选的4种封堵材料加入微泡钻井液中，搅拌均匀后测定其密度。接着将其加入可视砂床筒体内进行封堵实验，压力由常压开始逐渐加压至0.7MPa，记录发生漏失的压力、漏失状态和漏失量（若未发生漏失则记录砂床浸湿的高度），结果如表3－1－25所示。

表3－1－25　加入不同随钻封堵材料后微泡钻井液体系防漏性能

材料种类	用量/%	ρ/(g/cm³)	封堵情况	漏失量/mL
空白	—	0.86	0.1MPa串流	全漏
可变性材料LMS	1	0.86	0.5MPa漏失；0.7MPa滴流	35
	2	0.86	0.7MPa滴流	5
	3	0.86	0.7MPa不漏	0
橡胶类材料XJF	0.5%	0.86	0.5MPa漏失；0.7MPa滴流	28
	0.75%	0.86	0.4MPa漏失；0.7MPa滴流	0
	1%	0.86	0.7MPa漏失；0.7MPa滴流	0
植物类材料XW	0.5%	0.86	0.4MPa漏失；0.7MPa滴流	27
	0.75%	0.86	0.7MPa不漏	0
	1%	0.86	0.7MPa不漏	0
超钙	1%	0.86	0.1MPa串流	170
	2%	0.87	0.1MPa串流	140
	3%	0.88	0.1MPa串流	125

注：基浆配方为4%膨润土浆＋0.8%发泡剂＋0.5%FSA－1＋0.3%XC＋2%Lv－CMC＋1%抑制剂

从表3－1－25可以看出，橡胶类材料XJF和植物类材料XW防漏性能最好，并且XJF为惰性材料，密度也相对较低，对微泡钻井液的流变性能影响不大，其粒径在100~200目之间，封堵层形成快，加量为0.5%时漏失量为28mL；加量达到0.75%以上时漏失量为0，并且能观察到明显的0.4cm左右的封堵层。而XW兼具防漏和一定的降滤失作用，钻井液中加入XW后封堵层形成较快，加量为0.5%时漏失量为27mL；加量达到0.75%以上时，漏失量为0。可变性材料LMS防漏性能也较好，其对微泡钻井液流变性能影响不大，但加量较低时，封堵层形成较慢，漏失量相对较大；加量达到2%时，漏失量明显降低，仅为5mL。超细碳酸钙也是惰性材料，但其在微泡钻井液体系中封堵效果不好，在3%加量下漏失量仍在100mL以上。虽然橡胶类材料XJF防漏性能好，但其价格相对较高，综合考虑防漏性能及性价比，最终确定采用植物类材料XW和可变性材料LMS 2种材料复配作为微泡钻井液用随钻封堵材料。

②不同封堵材料复配

一般情况下，封堵材料复配使用才能发挥最大的封堵效果，因此，室内对优选的封堵材料进行复配实验，在总量为2%的条件下、在20～40目砂床中对封堵材料进行性能评价，结果如表3－1－26所示。

表3－1－26　加入复配封堵材料后微泡钻井液体系防漏性能

LMS和XW用量比例	ρ/(g/cm³)	AV/(mPa·s)	PV/(mPa·s)	YP/Pa	封堵情况
3:1	0.85	66	36	30	0.6MPa开始漏失；漏失量5mL
2:1	0.85	65	35	30	0.7MPa不漏；侵入深度10.5cm
1:1	0.85	66	35	31	0.7MPa不漏；侵入深度12.5cm
1:2	0.85	65	36	29	0.7MPa不漏；侵入深度14cm
1:3	0.85	66	36	30	0.7MPa滴漏；漏失量2mL

从上表可以看出，当可变性材料LMS与植物类材料XW两者的用量比例为2:1时，加入复配封堵材料的微泡钻井液侵入砂床深度最浅，封堵性能最佳。

③复配封堵材料用量

将不同用量的复配封堵材料加入微泡钻井液体系中，考察复配封堵材料用量对体系封堵性能的影响，结果如表3－1－27所示。

表3－1－27　复配封堵材料用量对微泡钻井液体系防漏性能影响

复配封堵材料用量/%	ρ/(g/cm³)	AV/(mPa·s)	PV/(mPa·s)	YP/Pa	封堵情况
0	0.85	65	35	30	0.1MPa串流，全漏失
1	0.85	65.5	36	29.5	0.7MPa滴流；漏失1mL
2	0.85	65	35	30	0.7MPa不漏；侵入深度10.5cm

续表

复配封堵材料用量/%	ρ/(g/cm³)	AV/(mPa·s)	PV/(mPa·s)	YP/Pa	封堵情况
3	0.85	66.5	36	30.5	0.7MPa 不漏；侵入深度 8cm
4	0.85	69	37	31	0.7MPa 不漏；侵入深度 7.5cm

从表 3-1-27 可以看出，随着复配封堵材料用量的增加，微泡钻井液防漏性能逐渐增强。当用量达到 2% 时，可视砂床未漏失，继续增加复配封堵材料用量，微泡钻井液防漏性能增强，钻井液侵入砂床深度继续下降，但当复配封堵材料用量达到 4% 时，其会增加微泡钻井液黏度，影响体系流变性，因此，合适的复配封堵材料用量为 2%~3%。

④承压封堵性能评价

配制密度 0.85g/cm³ 微泡钻井液并在体系中加入 3% 随钻封堵材料，在 40~60 目砂床中利用 CL-II 堵漏仪模拟封堵实验，结果如图 3-1-67 所示。

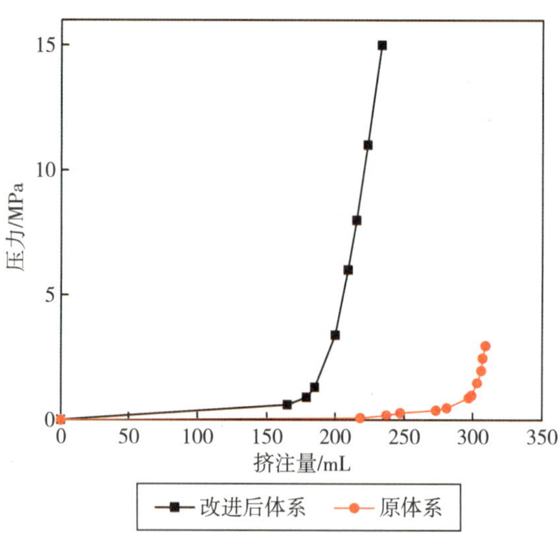

图 3-1-67　改进后微泡钻井液承压封堵性能

从图 3-1-67 可以看出，优化后的微泡钻井液体系可在 40~60 目砂床中承压 15MPa 以上（原体系仅可在 60~90 目砂床中承压 15MPa），防漏性能明显提高。

（4）抗污染性能

在钻井过程中，钻井液很容易受到地层内部盐层及流体的侵入，从而影响钻井液的性能，因此，需要对微泡钻井液抗污染性能进行系统评价。

1）NaCl 污染

实验中，将 NaCl 加入配制的微泡钻井液中，经 120℃ 老化 16h 后，考察不同 NaCl 用量下微泡钻井液流变性和密度变化，结果如表 3－1－28 所示。

表 3－1－28　不同加量 NaCl 对微泡钻井液性能影响

NaCl 加量/%	*AV*/（mPa·s）	*PV*/（mPa·s）	*YP*/Pa	*ρ*/（g/cm^3）
0	62	28	34	0.76
1	48	24	24	0.82
3	53	27	26	0.78
5	51	27.5	23.5	0.79

从表 3－1－28 可以看出，加入 NaCl 后微泡钻井液黏度、切力明显下降。这主要是由于加入 NaCl 后，钻井液中 Na^+ 离子增多，压缩黏土表面的双电层，黏土表面水化膜变薄，黏土颗粒发生聚结，分散程度下降，使得钻井液黏度、切力降低，同时 Na^+ 离子的增加也会压缩钻井液中大分子聚合物表面的水化膜，使大分子聚合物的分子链由伸展状态变为蜷曲状态，降低钻井液黏度和切力。当 NaCl 加量达 5% 时，微泡钻井液老化前后密度差仅为 0.03g/cm^3，说明微泡钻井液具有良好的抗 NaCl 污染性能，其抗盐性能达 5% 以上。

2）$CaCl_2$ 污染

实验中，将 $CaCl_2$ 加入配制的微泡钻井液中，经 120℃ 老化 16h 后，考察不同 $CaCl_2$ 用量下微泡钻井液流变性和密度变化，结果如表 3－1－29 所示。

表 3－1－29　不同加量 $CaCl_2$ 对微泡钻井液性能影响

$CaCl_2$ 加量/%	*AV*/（mPa·s）	*PV*/（mPa·s）	*YP*/Pa	*ρ*/（g/cm^3）
0	62	28	34	0.76
0.1	49	24	25	0.80
0.3	44	23	21	0.78
0.5	42.5	24	18.5	0.79

从表 3－1－29 可以看出，加入 $CaCl_2$ 后微泡钻井液黏度、切力明显下降。原因与钻井液中加入 NaCl 相似，也是由于 Ca^{2+} 离子压缩黏土、高分子聚合物表面的水化膜造成的。但同时可以看出，与 NaCl 相比，$CaCl_2$ 在较低浓度下时微泡

钻井液黏度更低，这主要是由于 Ca^{2+} 离子是高价阳离子，与 Na^{+} 离子相比，对黏土、高分子聚合物表面双电层的压缩作用更强，黏土表面水化膜厚度更薄，聚合物分子链更加蜷曲，导致微泡钻井液黏度和切力更小。此外，当 $CaCl_2$ 加量达 0.5% 时，微泡钻井液老化前后密度差仅为 0.03g/cm^3，说明微泡钻井液具有良好的抗 $CaCl_2$ 污染性能，其抗钙性能达 0.5% 以上。

3）岩屑粉污染

实验中，将岩屑粉加入配制的微泡钻井液中，经 120℃ 老化 16h 后，考察不同岩屑粉用量下微泡钻井液流变性和密度变化，结果如表 3－1－30 所示。

表 3－1－30　不同加量岩屑粉对微泡钻井液性能影响

岩屑粉加量/%	*AV*/（mPa·s）	*PV*/（mPa·s）	*YP*/Pa	*ρ*/（g/cm^3）
0	62	28	34	0.76
1	57.5	26	31.5	0.81
3	59.5	27	32.5	0.81
5	64	30	34	0.82

从上表可以看出，加入岩屑粉后微泡钻井液黏度、切力变化不大。当岩屑粉加量达 5% 时，微泡钻井液老化前后密度差仅为 0.06g/cm^3，说明微泡钻井液具有良好的抗岩屑粉污染性能，其抗岩屑粉污染性能达 5% 以上。

（二）储气库储层保护技术

储气库建设过程中为满足大排量注采、长期运行等需求，要求保持井底结构稳定，保护气体流通通道完整。钻井施工过程中，钻井液极易侵入地层，堵塞破坏流体通道，对后期储气库的投产造成不利影响。钻完井过程中能否对气层通道进行有效的保护，直接影响到储气库的建设和运行效果。

1. 储气库储层保护效果评价方法

枯竭型砂岩气田，压差大，漏失多，钻井和固井过程中滤失和漏失的固液相相对增多，储层伤害增强。传统评价方法仅仅反映钻井液、固井液等外来流体一次性的影响，不能充分反映储气库储层伤害后的持续影响，为此在研究现有储层岩心测试标准方法基础上，建立了针对储气库的岩心储层保护效果评价方案。

经收集整理，现有岩心测试的标准有：

GB/T 29172－2012 岩心分析方法；

GB/T 28912－2012 岩石中两相流体相对渗透率测定方法；

GB/T 23804－2009 岩心常规分析仪器通用技术条件；

SY/T 5343－2013 滤液侵入岩心量的测定方法；

SY/T 5358－2010 储层敏感性流动实验评价方法；

SY/T 6385－2016 覆压下岩石孔隙度和渗透率测定方法；

SY/T 6452－2000 岩心油水相对渗透率测定仪；

SY/T 6540－2002 钻井液完井液损害油层室内评价方法；

SY/T 6703－2007 岩心流动性试验仪器通用技术条件；

NB/T 10030－2016 钻井液完井液对煤层气储层损害室内评价方法；

Q/SH 0501－2013 致密储层敏感性流动实验评价方法；

Q/SH 0512－2013 页岩岩心孔隙度、渗透率分析方法；

Q/SH 0718－2017 入井液与页岩气储层岩心配伍性实验评价方法。

岩心分析的标准已经相对完善，岩心的选取、制备、测试、实验设备的规格结构等基本标准化。常规地层和致密储层一般的测试方法为：按照 GB/T 29172－2012《岩心分析方法》进行现场岩心的选取，钻孔取标准柱样，洗油，干燥；按照 GB/T 29172－2012《岩心分析方法》、SY/T 6385－2016《覆压下岩石孔隙度和渗透率测定方法》和 Q/SH 0512－2013《页岩岩心孔隙度、渗透率分析方法》进行岩心孔隙度和基础渗透率的测定；按照 Q/SH 0501－2013《致密储层敏感性流动实验评价方法》进行岩心敏感性测试；按照 Q/SH 0718－2017《入井液与页岩气储层岩心配伍性实验评价方法》、SY/T 6540－2002《钻井液完井液损害油层室内评价方法》进行钻井液和完井液的储层损害评价。

枯竭砂岩型储气库地层岩心经长期的开发，压力多次波动，有可能产生裂缝，长时间的气体、液体冲刷，岩心空隙可能发生变化，后续储气库运行过程中，岩心经天然气多次吞吐冲刷，岩心空隙、岩性等也可能发生改变。岩心常规处理仪器有：岩心钻切机、岩心洗油仪、岩心自动孔隙度仪、岩心气测渗透率仪、岩心流动实验装置、岩心动滤失仪等。为科学、充分评价储气库建设过程中所使用的钻井液对地层长期影响，在现有岩心测试设备基础上对储层保护评价方法进行了改进，评价工艺流程如图 3－1－68 所示。

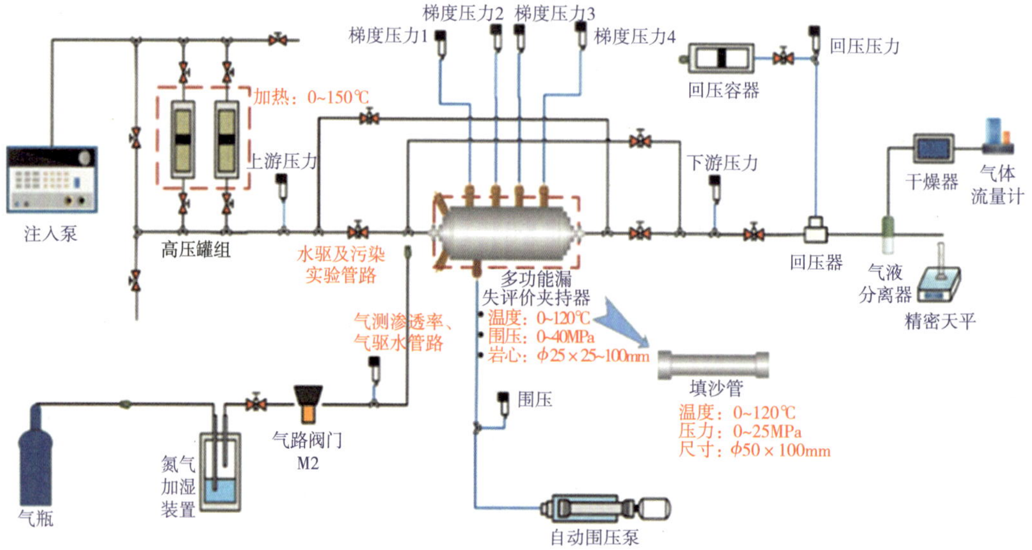

图3-1-68　储气库储层保护评价工艺流程图

为观察岩心中气体通过的突破压力和气体流动性评价，专门定制了岩心水锁测试装置。主要由5部分组成：

（1）岩心夹持器

由岩心梯度夹持器、岩心污染夹持器、岩心填砂管等组成，可按需更换。

（2）岩心围压系统

由岩心压力测量和自动围压控制箱组成，可根据岩心驱替压力自动调整围压。

（3）液体驱替管路

由注入泵、高压罐组等组成，可根据需要进行定速或定压液体驱替。

（4）气体驱替管路

由氮气瓶、减压管汇、氮气加湿装置、自动调压阀等组成，可根据需要进行气体驱替。

（5）多量程自动压力测量系统

可根据需要进行设备各个位置压力的测量和岩心出口气体突破的观察。

根据标准研判和经验确定的岩心实验方案如下：

（1）取储气库建设前近期取芯岩心，进行岩心前期处理。

（2）进行现地层状态下的岩心渗透率和孔隙度测试。

（3）在岩心动态失水仪上安装好待测岩心后，取钻井液进行反向岩心污染；取平行的多块岩心进行不同压差下的污染。

（4）正向进行气水两相渗透率突破压力测试和稳态气水两相渗透率测试。

（5）反向进行气相渗透率测试。

（6）再次进行气水两相渗透率测试。

（7）多次正反向渗透率测试，观察渗透率变化。

（8）与原始岩心比较，得出岩心被钻井液污染的长期影响程度。

利用白 10 岩心 2－2 进行岩心渗透率测试，按照设计好的实验方案进行岩心气相渗透率和微泡浆污染后岩心气相渗透率测试，并多次反正向氮气驱替，测试气相渗透率数值（表 3－1－31、图 3－1－69）。

表 3－1－31　多次测试岩心渗透率

测试次数	正向渗透率/mD	反向渗透率/mD
1	6.20	6.20
2	6.19	6.18
3	6.17	6.15
4	6.14	6.13
5	6.11	6.10

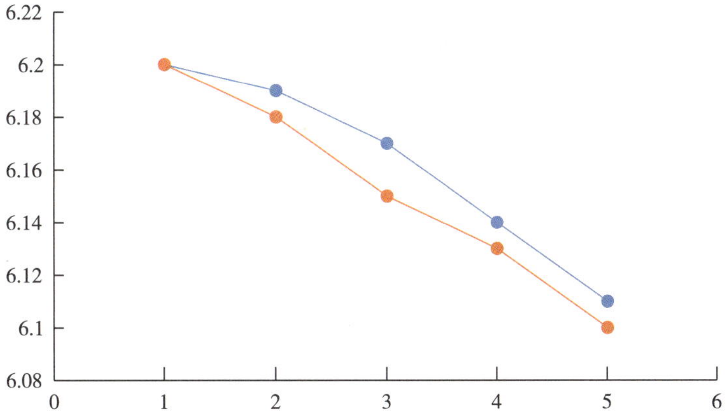

图 3－1－69　多次测试岩心渗透率变化

由实验结果可知，岩心正向反向气相渗透率随交替驱替次数的增加，渗透率数值下降，地层岩石空隙在多次注采后存在渗透率下降现象。测试岩心长期吞吐渗透率变化是有必要的。

2. **球状凝胶** MPA

依据吸水树脂分子设计，引入自降解单体，研制了自解堵封堵材料。其吸水倍数5h内4～5倍，2d达到吸水饱和，倍数8～10倍；自降解时间在3～15d可控；自身抗压强度达到582N，球状凝胶颗粒粒径10～30μm，通过变形封堵、自降解解堵达到较好的储层保护效果。

球状凝胶MPA合成方法：配制一定浓度的单体1水溶液，加入适量的氢氧化钠调节pH值，在白油中加入一定量的单体2，适量比例自降解单体DF、FW，加入表面活性剂A、B，搅拌均匀后在搅拌器搅拌下将单体1水溶液缓慢倒入白油溶液中，依次加入适量的交联剂、引发剂，搅拌均匀后，放置在40～60℃的水浴锅中反应2h，得到白色乳状液即为产品。

（1）单体比例优化

在乳液聚合体系中，聚合单体本身存在的一些性质以及反应浓度对乳液聚合物产物的力学性能和化学性能起着决定性作用，选取合适的单体及比例，不仅有利于乳液的稳定性，而且有利于合成过程的充分进行。总单体含量对MPA型球状凝胶形态的影响，见表3－1－32。

表3－1－32　总单体含量对MPA型球状凝胶形态的影响

序号	复合单体含量/%	表观黏度/（mPa·s）	反应后乳液形态
1	20	45	乳白色，流动性好，均一
2	25	101	乳白色，流动性好，均一
3	30	85	乳白色，黏稠，轻微凝胶化
4	35	64	乳白色，黏稠，凝胶化比较明显
5	40	58	乳白色，黏稠，凝胶化较为严重

从表3－1－32可以看出，随着复合单体含量逐渐增加，表观黏度先升高再降低。当复合单体含量为25%时，表观黏度达到最大，原因是从聚合反应动力学研究来看，随着复合单体的浓度不断增加，单体之间发生碰撞而参与反应的几率变大，发生反应的场所内部黏度增加，链转移变得困难，增长速率变大，自由基终止反应越发变得困难，因此，产物的黏度随之增大；当复合单体含量大于25%时，表观黏度表现出减少的趋势，这是因为复合单体浓度增加时，反

应速率逐渐增高，产生的反应热聚集而得不到及时扩散，致使反应温度升高，自加速现象明显，使产物出现凝胶化，得到部分交联产品，导致表观黏度降低。综上所述，选取复合单体含量25%。

（2）交联剂加量优化

在反应体系中，控制其他条件不变，考察交联剂加量对产物粒径 D_{50} 的性能影响（表3-1-33）。

表3-1-33　交联剂加量对MPA型球状凝胶粒径的影响

序号	交联剂加量/%	粒径 D_{50}/μm
1	0.1	108
2	0.2	82
3	0.3	46
4	0.4	20
5	0.5	8
6	0.6	2

从实验结果可知：随着交联剂加量的增加，交联的乳液聚合物的粒径逐渐降低。这是因为交联剂用量对三维网络结构的密集程度有最直接的影响，密度过大，网格收缩紧密，不利于水分子进入其中，使吸水率降低，从而粒径减小；而交联过度时，聚合物过度收缩，难以溶胀，稳定性提高，但聚合物的强度降低。结合粒径及对封堵的要求，MPA球状凝胶交联剂用量在0.4%时较好。

（3）MPA球状凝胶评价

分别对合成的球状凝胶进行了扫描电子显微镜、激光粒度仪测试，并考察了封堵效果和自降解能力。

为观察MPA球状凝胶的微观形态，将样品冷冻干燥后，采用扫描电子显微镜（SEM）观察微观形态，结果如图3-1-70所示。由图3-1-70可知，所制备的聚合物显现较为规则的球型，聚合物微球的粒径大约在10~30μm范围内，其直径分布相对比较集中。

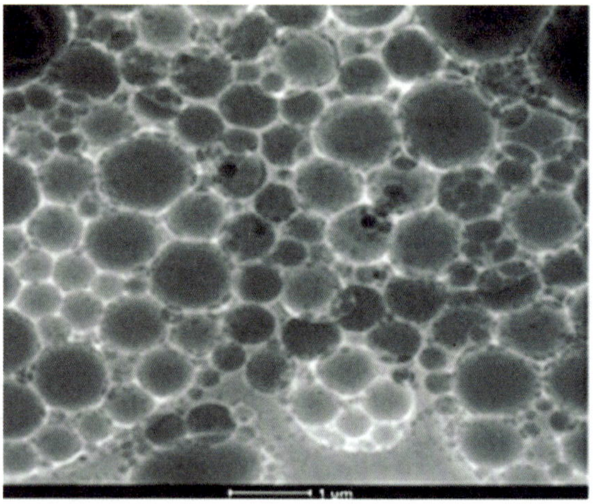

图 3-1-70　样品的微观形态（SEM）

为了考察 MPA 球状凝胶的粒径分布，采用激光粒度分析仪进行测试。为防止 MPA 球状凝胶吸水膨胀影响测试结果，测试时采用石油醚（沸点 90~120℃）作为介质，实验结果如图 3-1-71 所示。由图 3-1-71 可知，采用激光粒度分析仪测试 MPA 球状凝胶的粒径分布，主要粒径 D_{50} 为 26.36μm。

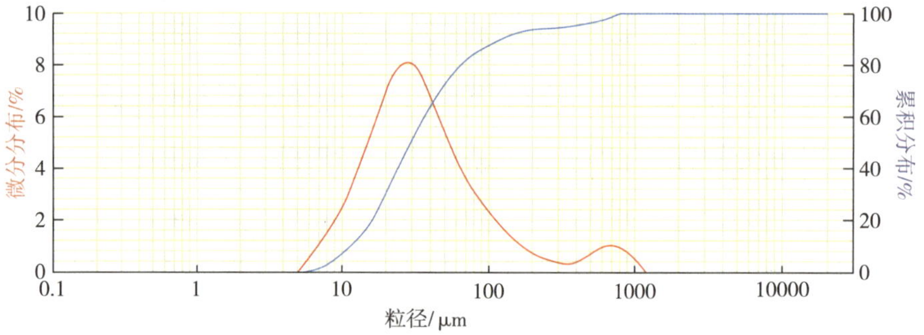

图 3-1-71　粒径分布

封堵性能是封堵剂的重要指标，封堵性能体现该样品在现场的使用效果，通过使用可视砂床观察侵入砂床的深度，可以直观了解样品的封堵性能。

考察不同加量的球状凝胶在 KCl 钻井液中的封堵情况，实验结果如表 3-1-34 所示。由表 3-1-34 可知，球状凝胶具有较好的封堵性，能够有效降低钻井液的高温高压滤失量，加量 3% 时能够有效封堵可视砂床（40~60 目沙子）孔隙。

表 3-1-34　封堵能力

MPA-IV/%	FL_{HTHP}/mL	封堵侵入深度/cm
0	14.0	全部漏失
1	11.2	全部漏失
2	10.8	漏失 180mL
3	9.6	侵入深度 8cm

自解堵材料需要充满孔隙，以堵住液流。当封堵后，材料逐渐降解，慢慢变成可流动的液体，在压力作用下可使地层恢复孔隙。材料凝胶与材料液化时对地层均无污染。从图 3-1-72 可知，随着温度的升高降解能力逐渐增强，在 3~20d 可有效降解。

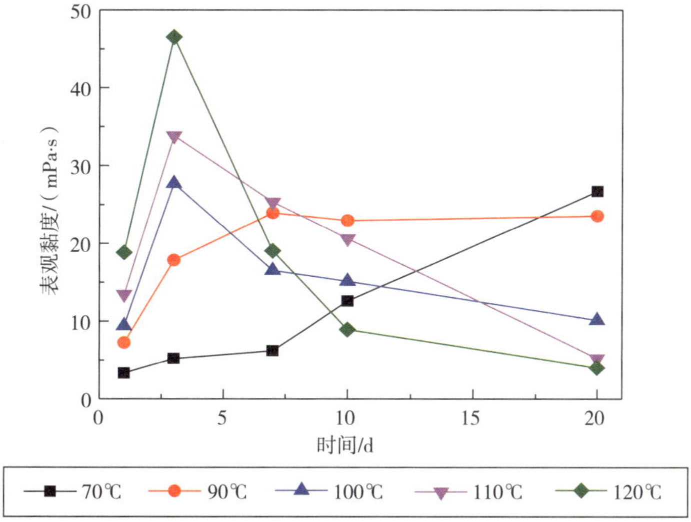

图 3-1-72　不同温度下的黏度变化

3. 储层保护剂优选评价

储层保护技术主要是封堵地层孔隙，降低孔隙界面张力，抑制地层水化膨胀等技术方向。储气库储层施工采用微泡钻井液，为保持钻井液微泡状态，加有表面活性剂，钻井液滤液界面张力较低，微泡浆页岩滚动回收率达 95%，因此，储层保护技术主要选用封堵抑制剂进行地层孔隙物理化学封堵。

选取非渗透处理剂、单向压力屏蔽剂、储层保护剂 WTS、储层封堵剂 YBS、可降解封堵剂 MPA 等进行优选。

（1）储层保护剂与钻井液配伍性优选

储气库储层施工采用微泡钻井液，保持微泡状态是钻井液的基础要求，储层保护剂不能消泡，并尽量减少对钻井液的性能影响。各储层保护剂加入微泡钻井液后的性能评价见表 3－1－35。

表 3－1－35 储层保护剂加入钻井液后性能评价

钻井液配方	ρ/(g/cm³)	FL/mL	AV/(mPa·s)	PV/(mPa·s)	YP/Pa
微泡浆	0.85	5.0	57.5	32.5	25
微泡浆＋胜利非渗透	0.96	4.6	61.0	37.0	23
微泡浆＋得顺源非渗透	0.94	4.6	59.0	33.0	25
微泡浆＋单向压力屏蔽剂	0.86	4.8	74.0	58.0	15.4
微泡浆＋5% WTS	0.86	4.6	59.0	35.0	23
微泡浆＋5% YBS	0.86	4.8	58.0	33.0	24
微泡浆＋5% MPA	0.85	4.5	57.5	33.0	23.5

由上述钻井液性能变化可知，两种非渗透处理剂密度由原 0.85g/cm³ 提高至 0.96g/cm³、0.94g/cm³，存在明显的消泡作用，不适合使用。单向压力屏蔽剂黏度提升明显，表观黏度由 57.5mPa·s 提高至 74.0mPa·s，不建议使用。WTS、YBS、MPA 3 种处理剂加入微泡钻井液后，钻井液滤失量降低，黏度增加不明显。

（2）储层保护效果优选

根据要求，选取白 10、卫 35、卫 217 等岩心进行储层保护效果评价测试。按照设计实验方案，岩心钻取后，按照规定进行岩心清洗，配制模拟地层水饱和至所需饱和度，测量原始气相渗透率。岩心在动态失水仪上进行钻井液污染后，清除表面泥饼，再次测试气相渗透率（表 3－1－36），切换流程，进行反向气相渗透率测试，并重复正反向测试气相渗透率 5 次（表 3－1－37～表 3－1－40）。

污染采用微泡基浆和筛选出的 WTS、YBS、MPA 储层保护剂加入微泡浆配制的样品浆。

表 3-1-36　岩心污染效果测试

岩心编号	污染浆配方	污染前渗透率/mD	污染后渗透率/mD	恢复值/%
白10井1-1	微泡浆	8.6	5.0	58
白10井3-1	微泡浆+5% WTS	28.6	18.3	64
白10井4-1	微泡浆+5% YBS	9.80	7.45	76
白10井5-1	微泡浆+5% MPA	12.5	8.5	68

表 3-1-37　白10岩心1-1多次驱替结果

测试次数	正向渗透率/mD	反向渗透率/mD
1	5.02	4.24
2	4.68	4.62
3	4.96	4.89
4	5.04	4.93
5	5.01	4.92

表 3-1-38　白10岩心3-1多次驱替结果

测试次数	正向渗透率/mD	反向渗透率/mD
1	18.3	12.8
2	16.5	14.6
3	17.8	15.7
4	18.0	17.8
5	18.0	18.0

表 3-1-39　白10岩心4-1多次驱替结果

测试次数	正向渗透率/mD	反向渗透率/mD
1	11.2	6.58
2	11.4	7.12
3	11.5	7.22

续表

测试次数	正向渗透率/mD	反向渗透率/mD
4	11.8	8.34
5	11.8	9.96

表 3-1-40　白 10 岩心 5-1 多次驱替结果

测试次数	正向渗透率/mD	反向渗透率/mD
1	4.92	2.55
2	5.01	2.46
3	5.55	2.68
4	5.78	2.72
5	6.19	2.56

由实验结果可知，WTS、YBS、MPA 均有储层保护效果，储层保护效果按照由高到低为 YBS、MPA、WTS，但单一处理剂效果不佳。岩心受污染后，再在污染侧进行气体驱替，岩心污染会继续加重；多次正反向驱替会部分恢复岩心孔吼通道，但不能全部解除污染。WTS 加入钻井液后，在多次吞吐的情况下可解除大多数封堵。封堵剂 YBS 封堵能力较强，并堵塞稳定；在多次吞吐的情况下反向渗透率逐渐升高，说明封堵层逐渐解封，但封堵效果仍较明显。MPA 封堵能力较强，但堵塞稳定效果一般；在多次吞吐的情况下反向渗透率变化不大，说明封堵解除的效果一般。

4. 储层保护配方优化

筛选出的储层保护剂单个样品的储层保护效果一般，主要原因为各个样品侧重点不同。YBS 为新研发的球状、块状、棒状、纤维状等结构复合的产品，强调架桥、堆积，致密性稍差；WTS 为硬果壳纤维和耐温树脂复合产品，对孔隙及微裂漏失堵漏速度快、效果好，能迅速形成具有一定强度的非渗透性屏蔽带，阻止液、固相侵入储层，填充效果好，但架桥效果稍有欠缺；MPA 为新研发的产品，具有可变形球形颗粒，粒径在 1～100μm 之间，有较好的变形封堵作用，但自身架桥、填充效果一般。因此，复配上述 3 种处理剂，可达到较好的架桥、填充、封堵效果。

根据钻井液固相粒径分布及岩心渗透率测试，优选出的储层保护配方为：

微泡钻井液 +1%~3% YBS +3%~5% WTS +0.1%~0.5% MPA，根据地层孔隙和裂缝等特点，采用合理组分可达到较好的储层保护效果。

微泡钻井液粒度分布如图 3-1-73 所示，配方钻井液粒度分布如图 3-1-74 所示，加入储层保护材料前后的渗透率见表 3-1-41。

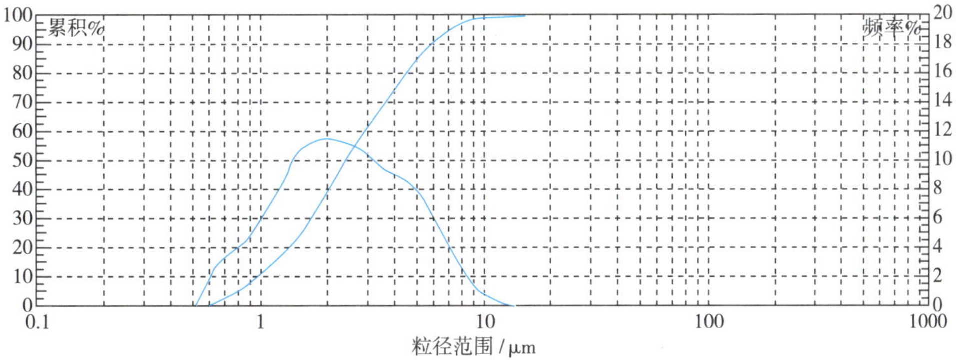

图 3-1-73 微泡钻井液粒度分布

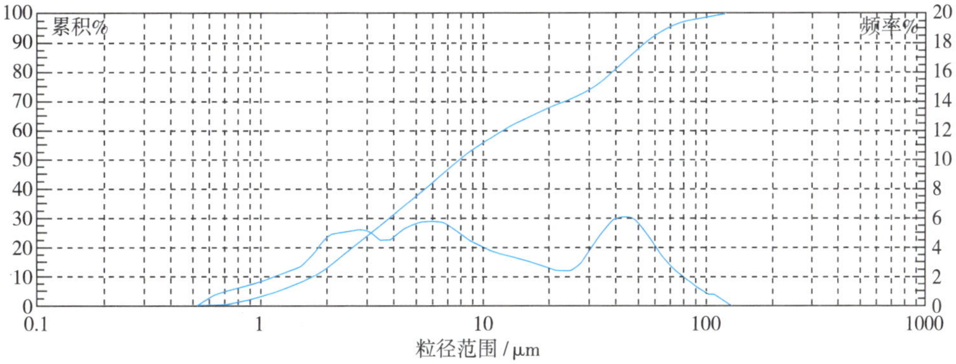

图 3-1-74 配方钻井液粒度分布

表 3-1-41 加入储层保护材料前后的渗透率

配方	岩心号	污染前渗透率/mD	污染后渗透率/mD	恢复值/%
微泡钻井液	卫217（4）	12.8	7.86	61.4
微泡钻井液 +2% YBS +4% WTS +0.2% MPA	卫217（6）	14.4	13.2	91.7

由粒径分布可知，原微泡钻井液固相分布较窄，集中在 1~10μm 之间，不利于井壁孔隙的封堵，配方钻井液固相分布较宽，且粒径累积曲线符合理想堆积理论，有较好的封堵效果。岩心测试表明，优选的配方钻井液污染岩心后，渗透率恢复值可达 90% 以上，具有优秀的储层保护效果。

2 第二节 固井工艺技术

由于储气库往复注采的复杂作业环境及条件，使储气库井固井比常规油气井固井要求更加严格，难度更大，因此，只有掌握了影响储气库井固井质量的主要因素以及固井难点，才能有针对性地提高储气库注采井的固井质量，提高储气库注采井的井筒长期密封完整性，以及提高整个储气库的安全运行周期。

一、固井特殊要求及技术难点

（一）储气库对固井的特殊要求

储气库运行设计周期长，注采井要求强注强采，且周期循环，包括井内管柱、井口装置和固井质量等在内的井筒质量必须能承受强注强采所产生的交变应力，尤其是储气库注采井对套管的强度要求、螺纹密封性能要求均有很高的指标。储气库在使用过程中，地层压力也会反复变化，因而对水泥石强度、致密性及水泥环与套管、井壁的胶结质量提出了更高的要求。在井的全部注采期内，不得出现气体的漏失、窜移，以免造成经济损失、影响井的使用期限及产生不安全因素。

储气库注采井与常规开发井存在很大的区别，主要区别见表3－2－1。

表3－2－1 储气库注采井与常规开发井主要区别

项目	储气库井	常规油气井
储层压力系数（建井期间）	季节调峰、应急供气	采油或采气
套管尺寸	以 Φ177.8mm 为主（部分为 Φ244.5mm 及 Φ139.7mm）	以 Φ139.7mm 及 Φ127mm 为主（部分为 Φ177.8mm 及小于 Φ127mm）
注采	每年至少1个注采周期	单采

续表

项目	储气库井	常规油气井
产量	普通气井产量的几倍乃至几十倍	根据油气藏特性限定产量
管柱及水泥环承受压力	周期性交变应力	单向排放压力
管柱及水泥环温度变化	地层及注入温度周期性变化	储层油气温度
寿命要求	30～50 年	受可采储量限制，年限要求较短
固井质量要求	全井段封固，质量要求高	无全井段封固要求，满足生产需要即可

基于储气库井与常规油气开发井存在很大的区别，所以对固井提出更加严格的要求。对比常规油气井固井质量方面的特殊要求主要有以下几点：

（1）为保证水泥环长久密封，每开次水泥浆返高至井口。

（2）盖层为每口井乃至整个储气库能够密封的关键所在，盖层固井质量要求比较高，按照 SY/T 6848 要求盖层满足固井质量连续优质段 25m。

（3）生产套管固井必须储层实现良好封固，避免水层、低压层等对储层的干扰，并能承受周期性注采带来的压力及温度交替变化，所以对产层套管固井也有较为严格的要求，要求在产层实现良好封固的基础上达到固井质量合格率大于等于 70%。

（4）为保证水泥环能承受周期性温度及压力交变作用的影响，要求盖层及产层水泥石具有较高的抗压强度、较高抗拉强度、较低的弹性模量、较低的渗透率等特性。

（5）为保证高压注采的顺利进行，管串试压根据储气库运行压力，试压值必须达到储气库注采井注采压力的 1～1.1 倍。

（二）储气库井固井技术难点

以文 23 储气库为例，文 23 气田经过多年开发，储层压力亏空，且多轮次压裂注水开发，井下储层压力系统紊乱，造成了固井防漏与防窜的巨大矛盾。文 23 储气库以文 23 盐层为主要盖层，保证巨厚盐层段的优质封也给固井施工带来巨大挑战，因此，文 23 储气库固井施工的技术难点主要有以下几点：

1. 枯竭型气藏地层压力系数低，固井漏失风险大

文 23 气田目的层为沙四段，地层压力系数最低只有 0.15。固井中易造成返高不够，固井水泥浆体系固井施工工艺等必须满足对低压储层保护要求，保证目的层固井质量。

2. **盐膏层发育，固井质量和套管强度要求高**

统计文23气田盐层分布情况，主要钻遇文23盐层，盐层厚度大对水泥石强度、致密性及水泥环与套管、井壁的胶结质量提出了更高的要求；盐层蠕变可能使套管产生变形，从而对套管强度要求高。

3. **储气库井强注强采，对生产套管的强度要求高**

储气库运行周期达30年以上，注采井强注强采，周期循环，生产套管的强度、耐腐蚀性和气密封性须能承受强注强采及抗腐蚀的影响。

4. **温度及压力长期耦合交变作用下水泥石力学性能要求高**

储气库注采井生命周期内温度、压力耦合交变作用下，水泥环容易受到应力破坏，产生微间隙，造成环空密封失效、气体上窜。

二、耐腐蚀抗交变应力气密封管柱结构设计

在储气库运行过程中，腐蚀问题不仅直接影响储气库的正常运行，而且可能带来巨大的经济损失和严重的社会后果。中原储气库群井运行压力为13～34.5MPa，每年进行1次注气采气，要求安全平稳运行周期30年以上。气源当中含有H_2、CO_2等气体，易腐蚀套管，同时强注强采引起交变应力易造成套管螺纹密封失效，因此，需优选耐腐蚀材质套管及气密封螺纹，保证井筒的完整性，为储气库的安全平稳运行提供保障。

1. **套管腐蚀环境**

东濮凹陷的油气田属于基本不含H_2S的非硫气田，会导致储气库井的套管产生腐蚀的主要原因是气源中的CO_2含量、地层中高含量的Cl^-、伴生产出水量及铁离子含量、低pH值及井中高温、高压和流体冲刷形成的强腐蚀环境。已有的研究已经证明，干燥的CO_2对金属材料没有腐蚀作用，但是CO_2溶于水中对金属材料尤其是钢铁材料有极强的腐蚀性。在相同pH值条件下，由于含CO_2水溶液总酸度高，对钢铁材料的腐蚀比较严重，将使气井套管的使用寿命大大降低，因此，通过腐蚀因素及腐蚀机理的分析，为套管选材及套管腐蚀预防提供理论依据。

影响套管腐蚀的因素很多，主要分为环境因素、材料因素、力学因素三大类。第一类是环境因素，包括 CO_2 分压、温度、矿化度、pH 值、Cl^- 等的含量、流速及流动状态等；第二类是材料因素，包括材料中合金元素 Cr、C、Ni、Si、Mo、Co 等的含量、热处理工艺及材料表面膜等；第三类是井筒管柱的受力状态，如应力腐蚀、腐蚀疲劳等。

中原储气库群周边输气管道中仅新疆煤制气输气组分含 H_2S，其含量小于 $6mg/m^3$，按最高上限压力 38.6MPa 计算，H_2S 分压为 0.00015MPa，因此，可以不考虑 H_2S 气体腐蚀，主要考虑 CO_2、H_2 和地层水对管柱的影响。中原储气库群注入的管道气主要有三种来源：一为已建的榆济线、安济线、中开线、济青线、济青二线以及正在规划的鄂安沧线、青宁线等管线外输的天然气；二为正在规划的新粤浙管道外输的新疆煤制气；三为天津 LNG 管道、山东 LNG 管道等液化天然气（LNG）气化后的外输天然气。由于中原储气库群周边的管道较多，以榆林－济南输气管道、新疆煤制气外输管道及山东液化天然气（LNG）项目输气管道的气源计算。选用腐蚀成分含量最高的新疆煤制气作为评价依据，新疆煤制气组分 CO_2 含量 0.33%～2.47%，H_2 含量 3%，气库压力上限 38.6MPa，CO_2 分压为 0.127～0.953MPa，H_2 分压为 1MPa。中原储气库地层水氯离子含量较高，一般大于 5.10×10^4mg/L。由于 CO_2 的存在，会产生点蚀、坑蚀等电化学腐蚀，而 H_2 的存在易造成套管氢脆、断裂等力学破坏。参照 API SPEC 6A 标准（表 3－2－2），中原储气库的腐蚀环境为中等－严重腐蚀等级。

表 3－2－2　API SPEC 6A 关于 CO_2 腐蚀的判断标准

流体	CO_2 分压/MPa	相对腐蚀性
一般流体	<0.05	无
	0.05～0.21	轻
	>0.21	中等－严重
酸性环境	0.05～0.21	轻
	>0.21	中等－严重

2. 耐腐蚀套管优选

基于套管腐蚀环境，考虑在套管材质中提高 Cr 元素的含量，以提高套管材质的耐 CO_2 腐蚀性，初选了 Cr 元素含量为 3%、13% 的 3Cr、13Cr 和超级 13Cr 套管材质，并同时选取国内不同套管厂商的套管，初选了 P110、BG110S 等 8 种备选套管材质，涵盖了普通碳钢、低合金钢、合金钢及不锈钢等钢种，见表3－2－3。

表3－2－3　备选套管材质

套管材质	套管牌号	属性
碳钢	P110	普通碳钢套管
	BG110S	抗硫低合金钢
3Cr	BG90S－3Cr	合金钢
	TP110－3Cr	合金钢
13Cr	BG13Cr110	不锈钢
	L80－13Cr	不锈钢
超级13Cr	BG13Cr110S	不锈钢
	TP110－HP13Cr	不锈钢

针对中原储气库实际工况，分析高矿化度、H_2、CO_2共存条件下对套管腐蚀速率的影响规律，为确定合理的耐腐蚀套管提供科学依据和指导，主要开展了套管腐蚀速率评价试验、套管慢应变速率拉伸试验，考察其耐腐蚀性能及抗氢脆性能。

（1）套管耐腐蚀评价试验

根据中原储气库井下环境，模拟井下环境开展电化学腐蚀试验和慢应变速率拉伸试验（SSRT）。

采用电化学充氢的方式，模拟氢侵入钢材，采用腐蚀称重法开展高温高压气液两相动态腐蚀试验，得到在不同温度、矿化度条件下的套管腐蚀基本规律。

电化学充氢腐蚀试验条件，见表3－2－4。

表3－2－4　电化学充氢腐蚀试验条件

材质	H_2/MPa	CO_2/MPa	总压（N_2）/MPa	温度/℃	氯离子含量/(mg/L)	流速/(m/s)	时间/d
BG90S－3Cr、BG13Cr110、BG110S、L80－13Cr、TP110－3Cr、P110	1	0.7	10	45/60/75/90/120	5×10^4/10×10^4/18×10^4	1	7×24

高温高压釜腐蚀试验设备，如图3－2－1所示。不同材质试验挂片如图3－2－2所示。

图 3-2-1 高温高压釜腐蚀试验设备

图 3-2-2 不同材质试验挂片

依据 NACE Standard RP0775-2005 标准，平均腐蚀速率小于 0.025mm/y 为轻微腐蚀，0.025~0.13mm/y 为中度腐蚀，0.13~0.25mm/y 为高度腐蚀，大于 0.25mm/y 为严重腐蚀。在以点蚀为主的环境下，腐蚀速率小于 0.13mm/y 为轻微腐蚀，0.13~0.21mm/y 为中度腐蚀，0.21~0.38mm/y 为高度腐蚀，大于 0.38mm/y 为严重腐蚀。套管腐蚀标准见表 3-2-5。

表 3-2-5 套管腐蚀标准

	平均腐蚀速率		最大点蚀率	
	mm/y	mpy	mm/y	mpy
轻微腐蚀	<0.025	<1.0	<0.13	<5.0
中度腐蚀	0.025~0.13	1.0~5.0	0.13~0.21	5.0~8.0
高度腐蚀	0.13~0.25	5.0~10	0.21~0.38	8.0~15
严重腐蚀	>0.25	>10	>0.38	>15

注：(1) mm/y 为毫米/年；(2) mpy 为密尔/年。

实验结果表明，在氯离子浓度为 5×10⁴mg/L 时，P110、BG110S、BG90S－3Cr、TP110－3Cr 等严重腐蚀，BG13Cr110、L80－13Cr 轻微腐蚀。

由图 3－2－3 可知，在 5×10⁴mg/L 氯离子浓度条件下，TP110 随温度的增加，腐蚀明显增加，60℃达到峰值，随后腐蚀随温度增加而逐步减小；BG110S 随温度的增加，腐蚀速率明显增大，达到 75℃时腐蚀速率出现峰值，达到 9.037mm/a，当温度达到 90℃以上时，腐蚀速率明显减小，说明该材质在 75℃时腐蚀最为严重；BG90S－3Cr 随温度的增加，腐蚀速率有所增加，但在 60℃到 120℃很平缓，说明超过 60℃，BG90S－3Cr 对环境温度不敏感；TP110－3Cr 随温度增加腐蚀有所

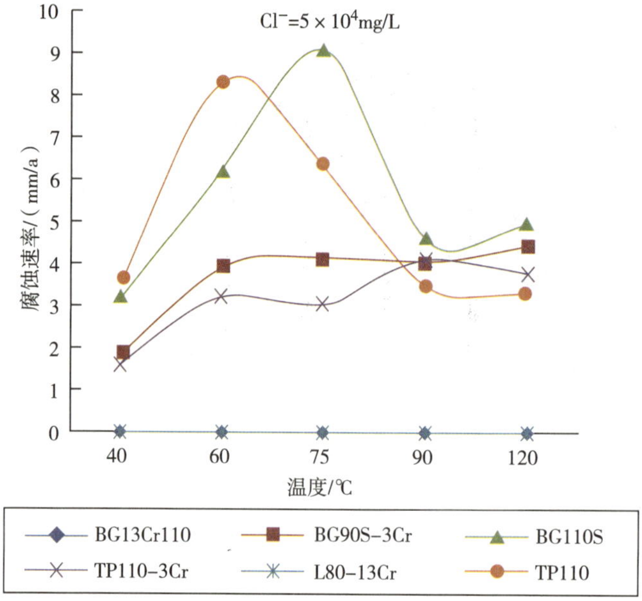

图 3－2－3　5×10⁴mg/L 氯离子浓度条件下的腐蚀速率

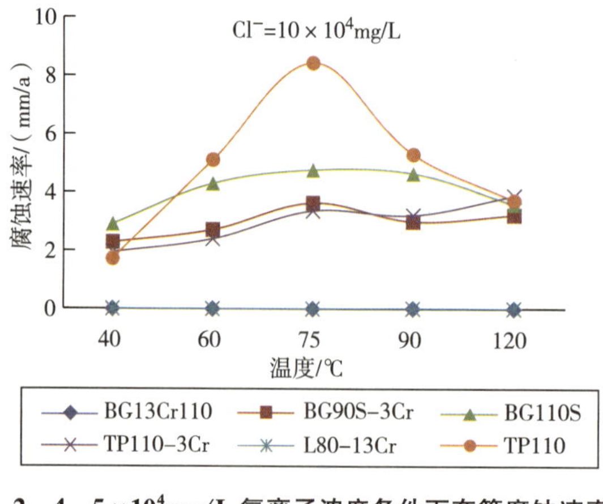

图 3－2－4　5×10⁴mg/L 氯离子浓度条件下套管腐蚀速率曲线

增加，当温度达到90℃时，腐蚀又略有增加；BG13Cr110S、L80－13Cr腐蚀速率极低，基本不发生腐蚀。

由3－2－4可图知，在10×10^4mg/L氯离子浓度条件下，TP110随温度的增加，腐蚀明显增加，在75℃时达到峰值，随后腐蚀随温度增加而逐步减小；BG110S随温度的增加，腐蚀速率缓慢增大，达到75℃时腐蚀速率缓慢减小；BG90S－3Cr、TP110－3Cr随温度的增加，腐蚀速率均缓慢增加，达到75℃时腐蚀速率缓慢减小；BG13Cr110S、L80－13Cr腐蚀速率极低，基本不发生腐蚀。

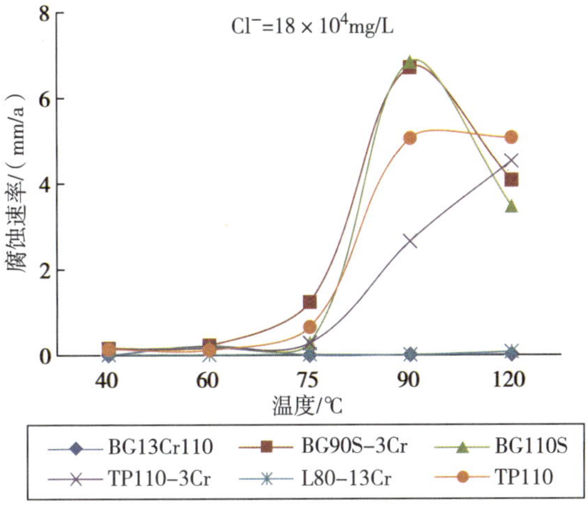

图3－2－5　18×10^4mg/L氯离子浓度条件下套管腐蚀速率曲线

由图3－2－5可知，在18×10^4mg/L氯离子浓度条件下，全部材质在60℃以下腐蚀相对较低，当温度达到75℃时，BG90S－3Cr、BG110S、TP110腐蚀急剧增加，在90℃时均达到峰值，随后腐蚀随温度增加而减小；TP110－3Cr达到75℃时腐蚀速率显著增大，120℃时腐蚀速率达到最大；BG13Cr110S、L80－13Cr基本不发生腐蚀。

（2）套管慢拉伸试验

慢应变速率拉伸试验通过对比材料在氢气与惰性气体环境中力学性能的差异，确定材料的氢脆敏感性，其氢脆指标为相对断面收缩率（氢气/惰性气体）、相对延伸率等。材料的氢脆敏感性一般随着应变速率的降低而增加，因而慢应变速率（$\leqslant1\times10^{-4}$/s）条件下的拉伸有利于体现出金属材料本身的氢脆敏感性。材料的氢脆敏感性程度可按照美国NASA氢系统安全标准（NSS 1740.16）中的方法将其分类为：极端氢脆、严重氢脆、轻微氢脆和无氢脆，如图3－2－6所示。

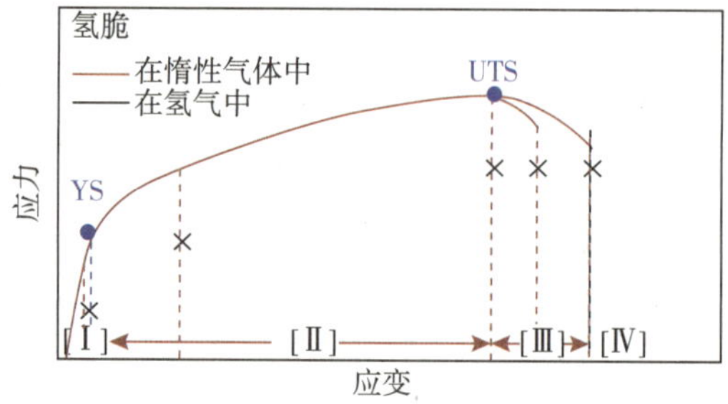

图3-2-6　氢环境中金属材料的4种典型应力应变曲线

根据慢应变速率拉伸试验结果，确定材料的氢脆敏感性程度，初步确定候选材料在含氢工况条件下是否具备良好的耐氢脆性能。慢应变速率拉伸试验可以实现对材料耐氢脆性能的定性评价和对材料的初步筛选。

按照标准 NACE TM0198，设计加工了相同规格慢拉伸试样，如图3-2-7所示。

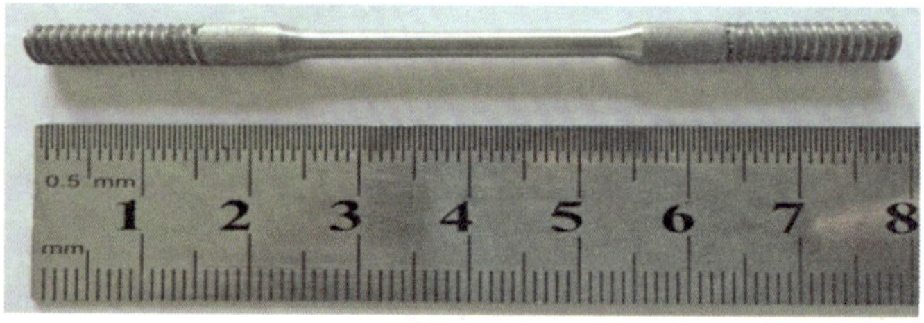

图3-2-7　慢拉伸试样加工实物

慢拉伸速率试验主要考察材料的抗氢脆性能。试验模拟 H_2 分压1MPa、CO_2 分压0.7MPa，采用 3.5×10^{-4}mm/s 的拉伸速率（应变速率 1.37×10^{-5}/s）。试件拉伸后如图3-2-8所示。

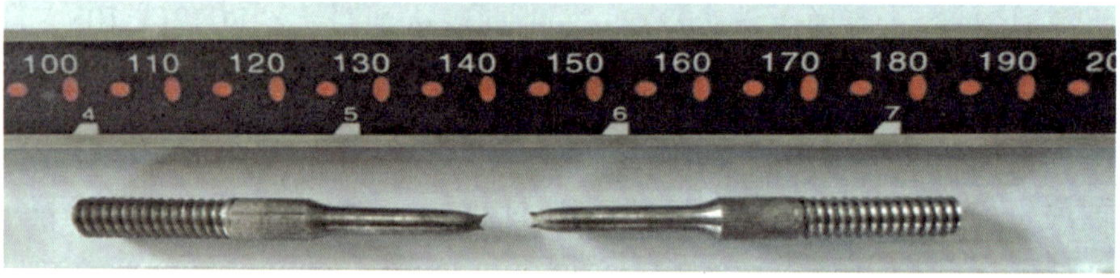

图3-2-8　L80-13Cr 慢拉伸试验后

考察了L80-13Cr 60℃/120℃空气及 H_2/CO_2 共存条件下材质性能，如图3-2-9所示。从断面上分析，BG110SS、BG13Cr110S 等在60℃、120℃的 H_2/CO_2 共存环境下断口未出现脆性区和二次裂纹，说明材质受 H_2 的影响轻微。

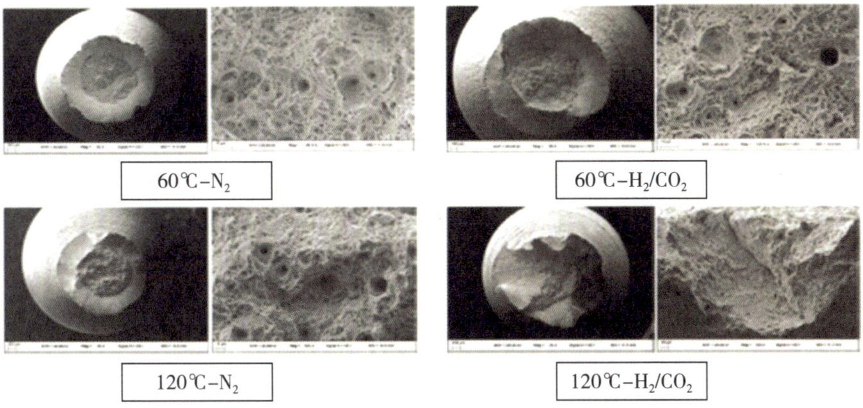

图 3－2－9　L80－13Cr 60℃/120℃空气及 H_2/CO_2 共存条件下材质试件断面

从以上试验结果可以看出，P110－3Cr 材质的延伸率损失大于 L80－13Cr、P110－HP13Cr 材质，说明 P110－3Cr 材质的氢脆敏感性更强（图 3－2－10～图 3－2－12）。分析原因为，在材料的抗氢脆性能方面，由于 Cr 元素的电极电位高于碳钢，不容易使 H_2 变成 H 原子，而更容易使 H 原子变成 H_2 分子，Cr 含量的增加会使 H 原子的量减少，进入材料的 H 原子同样会减少，试验结果表现为 L80－13Cr、P110－HP13Cr 材质的抗氢脆性能优于 P110－3Cr 材质。

考察了 60℃、120℃的不同套管材质的延伸率、延伸率损失量、断面收缩率及断面收缩率损失量等性能指标，按照延伸率损失量、断面收缩率损失量 ≤20% 的国际套管材质检测标准，碳钢在 60℃条件下，在空气、H_2/CO_2 条件下的延伸率不符合标准要求，其他材质均符合标准要求（表 3－2－6）。

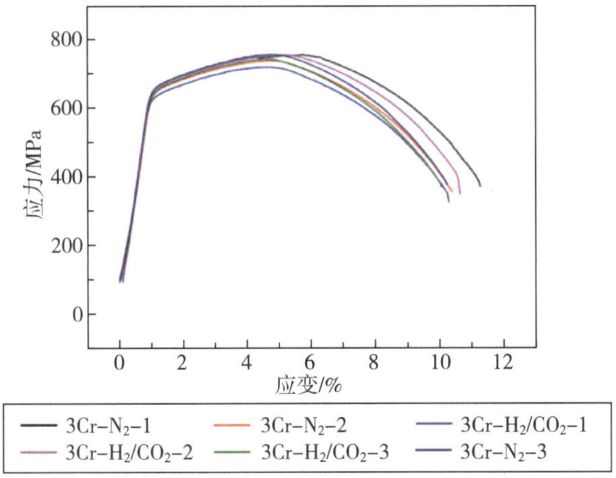

图 3－2－10　P110－3Cr 慢拉伸试验曲线

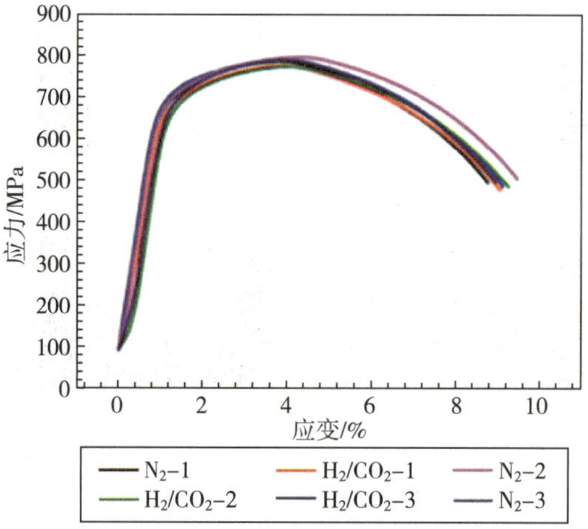

图 3-2-11　L80-13Cr 慢拉伸试验曲线

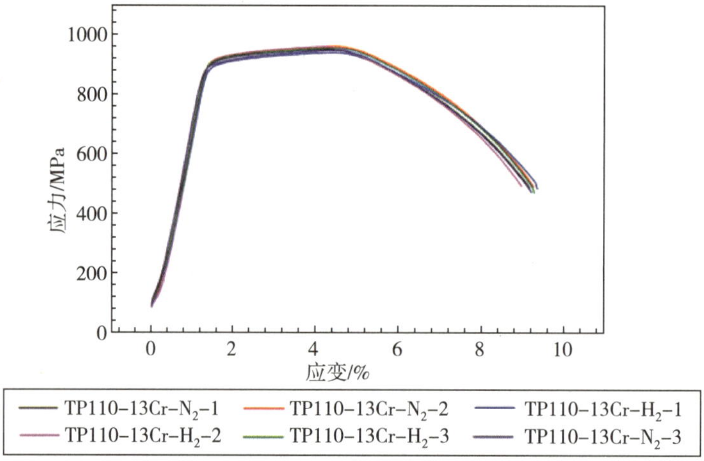

图 3-2-12　P110-HP13Cr 慢拉伸试验曲线

表 3-2-6　套管材质慢拉伸性能测试

材质	温度/℃	环境	延伸率/%	延伸率损失量/%	断面收缩率/%	断面收缩率损失量/%
碳钢	60	N_2	15.1746	20.8	67.88	13.2
		H_2/CO_2	12.0155		58.94	
	120	N_2	14.899	18	71.17	12.3
		H_2/CO_2	12.2216		62.43	
3Cr	60	N_2	14.2156	17.5	67.30	6.4
		H_2/CO_2	11.7338		62.99	
	120	N_2	14.3015	18.7	60.67	2.7
		H_2/CO_2	11.6324		59.03	

续表

材质	温度/℃	环境	延伸率/%	延伸率损失量/%	断面收缩率/%	断面收缩率损失量/%
13Cr	60	N_2	13.2270	6.9	75.01	6
		H_2/CO_2	12.3165		70.51	
	120	N_2	12.2866	3.1	73.44	3.4
		H_2/CO_2	11.9087		70.94	
超级 13Cr	60	N_2	15.1078	4.8	69.93	1.6
		H_2/CO_2	14.3820		73.44	
	120	N_2	13.3371	6.9	70.94	10.8
		H_2/CO_2	12.4182		69.93	

综合以上研究分析，普通碳钢及 3Cr 管材耐腐蚀能力较弱，13Cr 及超级 13Cr 管材耐 CO_2腐蚀能力强；在抗氢脆性能方面，13Cr 抗氢脆能力较弱，超级 13Cr 抗氢脆能力强。因此，在含氢气环境下首选超级 13Cr 套管材质；若气源中氢气含量较低，推荐采用 13Cr 套管材质。综合考虑建库成本、套管性能及经济性，悬挂器以上管材推荐使用 P110 套管，悬挂器以下管材使用超级 13Cr 或 13Cr 套管。

3. 套管气密封螺纹评价与选用

螺纹及螺纹连接是套管柱质量和强度的重要部分，套管螺纹的设计决定了其气密封能力。根据储气库工况对井筒完整性的要求，优选套管气密封螺纹。

（1）工况要求

储气库生产套管需要承受 30 年以上注采交变，对套管螺纹气密封性能要求较高，在气密封螺纹的选择上需要满足以下要求：

①密封性能：在轴向拉伸、内压和温度热循环的载荷条件，不发生泄漏。

②连接强度：具有不低于管体屈服强度的接头连接强度。

③其它性能：接头具有良好的抗黏扣性能。

（2）气密封螺纹选用

针对中原储气库实际工况要求，结合目前市场常用套管气密封螺纹，选用结构密封可靠的气密封螺纹。

API 偏梯形螺纹接头具有高的连接强度，特殊螺纹接头的牙型大多仍采用 API 偏梯形螺纹，为消除接头拧紧后堆积在接头内的螺纹密封脂，对母螺纹作了改进，确定合理的螺纹的过盈量，保证接头在交变应力及腐蚀环境中安全可靠。

当密封面有间隙时，无论密封面接触压力多高，气体都会通过间隙泄漏出去。特殊螺纹连接主要设计为高气密性的接头，要求密封面接触压力要高，接触面要宽，采用了宽接触面积的锥形密封面，并选择了合理的密封过盈量。合理的密封过盈量保证了接头反复上卸时，密封面不发生黏扣；同时设计成负角度的扭矩台肩，由于楔形作用，增加了接头的密封能力。

目前市场常用套管气密封螺纹主要为 TP－G2、BGT2 等第二代套管气密封螺纹，特点如下：

①气密封螺纹结构形式

气密封螺纹均采用锥面－锥面金属密封（图 3－2－13），且为负角度扭矩台肩的“楔形效果”，加强密封能力。

②管体强度

管体设计抗弯曲能力达 40°/100m，压缩效率 100%，接头可承受的内压与管体相当，能够有效减少应力集中，保证在一定弯曲条件下与管体保持一致的强度和内压，提高套管使用寿命。

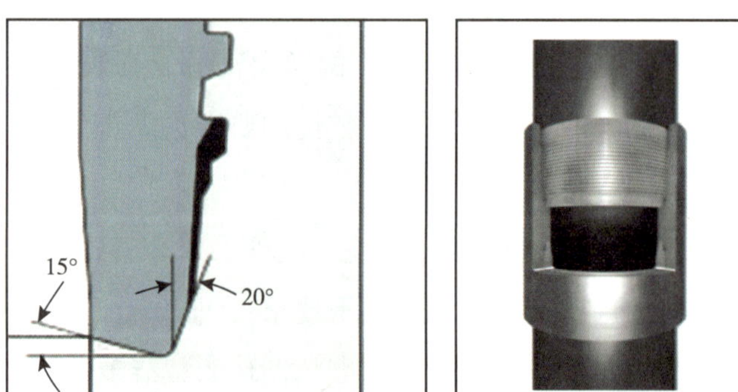

图 3－2－13　TP－G2 气密封螺纹结构示意图

TP－G2、BGT2 气密封螺纹结构参数如表 3－2－7、表 3－2－8 所示。

（3）气密封螺纹评价

在气密封螺纹研究的基础上，考察 TP－G2、BGT2 两种套管气密封螺纹是否能够满足储气库实际工况，对气密封螺纹开展了适用性评价，确保套管气密封及井筒完整性。

表 3－2－7　TP－G2 结构参数表

螺纹参数	密封面参数
导向面角：10°	锥度：30%
承载面角：－4°	扭矩台肩角：－20°
锥度：1∶16	

表 3－2－8　BGT2 结构参数表

螺纹参数	密封面参数
导向面角：25°	锥度：75%
承载面角：－5.71°	扭矩台肩角：－15°
锥度：1∶16	

①气密封螺纹评价方案制定

适用性评价主要包括上卸扣试验、多周次气密封循环加载试验、拉伸/压缩循环加载试验。试验流程如图 3－2－14 所示。

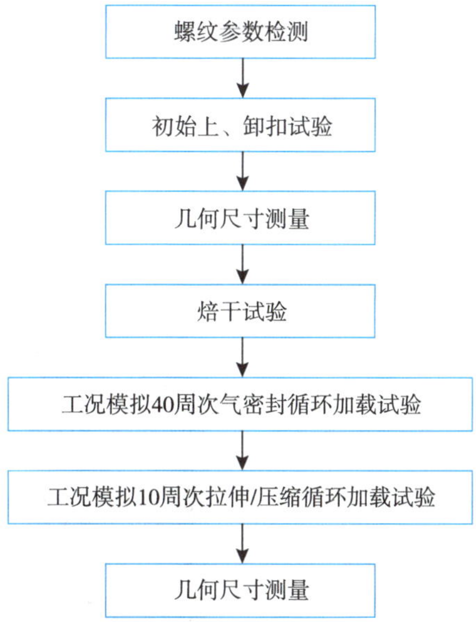

图 3－2－14　螺纹试验流程

根据试验目的，试验项目确定为：螺纹参数检测，几何尺寸测量，上、卸扣试验，工况模拟多周次气密封循环加载试验和工况模拟拉伸/压缩循环加载试验。螺纹试验方案见图 3－2－15。

②套管气密封螺纹适用性评价

实验表明，所有试样上扣均达到控制要求，试样按扭矩控制进行 3 次上扣、

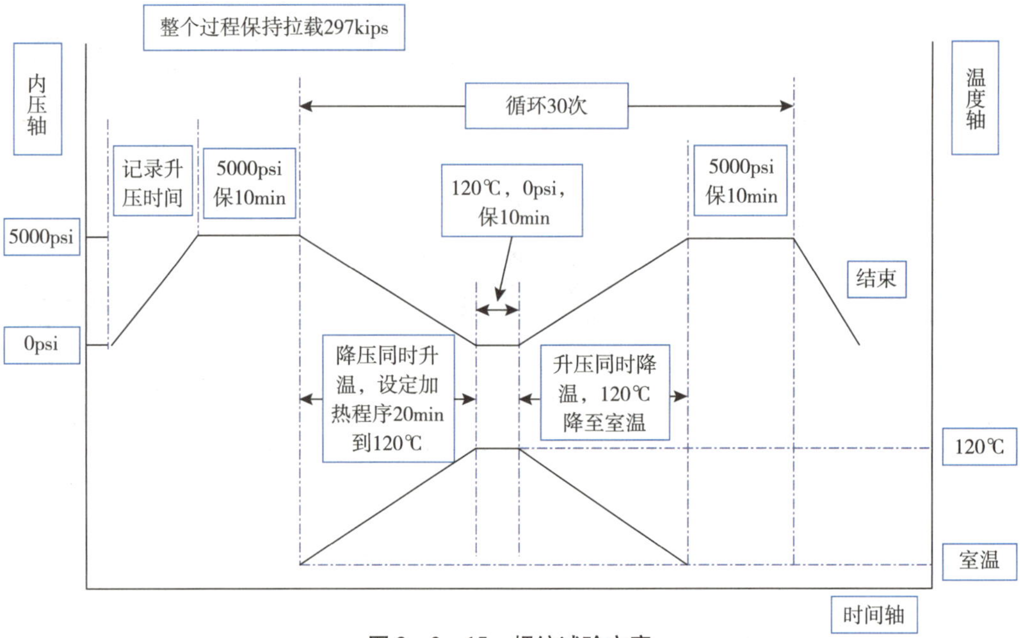

图 3-2-15　螺纹试验方案

2 次卸扣，卸扣后未出现黏扣现象（图 3-2-16、图 3-2-17）；工况模拟多周次气密封循环加载试验，试验过程中未发生结构失效和泄漏；模拟拉伸/压缩循环加载试验过程中未发生结构失效和泄漏。通过与试验前的套管螺纹参数测量结果对比，2 种套管螺纹在试验后的各项参数均符合技术标准要求。

试验外螺纹和内螺纹参数检测结果见表 3-2-9～表 3-2-12。

图 3-2-16　套管螺纹三上两卸测试

图 3-2-17　套管内外螺纹一二次卸扣形貌

表 3－2－9　BGT2 试样外螺纹参数检测结果（试验后）

试样编号	锥度/（mm/m）	螺距偏差/（mm/25.4mm）	螺纹牙型高度偏差/mm	螺纹中径偏差/mm	密封直径偏差/mm
2016005－1ZA	62.0	－0.010	0	－0.033	－0.023
技术标准要求	60.6～63.8	±0.051	±0.025	±0.050	±0.050

表 3－2－10　BGT2 试样内螺纹参数检测结果（试验后）

试样编号	锥度/（mm/m）	螺距偏差/（mm/25.4mm）	螺纹牙型高度偏差/mm	螺纹中径偏差/mm	密封直径偏差/mm
2016005－1ZA	63.0	－0.010	－0.02	0.005	－0.020
2016005－1ZB	63.0	0	－0.02	－0.020	－0.020
技术标准要求	60.6～63.8	±0.051	±0.025	±0.050	±0.050

表 3－2－11　TP－G2 试样外螺纹参数检测结果（试验后）

试样编号	锥度/（mm/m）	螺距偏差/（mm/25.4mm）	螺纹牙型高度偏差/mm	螺纹中径偏差/mm	密封直径偏差/mm
2016006－1ZA	62.0	－0.013	0	－0.019	0.003
技术标准要求	60.0～67.0	±0.051	±0.025	±0.100	±0.080

表 3－2－12　TP－G2 试样内螺纹参数检测结果（试验后）

试样编号	锥度/（mm/m）	螺距偏差/（mm/25.4mm）	螺纹牙型高度偏差/mm	螺纹中径偏差/mm	密封直径偏差/mm
2016006－1ZA	62.0	0.013	0	0.019	0.005
2016006－1ZB	61.0	0.013	0	－0.019	0
技术标准要求	60.0～67.0	±0.051	±0.025	±0.080	±0.070

在最大拉伸载荷 1323kN（297kips），最高套管内压 38.5MPa（5583psi），最高温度 120℃条件下，进行了 40 周次气密封循环加载试验和 40 周次模拟拉伸/压缩循环加载试验，模拟井筒注采 40 次产生的交变应力对套管密封的影响，试验过程中未发生结构失效和泄漏；循环加载次数，满足储气库气密封工况要求。气密封循环加载试验和模拟拉伸/压缩循环加载试验结果见图 3－2－18～图 3－2－21。

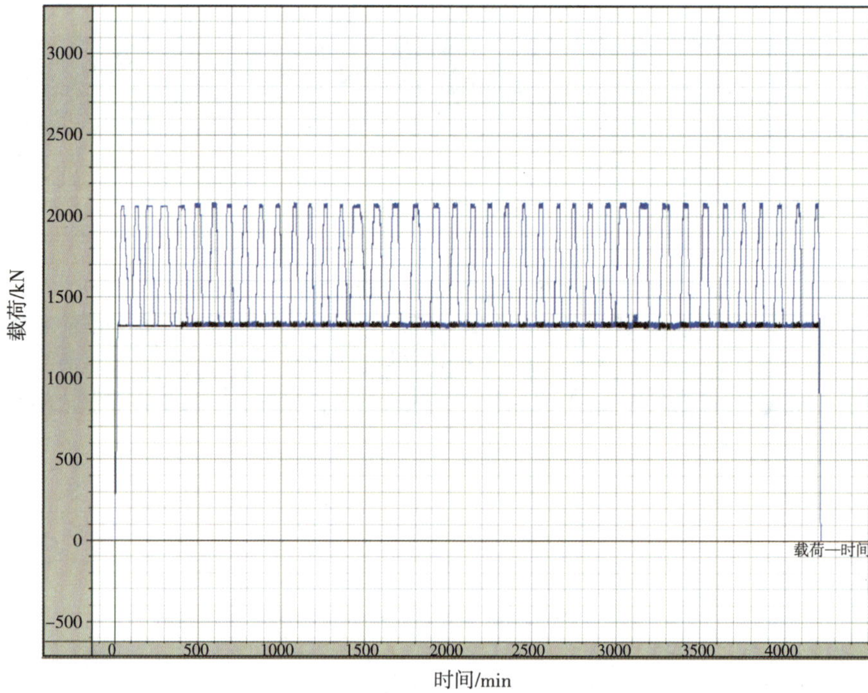

图 3-2-18　气密封循环加载试验载荷-时间曲线

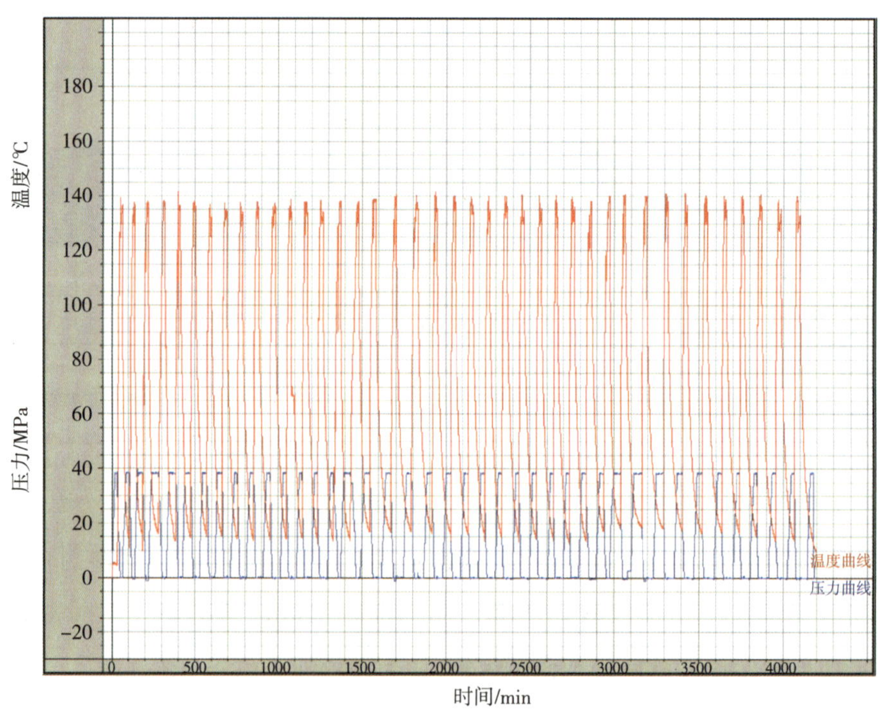

图 3-2-19　气密封循环加载试验压力/温度-时间曲线

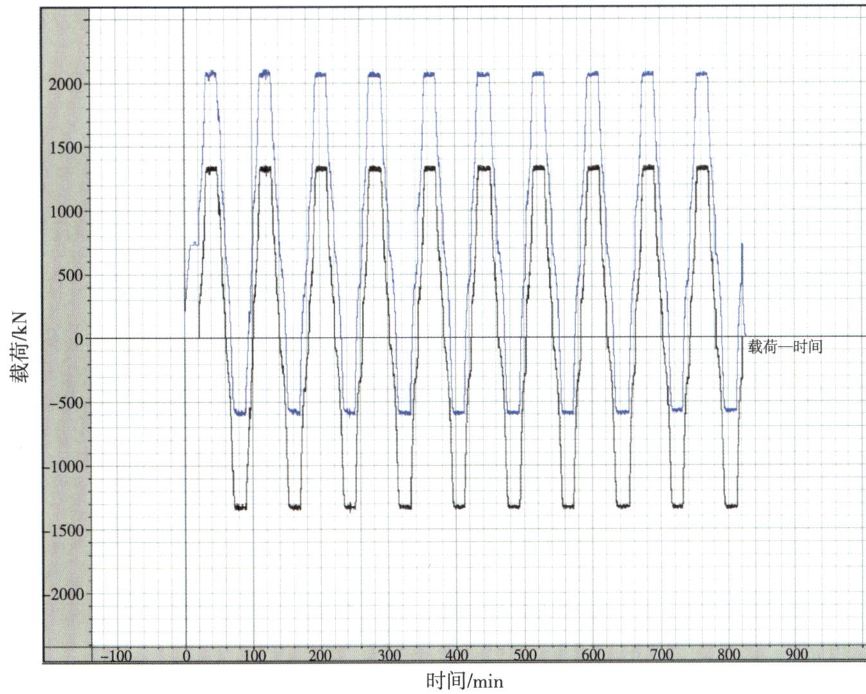

图 3－2－20　模拟拉伸/压缩循环加载试验载荷－时间曲线

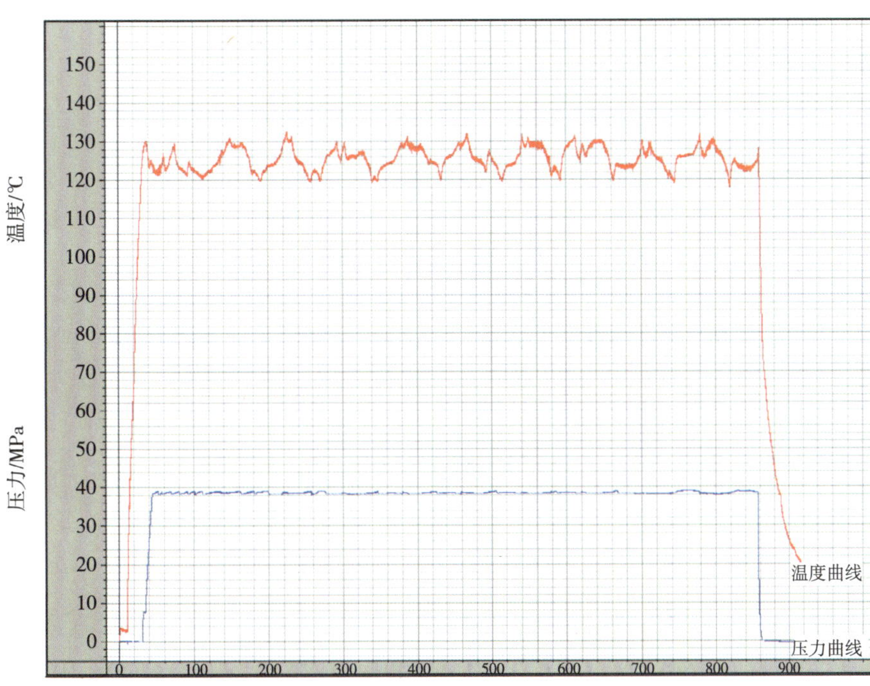

图 3－2－21　模拟拉伸/压缩循环加载试验压力/温度－时间曲线

综上所述，BGT2 和 TP－G2 套管气密封螺纹模拟多周次气密封循环加载试验和模拟拉伸/压缩循环加载试验均未发生泄漏，套管气密封螺纹各项性能指标达到检测标准，满足储气库套管气密封工况要求。

4. 循环强注强采套管疲劳风险分析

套管柱结构强度的计算主要依据 GB/T 20657（ISO 10400/TR－2007）《石油天然气工业套管、油管、钻杆和用作套管或油管的管线管性能公式及计算》，因特殊螺纹接头参数为厂家控制，且特殊螺纹接头的抗拉强度、抗内压强度、抗挤强度一般与管体等效，因此，下面主要把管体强度计算公式叙述如下。

抗拉强度

$$T_o = f_{ymn}\left[\pi\left[(D^2 - d^2)/4\right]\right] \tag{3-27}$$

抗内压强度

$$p_{io} = 0.875\left[2f_{ymn}/(D/t)\right] \tag{3-28}$$

抗挤强度

当 $D/t \leqslant (D/t)_{yp}$，为屈服挤毁：

$$p_{yp} = 2f_{ymn}\left[D/t - 1\right]/\left[(D/t)^2\right] \tag{3-29}$$

当 $(D/t)_{yp} < D/t < (D/t)_{pt}$，为塑性挤毁：

$$p_p = f_{ymn}\left[A_c/(D/t) - B_c\right] - C_c \tag{3-30}$$

当 $(D/t)_{pt} < D/t < (D/t)_{te}$，为过渡挤毁：

$$p_T = f_{ymn}\left[F_c/(D/t) - G_c\right] \tag{3-31}$$

当 $D/t \geqslant (D/t)_{te}$，为弹性挤毁：

$$p_E = 46.95 \times 10^6/\left[(D/t)/(D/t - 1)^2\right] \times 0.00689476 \tag{3-32}$$

其中，

$$(D/t)_{yp} = \frac{\sqrt{(A_c - 2)^2 + 8(B_c + C_c/f_{ymn})} + (A_c - 2)}{2(B_c + C_c/f_{ymn})} \tag{3-33}$$

$$(D/t)_{pt} = \left[f_{ymn}(A_c - F_c)\right]/\left[C_c + f_{ymn}(B_c - G_c)\right] \tag{3-34}$$

$$(D/t)_{te} = \left[2 + B_c/A_c\right]/\left[3(B_c/A_c)\right] \tag{3-35}$$

$$A_c = 2.8762 + 0.15489 \times 10^{-3} f_{ymn} + 0.44809 \times 10^{-6} f_{ymn}{}^2 - 0.16211 \times 10^{-9} f_{ymn}{}^3 \tag{3-36}$$

$$B_c = 0.026233 + 0.73402 \times 10^{-4} f_{ymn} \tag{3-37}$$

$$C_c = -3.2125 + 0.030867 f_{ymn} - 0.15204 \times 10^{-5} f_{ymn}{}^2 + 0.77810 \times 10^{-9} f_{ymn}{}^3 \tag{3-38}$$

$$F_c = 3.237 \times 10^5 [(3B_c/A_c)/(2 + B_c/A_c)]^3 / \{f_{ymn}[(3B_c/A_c)/(2 + B_c/A_c) - B_c/A_c][1 - (3B_c/A_c)/(2 + B_c/A_c)]^2\} \tag{3-39}$$

$$G_c = F_c B_c / A_c \tag{3-40}$$

4）轴向应力下等效屈服强度

$$f_{yax} = \{[1 - 0.75(\sigma_a/f_{ymn})^2]^{1/2} - 0.5\sigma_a/f_{ymn}\} f_{ymn} \tag{3-41}$$

在有轴向应力时，应使用等效屈服强度f_{yax}替代最小屈服强度f_{ymn}，利用以上公式（3－27）～公式（3－39），重新计算管体抗拉强度、抗内压强度、抗挤强度。

以上各式中，T_o为管体抗拉强度，N；f_{ymn}为管体材料最小屈服强度，MPa；D为管体外径，mm；d为管体内径，$d = D - 2t$，mm；p_{io}为管体抗内压强度，MPa；t为管体壁厚，mm；p_{yp}为管体屈服挤毁强度，MPa；p_p为管体塑性挤毁强度，MPa；p_T为管体过渡挤毁强度，MPa；p_E为管体弹性挤毁强度，MPa；A_c、B_c、C_c、F_c、G_c为API挤毁公式历史经验常数；f_{yax}为有轴向应力时的等效屈服强度，MPa；σ_a为管体轴向应力，MPa。

（1）管材循环载荷作用下疲劳破坏情况

按照表3－2－13试验方案，依据图3－2－22载荷加载路径，对P110 Cr13S棒状试样在100℃下分别进行5周次、10周次、20周次、30周次拉压交变载荷下强度循环试验，如图3－2－22～图3－2－26所示的5周次、10周次、20周次、30周次拉压交变循环载荷过程，循环后进行拉断试验（图3－2－27～图3－2－30）。

表3－2－13　高温拉压试验要求

温度	交变次数	试验要求
100℃	5	①保持加载温度，波动±3℃；②施加85%屈服强度的拉伸载荷（保载4h以上，观察应变变化），卸载，反向施加压缩载荷60%屈服强度（若失稳，降低压缩载荷试验）（同样保载4h以上，观察应变变化），如此反复相应交变次数后，最后拉伸至断裂；③全程记录应力－应变－时间三者关系曲线，获取最后的屈服强度、抗拉强度、伸长率等值。
	10	
	20	
	30	

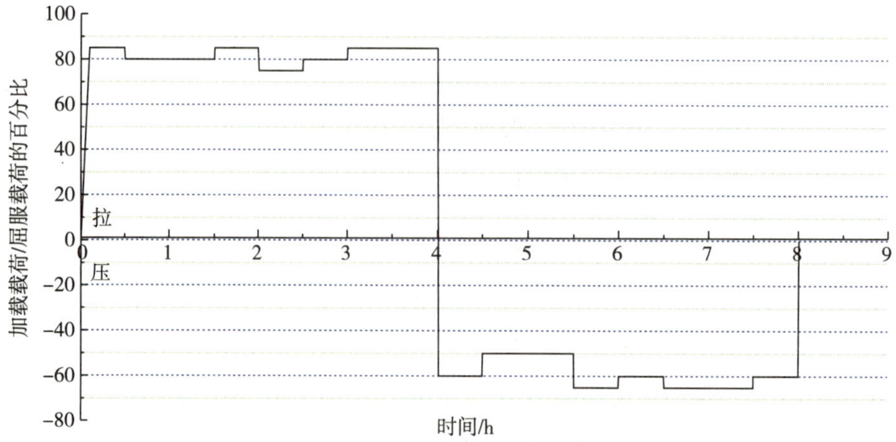

图 3－2－22　载荷随时间加载路径

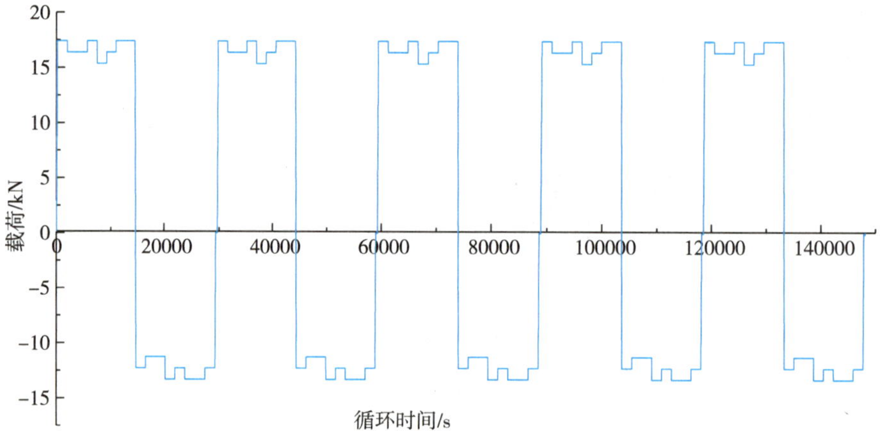

图 3－2－23　5 周次拉压交变循环数据

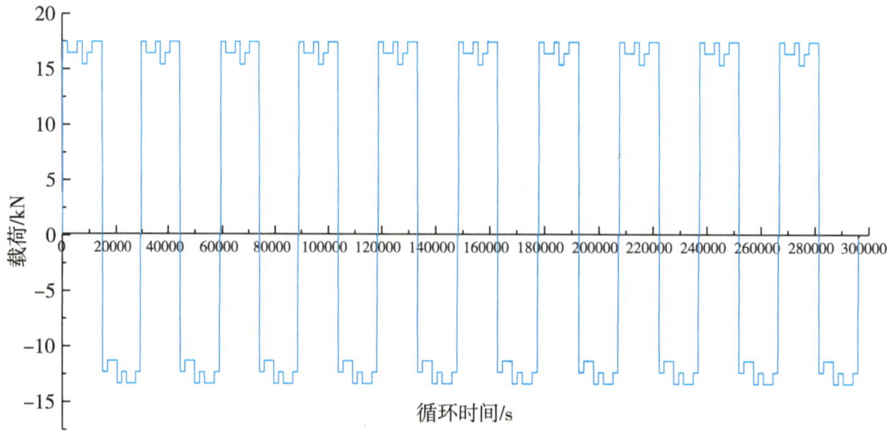

图 3－2－24　10 周次拉压交变循环数据

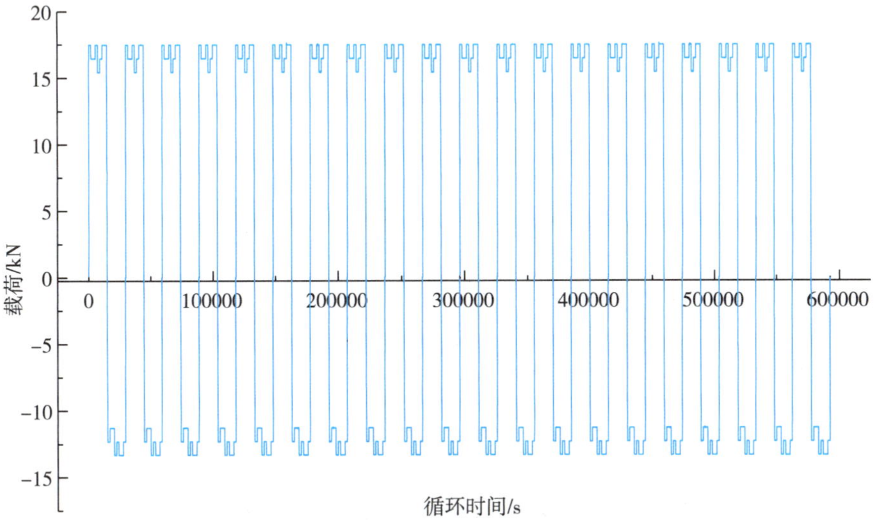

图 3-2-25　20 周次拉压交变循环数据

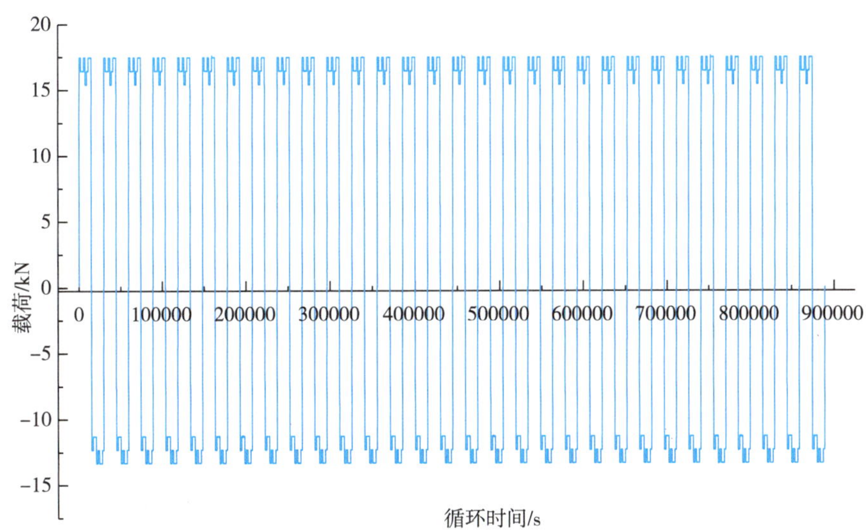

图 3-2-26　30 周次拉压交变循环数据

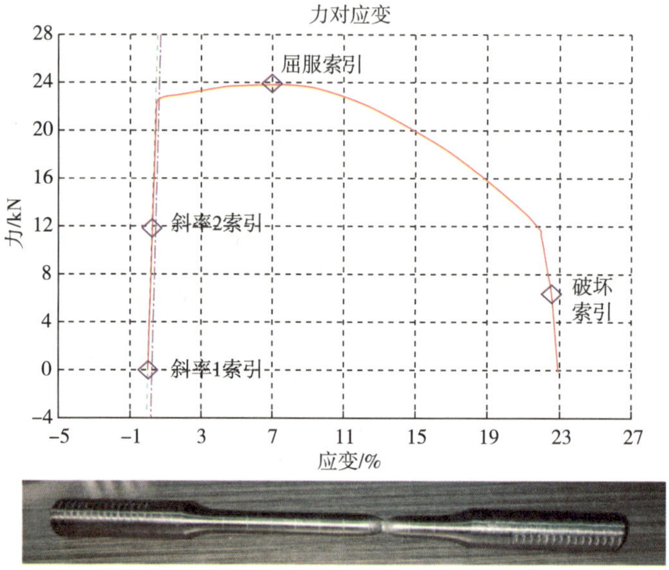

图 3－2－27　5 周次拉压交变循环后拉断曲线与试样断裂形貌

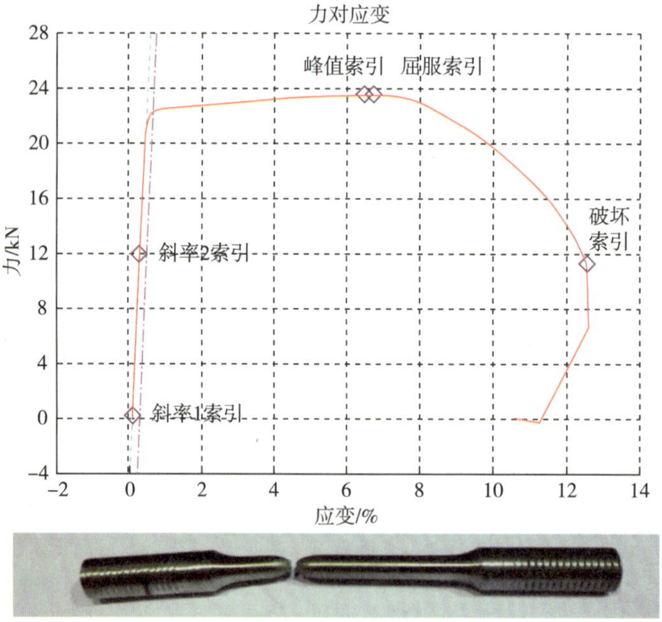

图 3－2－28　10 周次拉压交变循环后拉断曲线与试样断裂形貌

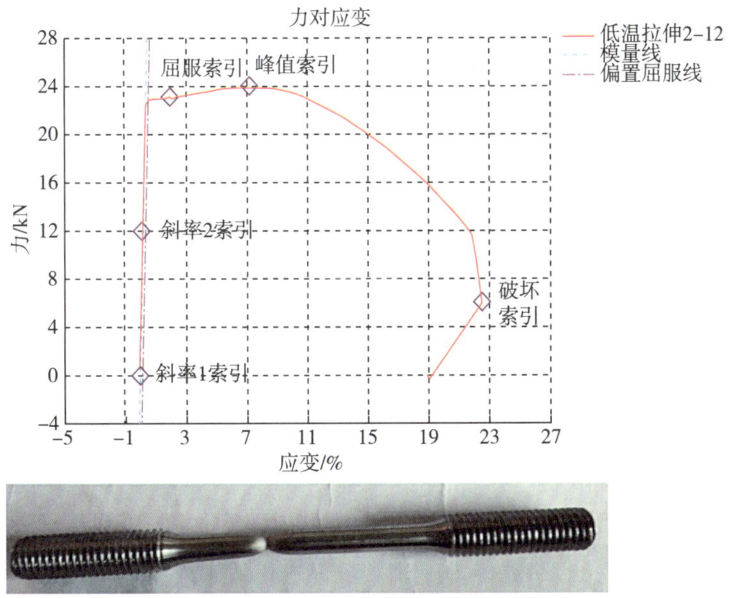

图 3-2-29　20 周次拉压交变循环后拉断曲线与试样断裂形貌

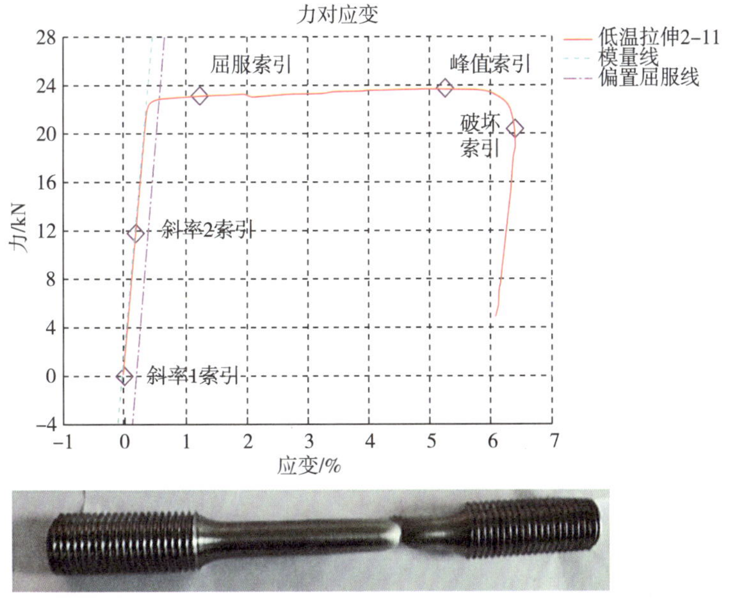

图 3-2-30　30 周次拉压交变循环后拉断曲线与试样断裂形貌

（2）管柱强度变化规律

同比材料实际屈服强度的下降，按照标准屈服强度降低比率计算其管柱承载能力。即与标准屈服强度相比，5 周次后屈服强度降低 1.2%，10 周次后屈服强度降低 5.5%，20 周次后屈服强度降低 6.2%，30 周次后屈服强度降低 9.2%。

据此计算 Φ177.8mm×10.36mm P110/P110 Cr13S BGT2 生产套管柱在生产运行过程中实际服役性能变化趋势，结果见表 3-2-14、图 3-2-31，可知在储气库注采运行过程中，生产套管柱的抗拉强度、抗内压强度和抗挤强度均呈下降趋势。

与标准值相比，5 周次后抗拉强度降低 1.19%、抗内压强度降低 1.32%、抗挤强度降低 0.78%；10 周次后抗拉强度降低 5.47%、抗内压强度降低 5.61%、抗挤强度降低 3.23%；20 周次后抗拉强度降低 6.17%、抗内压强度降低 6.31%、抗挤强度降低 3.81%；30 周次后抗拉强度降低 9.20%、抗内压强度降低 9.30%、抗挤强度降低 5.46%。

表 3-2-14 不同生产时期 Φ177.8×10.36mm P110/P110 Cr13S BGT2 套管剩余服役性能

类型	抗拉强度/kN	抗内压强度/MPa	抗挤强度/MPa
标准值	4130	77.38	58.83
5 周次	4081	76.36	58.37
10 周次	3904	73.04	56.93
20 周次	3875	72.50	56.59
30 周次	3750	70.18	55.62

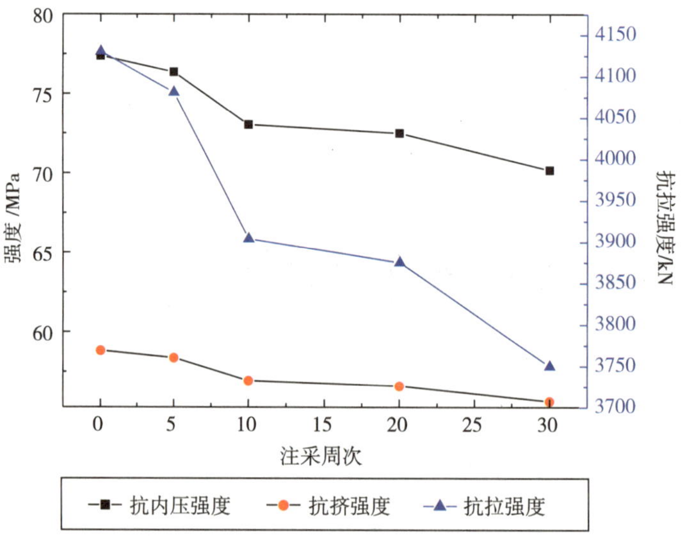

图 3-2-31 不同生产时期套管服役性能变化趋势

若按屈服强度最大下降10%，发现注采运行压力（工作区）仍在90% VME应力椭圆内（图3－2－32），但试验区的最大压缩载荷和运行压力点已经超出90% VME应力椭圆，因此，在正常注采作业工况下，管柱仍有足够的承载能力，但是在后期修井或增产作业中若要提高运行压力，需要按照管柱剩余强度进行重新计算。

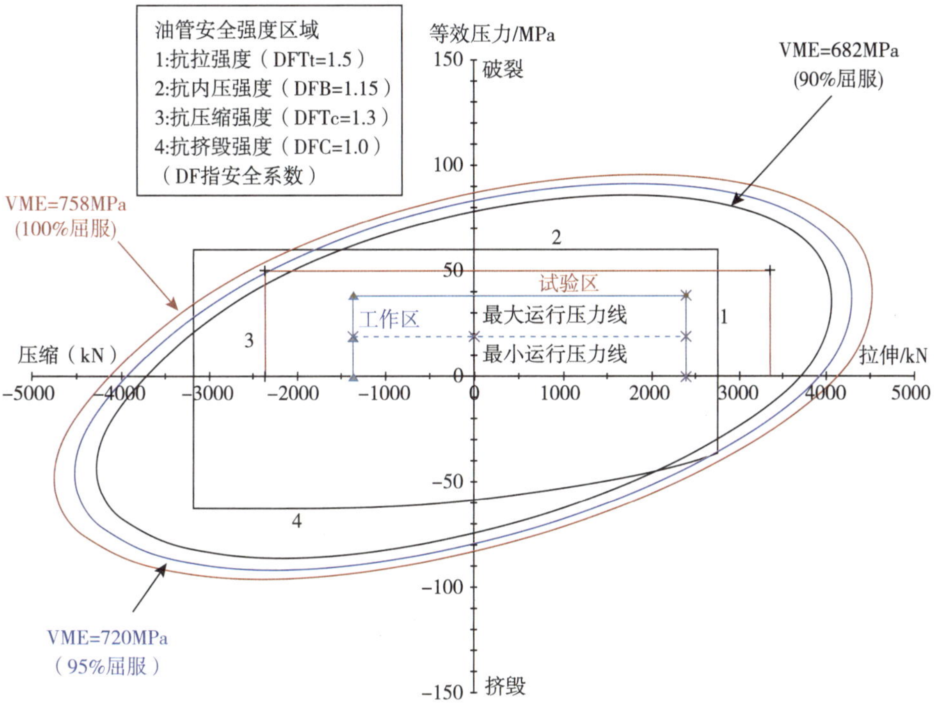

图3－2－32　Φ177.8×10.36mm P110/ P110 Cr13S BGT2管柱后期安全作业范围90% VME

考虑轴向载荷影响，生产套管柱不同位置处的实际抗内压强度和抗挤强度发生变化，结果见表3－2－15，因封隔器坐封位置为2850m，其环空保护液静液柱压力为28.52MPa，取抗内压安全系数1.10，则不同注采周次后井口生产套管承压（油套环空压力）最大值见表3－2－16，发现随着储气库生产年限的增加，其油套管环空压力限值是变化的（图3－2－33），应根据不同时期制定环空压力控制依据。

表 3-2-15 轴向载荷影响下 Φ177.8×10.36mm P110/P110 Cr13S BGT2 套管剩余服役性能

类型		抗内压强度/MPa	抗挤强度/MPa
0 周次	拉伸 Max 2392 kN	44.49	41.22
	拉伸（井口）Max 2248.62 kN	47.13	42.92
	拉伸（回接）Max 2249.04 kN	47.12	42.92
	拉伸（封隔器）Max 2101.05 kN	49.73	44.55
5 周次	拉伸 Max 2392 kN	43.42	40.51
	拉伸（井口）Max 2248.62 kN	46.07	42.25
	拉伸（回接）Max 2249.04 kN	46.07	42.24
	拉伸（封隔器）Max 2101.05 kN	48.70	43.91
10 周次	拉伸 Max 2392 kN	39.53	37.86
	拉伸（井口）Max 2248.62 kN	42.27	39.74
	拉伸（回接）Max 2249.04 kN	42.26	39.73
	拉伸（封隔器）Max 2101.05 kN	44.96	41.53
20 周次	拉伸 Max 2392 kN	38.89	37.42
	拉伸（井口）Max 2248.62 kN	41.64	39.31
	拉伸（回接）Max 2249.04 kN	41.63	39.31
	拉伸（封隔器）Max 2101.05 kN	44.35	41.13
30 周次	拉伸 Max 2392 kN	36.13	35.45
	拉伸（井口）Max 2248.62 kN	38.94	37.45
	拉伸（回接）Max 2249.04 kN	38.94	37.45
	拉伸（封隔器）Max 2101.05 kN	41.71	39.36

表 3-2-16 不同生产时期油套环空压力限值

注采轮次	油套环空最大压力/MPa
0 周次	16.69
5 周次	15.76
10 周次	12.36
20 周次	11.80
30 周次	9.40

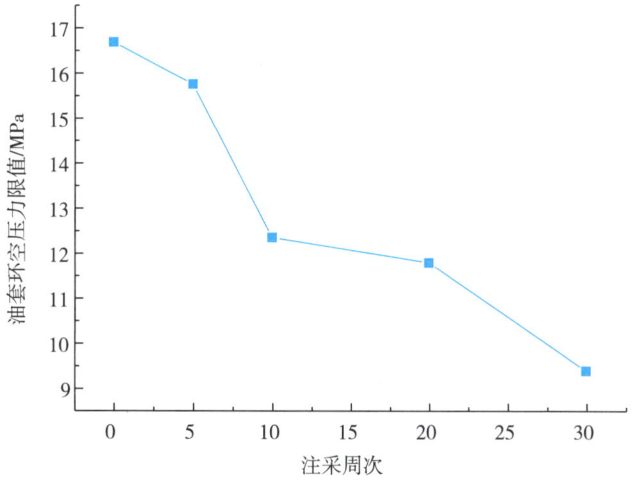

图 3－2－33　油套环空压力随生产时间的变化

交变载荷下套管材料强度循环试验结果再次证实，随着储气库生产年限增加，套管材料强度出现损失现象，与上节全尺寸实物气密封循环试验后套管材料强度试验结果相同。不同生产时期，套管材料强度损失量不同，10 周次前套管强度损失量较小；10 周次后套管强度损失量开始增大，大于 5%；30 周次时达到 9.2%，接近 10%。依据套管材料强度损失情况，分析了不同时期套管抗拉强度、抗内压强度、抗挤强度等实际服役性能的变化，均呈现出降低趋势，但仍满足设计生产要求。

5. 套管柱设计

各类型井身结构套管柱设计见表 3－2－17 ~ 表 3－2－20。

表 3－2－17　三开结构套管柱设计——Φ177.8mm 生产套管

开次	井段/m	套管尺寸/mm	钢级	扣型	壁厚/mm
一开	0 ~ 300	406.4	J55	BTC	12.57
二开	0 ~ 2400	273.1	P110	金属气密封	12.57
	~ 2600	273.1	155V	金属气密封	15.11
三开	0 ~ 2400	177.8	P110	金属气密封	10.36
	~ 2700	177.8	P110－S13Cr/13Cr	金属气密封	10.36

表 3-2-18　三开结构套管柱设计——Φ139.7mm 生产套管

开次	井段/m	套管尺寸/mm	钢级	扣型	壁厚/mm
一开	0~300	339.7	J55	BTC	9.65
二开	0~2400	244.5	N80	金属气密封	10.03
	~2600	250.8	P110TT	金属气密封	15.88
三开	0~2400	139.7	P110	金属气密封	9.17
	~2700	1397	P110-S13Cr/13Cr	金属气密封	9.17

表 3-2-19　四开结构套管柱设计——Φ177.8mm 生产套管

开次	井段/m	套管尺寸/mm	钢级	扣型	壁厚/mm
一开	0~300	473.08	J55	BTC	11.05
二开	0~2800	365.1	P110	BTC	13.88
三开	0~2750	273.1	P110	金属气密封	12.57
	~3000	273.1	155V	金属气密封	15.11
四开	0~2800	177.8	P110	金属气密封	10.36
	~3200	177.8	P110-S13Cr	金属气密封	10.36

表 3-2-20　四开结构套管柱设计——Φ139.7mm 生产套管

开次	井段/m	套管尺寸/mm	钢级	扣型	壁厚/mm
一开	0~300	473.08	J55	BTC	11.05
二开	0~2200	339.7	N80	BTC	9.65
	2200~2800	339.7	P110TT	BTC	12.19
三开	0~2750	244.5	N80	金属气密封	10.03
	~3000	250.8	P110TT	金属气密封	15.88
四开	0~2800	139.7	P110	金属气密封	9.17
	~3200	1397	P110-S13Cr/13Cr	金属气密封	9.17

三、抗盐增韧水泥浆技术

中原储气库的盖层主要为盐层，领浆经过盐层时其滤液会对盐层产生溶蚀，盐会随之进入浆体，若水泥浆无抗盐能力，则很容易发生性能改变：增稠、流变性变差、稠化时间发生变化，甚至发生絮凝。为此评价了盐层对水泥浆凝胶强度的影响、优选了抗盐降滤失剂、弹性剂等材料，形成了抗盐增韧水泥浆技术。

1. **盐岩层对水泥浆静胶凝强度的影响**

（1）盐岩层盐种类及盐浓度分析

通过 X 射线荧光分析方法，分析文 23 和卫城盐岩层的主要矿物构成、含量，含盐种类、含量等参数。为了确定不同层位的盐岩具体成分，进行成分分析实验，表 3-2-21 和表 3-2-22 为盐岩样品中不同离子的含量以及每种离子所占的比例。

表 3-2-21 盐岩化合物成分分析结果 %

	Al_2O_3	SiO_2	P_2O_5	SO_3	K_2O	CaO	Fe_2O_3	$MgCl_2$	NaCl
卫城下盐 文 410#	0.363	0.61	0.004	0.103	0.033	0.229	0.055	1.501	97.075
沙四上盐 新文 401#	1.316	2.309	0.008	8.088	0.197	6.695	0.62	0.934	79.649
沙四上盐 文 204#	0.053	0.096	0.001	0.836	0.014	0.428	0.017	0.663	97.877
沙一段盐 濮 1-154#	0.142	0.271	0.003	0.094	0.02	0.324	0.03	0.286	95.61
卫城上盐 卫 42#	0.199	0.422	0.003	1.347	0.023	1.782	0.056	0.363	92.579
卫城下盐 卫 43#	0.177	0.336	0.003	0.745	0.034	0.842	0.049	1.288	96.498
卫城上盐 卫 20#	0.107	0.191	0.002	0.744	0.027	0.799	0.026	0.385	97.684

表 3-2-22 盐岩元素分析结果 %

	Na	Mg	Al	Si	Cl	K	Ca	Fe
卫城下盐 文 410#	48.834	0.325	0.161	0.234	42.001	0.019	0.113	0.027
沙四上盐 新文 401#	43.237	0.214	0.618	0.934	37.11	0.127	3.703	0.342
沙四上盐 文 204#	48.571	0.285	0.047	0.073	41.134	0.016	0.417	0.017
沙一段盐 濮 1-154#	49.528	0.058	0.06	0.1	40.968	0.01	0.143	0.013
卫城上盐 卫 42#	48.002	0.076	0.087	0.163	42.042	0.013	0.851	0.026
卫城下盐 卫 43#	48.359	0.262	0.074	0.124	41.436	0.017	0.368	0.021
卫城上盐 卫 20#	49.408	0.079	0.046	0.072	42.474	0.014	0.36	0.011

由分析结果可知，中原油田不同区块盐层都以钠盐为主；NaCl 含量除沙四上盐，其他区块均超过 90%，盐层较纯；沙四上盐 NaCl 含量为 79.649%，CaO 含量为 6.695%，SO_3含量为 8.088%，说明该区块为膏盐地层。

（2）盐岩层中盐溶解对水泥浆静胶凝强度的影响

水泥浆静胶凝强度：指一段时间内，以最小剪切应力破坏水泥浆的胶凝结构的剪切应力。静胶凝强度反映了水泥浆基体内部形成的具备抵抗剪切应力的空间网架结构强弱。水泥浆在静止后不久，水泥水化程度低，水泥浆表现为液态（如图 3－2－34 中液态水泥浆）。固液相相对运动或微细材料的吸附作用，增强了固相颗粒连接，标志着水泥浆静胶凝强度开始发展。如果水泥浆触变性不是很强，那么液态阶段形成的静胶凝强度一般较低（如图 3－2－35 液态区间）。当水泥水化程度处于诱导阶段后期时，随着水化速率逐步提高，水泥浆静胶凝强度会随颗粒水化反应的进行而不断增加，且水泥颗粒表面的水化产物不断增多，网状结构中有效孔隙体积大幅降低（如图 3－2－34 所示胶凝早、后期），水泥浆进入塑性阶段静胶凝强度迅速增长（如图 3－2－35 塑态区间）。孔隙渗透阻力增加，液态水含量降低，静胶凝强度阻力增加，水泥水化进入加速阶段，水化物质的堆积由量变转化为质变，水泥浆已经初凝，表现出固态特性。由此可见，水泥浆静胶凝强度发展是与水泥水化程度相对应的。

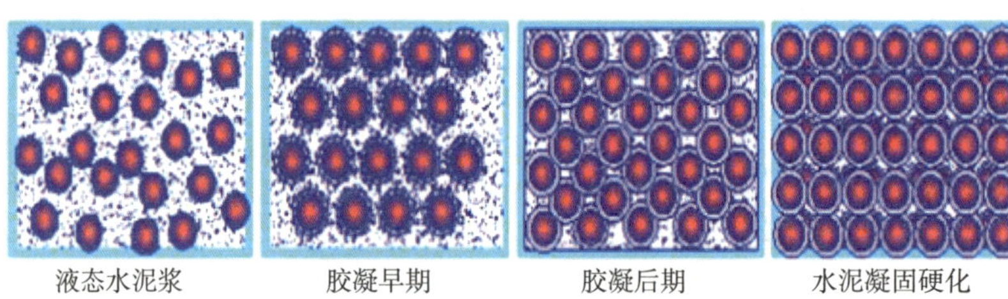

图 3－2－34　水泥浆凝固过程中内部结构示意图

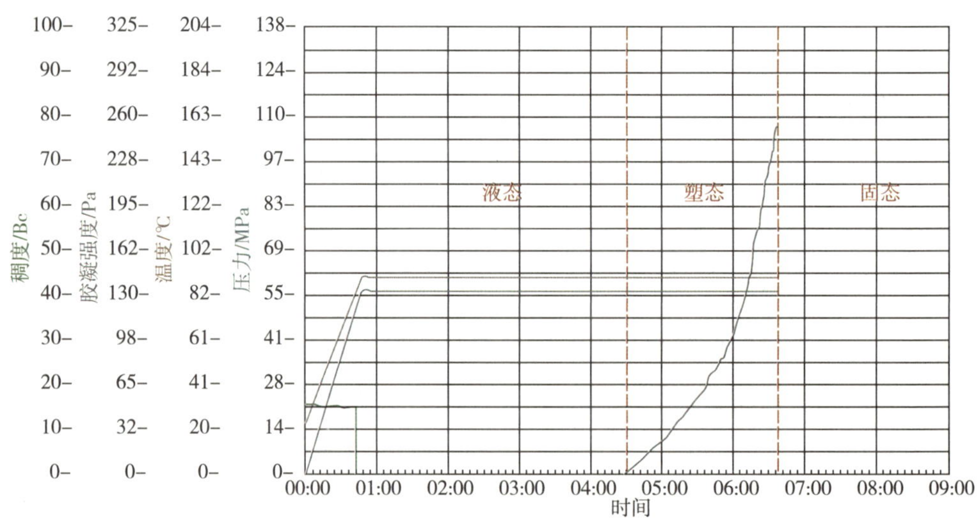

图 3－2－35　水泥浆静胶凝强度测试结果

注水泥过程之中，由于浓度效应的存在，地层水中的二价离子还会进入水泥浆发生盐侵现象，引起水泥浆的增稠或胶凝，因此，我们通过水泥浆静胶凝强度试验来探明溶盐程度对水泥浆水化过程的影响。

1）溶盐程度对水泥浆静胶凝强度的影响

根据对不同盐溶度的水泥浆进行的静胶凝强度测试结果，作出水泥浆静胶凝强度的变化曲线，如图 3－2－36 所示。

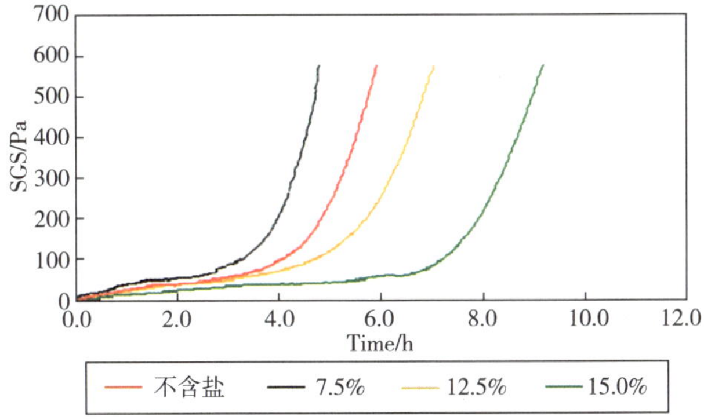

图 3－2－36　溶盐程度对水泥浆静胶凝强度的影响

从图 3－2－36 中可以看出水泥浆静胶凝强度发展变化规律：当盐加量为 7.5%（盐水溶度 17%）时，盐具有促凝作用，加速了水泥浆的水化，促进了水泥浆内部 CSH 凝胶的形成，因而静胶凝强度的发展也会加快；当盐加量大于 12.5%（盐水溶度 28.4%）时，盐具有缓凝作用，水泥浆水化时间变长，液态期时间也相对变长；当盐加量为 15.0%（盐水溶度 34%）时，延长液态期的现象尤为明显。

2）溶盐程度对水泥浆静胶凝过渡时间的影响

过渡时间是指气窜最容易发生的时间，大约在水泥浆静止后 10min～4h 内。当水泥浆顶替到位并且能够传递全部静液柱压力时，过渡时间开始；当水泥浆的静胶凝强度足以抵抗气体侵入水泥内部，并沿水泥柱上窜时，过渡时间结束，它所对应的水泥浆的静胶凝强度在 48～240Pa 范围内。不同盐溶度水泥浆的静胶凝过渡时间变化如图 3－2－37 所示。

由图 3－2－37 可以看出，随着盐溶度的升高，水泥浆的静胶凝过渡时间先缩短再延长，对应了水泥浆静胶凝强度变化规律。当盐含量为 7.5% 时静胶凝强度过渡时间最短为 35min，当为饱和盐水时过渡时间最长为 60min，相差 25min，

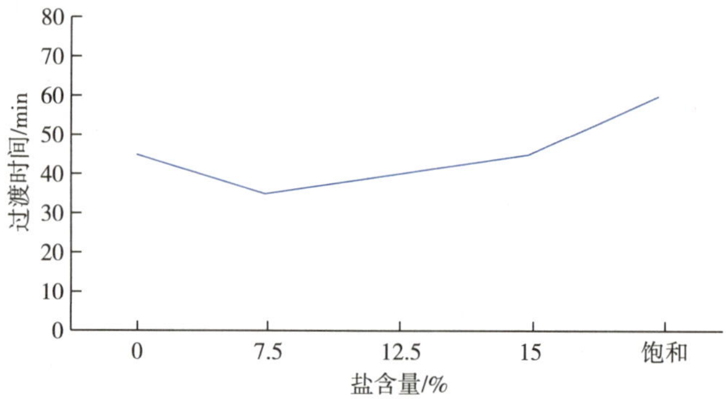

图 3－2－37 溶盐程度对水泥浆静胶凝过渡时间的影响

过渡时间变化率为 71%，说明盐溶量对水泥浆的静胶凝强度过渡时间影响较大。因此，为了得到较短的过渡时间，溶盐程度应控制在 12.5%（盐溶度为 28%）以内，过渡时间为 40min。

2. 抗盐增韧水泥浆体系

（1）抗盐降失水剂优选

对储气库而言，需要重点考察盐盖层的封固质量。如果水泥浆在泵入地层后有大量游离液析出，那么这些游离液会溶解盐层形成微孔隙，降低固井质量。如果盐层溶蚀严重，很可能会造成盐层垮塌、挤毁套管，使整口井报废。因此，水泥浆需要具备抗盐能力，而水泥浆的抗盐能力主要靠抗盐降失水剂来实现。目前抗盐降失水剂均为 AMPS 聚合物类，但因合成单体不同、合成工艺不同，其性能也存在差异。

对 6 种 AMPS 抗盐降失水剂样品（1#、2#、3#为固体粉末，4#、5#、6#为液体）进行抗盐性能测试。先通过实验确定出 6 种抗盐降失水剂在淡水中控制失水在 30mL 以内的加量，并以此为基准加量测试它们在不同浓度盐水中的失水量。

根据前期调研情况，中原工区大部分储气库盐层在 2200～2800m，所在地层位置的温度对应的试验温度为 65～75℃，因此，室内实验以 70℃作为测试抗盐降失水剂的基准温度。

1）确定各抗盐降失水剂的基准加量

试验配方：铜川 G 级水泥＋0.5%分散剂＋抗盐降失水剂，液固比 0.44。

试验方法 GB/T 19139《油井水泥试验方法》进行，结果见表 3－2－23。

表 3-2-23　AMPS 抗盐降失水剂加量对比试验

降失水剂	降失水剂加量/%	失水量/mL（淡水） 70℃ * 6.9MPa * 30min
1#	1.8	36
	2	28
2#	1.5	32
	1.6	28
3#	1.8	27
	1.6	31
4#	5	24
	4.5	29
5#	5	40
	6	28
6#	5	36
	5.5	30

由此得出 6 种抗盐降失水剂的基准加量，见表 3-2-24。

表 3-2-24　AMPS 抗盐降失水剂基准加量

降失水剂	1#	2#	3#	4#	5#	6#
基准加量/%	2	1.6	1.8	4.5	6	5.5
淡水失水量/mL	28	28	27	29	28	30

2）各抗盐降失水剂的抗盐性能测试

试验方法：分别配置浓度为 10%、15%、20% 的 NaCl 溶液，称取基准加量的抗盐降失水剂，配制盐水水泥浆，将配制好的水泥浆放入 70℃ 常压稠化仪中养护 20min，取出充分搅拌后转入高温高压失水仪中，加载 6.9MPa 压力，记录 30min 滤液量，计算得配方失水量。试验结果见表 3-2-25 和图 3-2-38。

表 3-2-25　AMPS 抗盐降失水剂抗盐性评价

降失水剂	失水量/mL（10% 盐水） 70℃ * 6.9MPa * 30min	失水量/mL（15% 盐水） 70℃ * 6.9MPa * 30min	失水量/mL（20% 盐水） 70℃ * 6.9MPa * 30min
1#	35	48	66
2#	30	36	45
3#	32	42	58

续表

降失水剂	失水量/mL（10%盐水）70℃ *6.9MPa *30min	失水量/mL（15%盐水）70℃ *6.9MPa *30min	失水量/mL（20%盐水）70℃ *6.9MPa *30min
4#	32	38	48
5#	32	38	46
6#	35	44	60

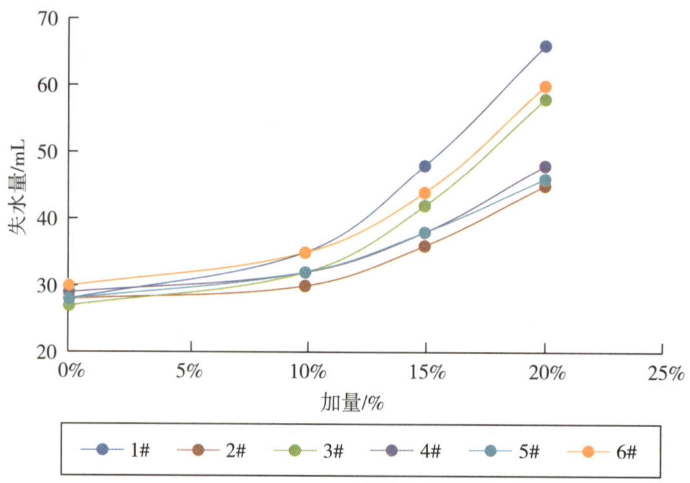

图 3-2-38　AMPS 抗盐降失水剂抗盐性对比

由表 3-2-25 和图 3-2-38 可以看出：随着盐浓度的增加，失水量均出现增大趋势，其中 1#增幅最大，2#、4#、5#增幅相对较小。按照水泥浆性能要求，失水量需要控制到 50mL 以内，从失水量数值来看：1#、3#、6#抗盐降失水剂在 15%盐水中可以控制失水在 50mL 以内，在 20%盐水中失水量均超过 50mL；2#、4#、5#抗盐降失水剂在 20%盐水中仍可以控制失水在 50mL 以内，表现出良好的抗盐性能，所以初步优选出 2#、4#、5#抗盐降失水剂。

3）抗盐降失水剂确定

对通过抗盐性能测试优选出的 2#、4#、5#抗盐降失水剂进行稠化性能评价。

按照 GB/T 19139《油井水泥试验方法》，在 70℃ *40MPa *30min 实验条件下稠化实验，测得 3 个抗盐降失水剂的稠化性能。试验结果见表 3-2-26 和图 3-2-39 ~ 图 3-2-41。

表 3-2-26　抗盐降失水剂稠化性能试验

序号	配方	初始稠度/Bc	稠化时间/min
试验 1	铜川 G 级 +1.6% 抗盐降失水剂 2#	18	160
试验 2	铜川 G 级 +4.5% 抗盐降失水剂 4#	20	258
试验 3	铜川 G 级 +6% 抗盐降失水剂 5#	20	91

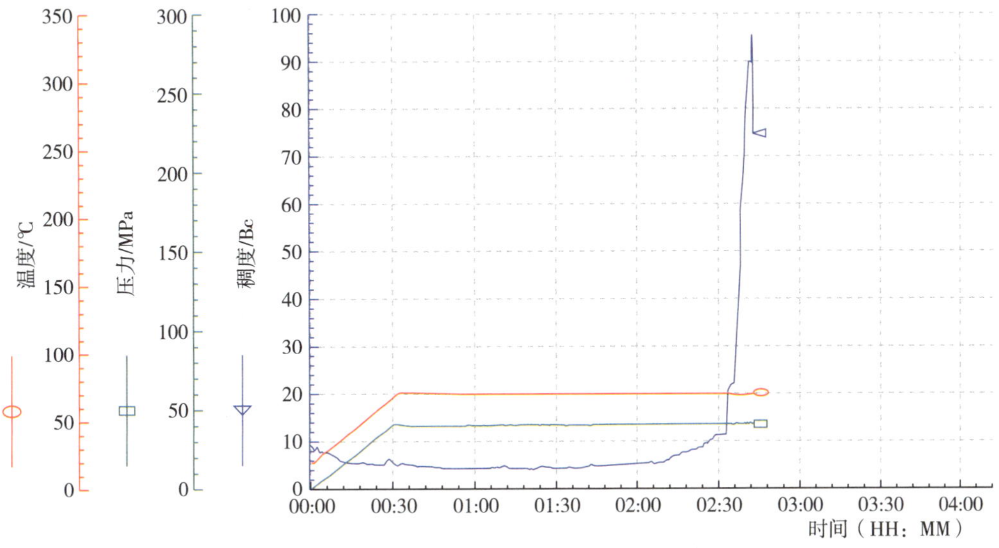

图 3-2-39　试验 1 稠化曲线

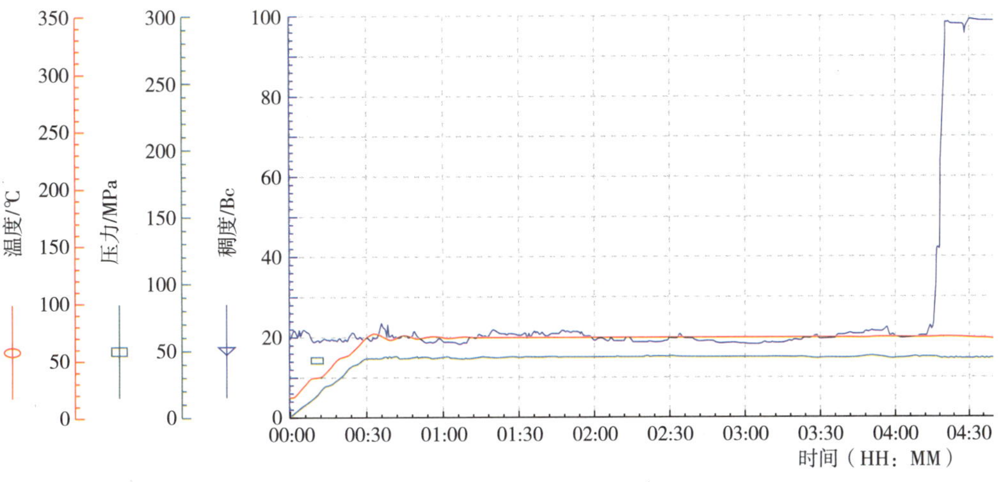

图 3-2-40　试验 2 稠化曲线

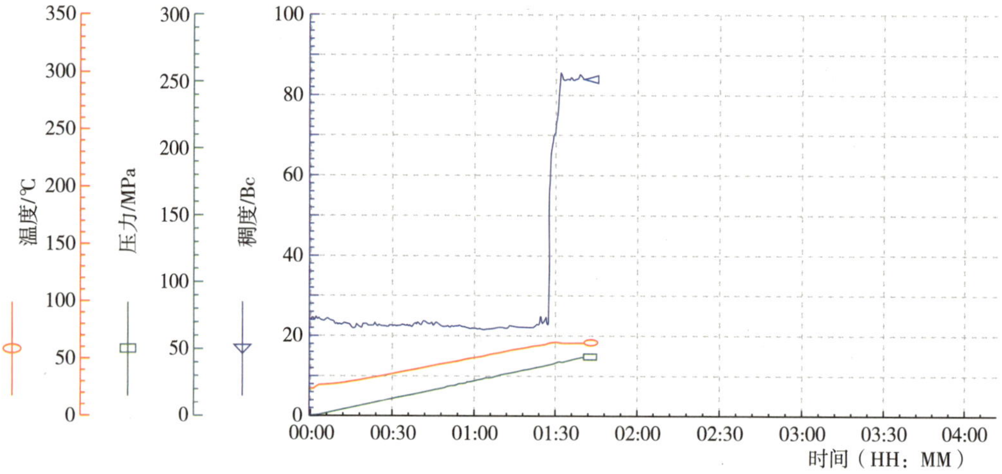

图 3-2-41　试验 3 稠化曲线

由试验曲线可以看出这 3 个抗盐降失水剂稠化曲线正常，40～100Bc 过渡时间均在 20min 以内，具备良好的防气窜作用。在满足施工时间的前提下，稠化时间越短，强度发展越快，越有利于井筒内水泥浆浆柱压稳，因此，在同样抗盐能力下选择稠化时间最短的 5#抗盐降失水剂。

5#抗盐降失水剂 JS-1 在高盐水泥浆中具有良好的流变性能、稳定性能和降失水性能，适用温度范围广，具有广泛的通用性。JS-1 为水溶性高分子聚合物，这些大分子在溶液中通过吸附基团（酰胺基）和水化基团（磺酸基）在水泥颗粒表面形成“水泥颗粒-线形高分子-水分子吸附层”网状结构的凝胶聚集物，这种凝胶聚集物可以楔入水泥滤饼的微孔结构中，有效地降低滤饼的渗透率，同时高分子聚合物还可以增大水泥浆液相黏度，增加液相向地层滤失的阻力，从而降低水泥浆滤失量。同时，JS-1 在很宽的温度和 pH 范围内具有较强的抗水解性能，水泥浆凝固时间短，水泥石抗压强度高。

对抗盐降失水剂 JS-1 具体的性能评价见表 3-2-27、表 3-2-28。

表 3-2-27　试验温度与水泥浆失水量的关系

温度/℃	60	70	80	90
失水量/mL	28	40	45	50

表 3－2－28　不同盐水浓度水泥浆失水与温度的关系

温度/℃	60	70	80	90	100
20% 盐水	30	34	40	42	44
25% 盐水	38	40	45	50	56
30% 盐水	68	74	78	86	96

表 3－2－27 对比抗盐降失水剂在同一加量下，含盐量、温度与失水量的关系，评测结果：同一含盐量下，温度对水泥浆体系失水量影响较小，盐水浓度在 25% 以内对水泥浆体系失水量影响不大，盐水浓度在 25% 以上对水泥浆体系失水量影响稍大，但是失水量都可以控制 100mL 以内。通过对比数据表明抗盐水泥浆体系，可以在盐水浓度 30% 以内、100℃以下范围，保持良好的降失水能力。

（2）弹性剂优选

储气库运行时需要反复注采，保持水泥环长效密封性至关重要，因此，对水泥石的弹韧性提出了要求。

目前，符合应用于固井水泥浆中的弹性材料主要有：胶乳、弹性颗粒等，两者本身弹性模量低，在水泥水化反应后，较小的弹性微粒分散到水泥石骨架中，在水泥石受到外力作用，弹性材料收缩起到吸收能量的作用，降低了水泥石发生脆性破坏的可能性。

胶乳通常为乳化聚合物，主要性状为细球状微粒的悬浮乳状液，微粒粒度大小为 200～500nm，通常含有 50% 固相并均匀的分散到乳状液的分散相中。胶乳加入油井水泥后有以下优点：①胶乳微粒能够堵塞水泥石内部孔隙，本身的成膜作用能够降低水泥架失水；②胶乳水泥石由于胶乳本身成膜作用，使水泥石具有非渗透性，防窜性能优良；③胶乳水泥石具有良好的抗折、抗冲击能力，减少了反复注采作业中对水泥环的破坏性；④胶乳微粒具有良好的弹性性能，一定程度上可以改善储气库水泥石完整性。

胶乳要在水泥浆中占到一定量（一般为 20%～30%）时，才能较好地改善水泥石的弹性，最重要的是不能破乳，一旦破乳就会引起性能的急剧改变，影响施工安全。

橡胶粉等弹性颗粒，分子呈三维空间网络结构，具有弹性并且不具有黏性和可塑性，在外力作用下能迅速发生大幅度的变形，但当外力解除以后，又能恢复至原来的状态，且能够适应的温度区间范围较大。水泥浆中加入弹性颗粒，在水泥的胶结作用下与孔隙四周形成了一种具有一定强度、能够约束微裂缝的产生和发展、吸收应变能的结构变形中心，降低了水泥石的刚性。当水泥石受到冲击力作用时，能吸收震动能，提高了水泥环的抗冲击性能。当弹性颗粒均匀分布并填充于水泥颗粒间，水泥浆凝固硬化后的水泥石可视为无数晶体颗粒相互堆积，形成水泥石微观上的骨架结构。

由于弹性颗粒的弹性明显优于胶乳，所以作为本课题中的弹性剂进行研究试验。大部分弹性颗粒其本身不具有亲水性，在配制水泥浆的过程中难以在水泥浆体内自由分散，从而影响浆体的均质性，因此，需要对弹性剂表面进行亲水性处理，由于亲水处理的方法不同，其亲水效果也不尽相同。

1）弹性剂亲水性测试

试验方法：在烧杯里称取 200mL 清水，再称取 20g 弹性剂加入其中，用玻璃棒进行搅拌，观察弹性剂在水中的分散情况。

将 7 个弹性剂样品分别按上述方法进行测试，结果记录见表 3－2－29。

表 3－2－29　弹性剂亲水性对比

弹性剂	搅拌后在水中的状态	在水中完全分散所需搅拌时间/s
1#	漂浮在水面上	—
2#	在水中分散	15
3#	漂浮在水面上	—
4#	在水中分散	5
5#	在水中分散	10
6#	在水中分散	8
7#	在水中分散	18

通过试验可以看出：1#和 3#未经亲水处理，疏水漂浮在水面上；2#、4#、5#、6#、7#表面经过亲水处理随着搅拌在水中分散。由于弹性剂表面亲水处理方法不同，在水中分散速度不同，在 1000r/min 的匀速搅拌下，4#弹性剂在水中分散速度最快。

2）优选弹性剂的目数及剂量

配方：铜川 G 级水泥 +0.5% USZ +5% 弹性剂 MJ－1 +0.2% 消泡剂

在水泥浆配方中加入不同粒径和加量的弹性剂 MJ－1，对被养护的水泥石进行抗压强度和弹性模量测试。试验方法按照 GB/T19139《油井水泥试验方法》和 SY/T6466《油井水泥浆试验方法》，在 70℃×40MPa×48h 试验条件下进行，试验结果见表 3-2-30 和图 3-2-41。

表 3-2-30　不同粒径和加量的 MJ-1 水泥石性能

MJ-1 粒径	MJ-1 加量	水泥石抗压强度	水泥石弹性模量
—	—	28.98MPa	11.67GPa
0.20～0.25mm	2%	26.31MPa	9.37GPa
	4%	25.67MPa	8.35GPa
	6%	24.83MPa	7.86GPa
	8%	18.55MPa	7.54GPa
0.15～0.18mm	2%	27.58MPa	8.95GPa
	4%	26.95MPa	7.68GPa
	6%	25.32MPa	7.35GPa
	8%	20.17MPa	6.98GPa

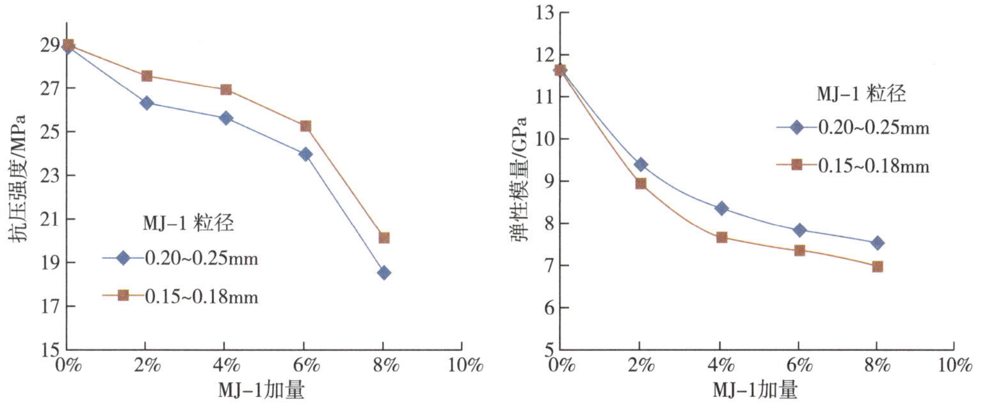

图 3-2-42　不同粒径和加量的 MJ-1 水泥石性能

分析表 3-2-30 和图 3-2-42 试验结果，MJ-1 加量超过 6% 后，对水泥石抗压强度破坏较大，加量小于 4% 时，水泥石弹性模量大于 8GPa，所以优选粒径为 0.15～0.18mm 的 MJ-1，并确定其最佳加量为 4%～6%。

（3）抗盐增韧水泥浆配伍性试验

由于水泥水化产物的总体积小于原始物质的体积，故硬化后的水泥石体积收缩，波特兰水泥的平均体积收缩率为 4.6%，这样在井壁与套管壁的环形空间内就在界面形成了微环隙，构成了后期气窜的通道，为此，加入膨胀剂，抑制水泥石收缩，是消除微环隙的有效途径。膨胀剂按类型来讲有刚性膨胀和弹性膨胀两类，前者包括各类无机物膨胀剂，后者包括橡胶粉等弹性材料。

选择3种刚性膨胀剂，利用膨胀仪测试其膨胀率，结果见表3-2-31。

表3-2-31 膨胀剂膨胀率对比（75℃＊21MPa）

序号	配方	48h膨胀率/%
1	铜川G+W/C0.44	-4.00
2	铜川G+2.0% G401+W/C0.44	-2.90
3	铜川G+2.0% M116S+W/C0.44	-1.02
4	铜川G+2.0% M53S+W/C0.44	-1.37

根据实验结果，选择膨胀率最高的M116S。

将刚性膨胀剂M116S与弹性膨胀剂（选择弹塑剂MJ-1）加入铜川G水泥中，在75℃＊21MPa条件下测试48h膨胀率，并与净浆对比，结果见表3-2-32。

表3-2-32 刚性膨胀剂与弹性膨胀剂对比

序号	膨胀剂及其加量/%	48h膨胀率/%
1	—	-4.00
2	M116S 2.0%	-1.02
3	弹塑剂MJ-1 4.0%	0.12
4	弹塑剂MJ-1 6.0%	0.23
5	弹塑剂MJ-1 5.0% +M116S 1.0%	0.18

可以看出，弹性材料MJ-1可有效抑制水泥石收缩，可单独使用，也可与刚性膨胀剂共同使用。同时，由于其已是优选出的弹性材料，可实现一剂多效。

由于储气库反复注采，水泥石需要弹性，也需要韧性。增韧材料主要以纤维为主，油井水泥中的增韧纤维按其性能分为两类：其中一类是弹性模量高于水泥的高强纤维，用于显著提高强度和韧性，如钢纤维、碳纤维、石棉、玻璃纤维、陶瓷纤维等；另一类是弹性模量低于水泥的纤维，如聚丙烯纤维、尼龙纤维、纤维素纤维、大部分天然纤维等。为获得弹性模量较低的水泥石，本研究选择弹性模量低于水泥的纤维。

增韧材料作为改善水泥石抗拉强度及韧性的关键，须具备以下特征：其一，有效改善水泥石韧性和延展性，当水泥石受到外力冲击时，能够有效控制裂纹的延伸和扩展，保证水泥石在外载作用下的完整性，提高水泥石抗冲击性能；其二，增韧材料需在水泥浆中自由分散，不结团，对水泥浆常规性能影响较小。基于以上原则，对几种增韧材料进行了评价优选，实验结果如表3-2-33所示。

表3-2-33 增韧材料优选评价

纤维类别	产品代号	加量/%	抗折强度/MPa	加量/%	抗折强度/MPa	加量/%	抗折强度/MPa
聚丙烯纤维	XW-1	0.1	2.0	0.2	2.4	0.25	2.7
无机矿物纤维	GS-1	1	1.8	2	2.0	3	2.2
晶须	TYX-2	1	1.5	5	1.8	10	2.0
聚酯纤维	JZX	3	1.7	8	2.0	15	2.3

通过对比评价，XW-1的加量最小，而增韧效果最明显。XW-1是一种高强聚丙烯束状单丝纤维，具有不吸水，化学性能稳定，抗温、抗酸碱腐蚀性好，不参与水泥的水化反应等特点。可提高水泥石的抗裂、抗渗、抗冲击和耐磨能力，同时改善其韧性和延展性。

在常规水泥浆配方中加入增韧剂XW-1，在配浆过程中发现其对水泥浆流动性具有一定的影响，测试水泥浆的流动性见表3-2-34。

表3-2-34 纤维加量和长度对水泥浆流变性能的影响

长度/mm	加量/%	剪切应力读数	流动度/cm
—	—	202/150/99/60/25/17	22
5	0.1	238/165/102/68/32/20	21
5	0.2	288/191/153/107/55/48	19
5	0.3	>300/253/205/165/88/82	17
1	0.2	212/145/101/62/30/19	21
3	0.2	230/154/109/68/35/22	21
8	0.2	>300/242/202/172/95/90	16

由表3-2-34可看出，随着增韧剂XW-1加量的增加，水泥浆流变性变差，随着XW-1长度的增加，水泥浆稠度增大。通过实验表明，XW-1的长度3~5mm适宜，合理加量应控制在0.1%~0.2%之间，以获得水泥浆较好的流动性。

将3~5mm的XW-1加入水泥浆中，测试XW-1对水泥浆其他性能的影响，结果见表3－2－35。

表3－2－35　增韧剂XW－1对水泥浆性能的影响

配方	稠化时间/min	初始稠度/BC	游离液/mL	失水量/mL
常规水泥浆	168	16	0	42
常规水泥浆＋0.1% XW－1	165	22	0	40
常规水泥浆＋0.15% XW－1	162	25	0	40
常规水泥浆＋0.2% XW－1	160	29	0	38

由表3－2－35可以看出，增韧剂XW－1的水泥浆的稠化时间、游离液、失水量影响不大，但随着XW－1加量的增加，对水泥浆有增稠作用。

为避免增韧剂XW－1在水泥浆混拌过程中结团，对XW－1进行表面亲水化处理，一旦搅拌，XW－1在水泥浆中可以均匀分散，见图3－2－43和3－2－44。

图3－2－43　XW－1在水中均匀分散图

图3－2－44　XW－1在水泥石内部均匀分散

对加入XW－1的水泥石进行抗压强度和抗折强度测试，实验结果见表3－2－36。

表3－2－36　增韧剂XW－1对水泥石力学性能的影响

XW－1加量	抗折强度/MPa		抗压强度/MPa		抗冲击韧性/（J·cm^{-2}）	
	24h	48h	24h	48h	24h	48h
—	1.15	1.30	17.20	20.10	1.31	1.35
0.1%	1.80	1.93	17.80	21.40	1.52	1.55
0.15%	1.95	2.12	18.60	21.60	1.50	1.53
0.2%	2.13	2.34	19.00	22.20	1.60	1.61

由表 3-2-36 可以看出，加入增韧剂 XW-1 的水泥石与净浆水泥石相比，其抗折强度增长了 50% 以上，抗冲击韧性增强了 20% 以上。这是因为 XW-1 在水泥石内部形成一个支撑网状体系，该网状体系有助于提高水泥石受冲击时动能的吸收，促进冲击能量在水泥石内部快速耗散，减少局部能量蓄积导致的裂纹迅速扩展，提高水泥石的抗冲击性能，增加水泥石止裂效果。

（4）优化形成抗盐增韧水泥浆配方

在铜川 G 级水泥中加入弹塑剂 MJ-1、降失水剂 JS-1、分散剂 USZ、膨胀剂 M116S、增韧剂 XW-1 及缓凝剂 M61L，经过配伍性实验，形成抗盐增韧水泥浆体系，配方为：铜川 G+（0.3~0.5）% USZ+（5.0~7.0）% JS-1+1.0% M116S+5.0% MJ-1+0.1% XW-1+（M61L），液固比 0.44，水泥浆密度（1.88±0.03）g/cm^3，根据水泥批次不同，微调分散剂的加量保证水泥浆的流动性良好，根据封固盐层的具体性状，调节抗盐降失水剂 JS-1 的加量，调节 JS-1 加量的同时也需要进行分散剂的相应调节。

按 API 规范对抗盐增韧水泥浆体系不同井况下的稠化时间、抗压强度、失水、游离液、防窜性能进行测试，测试结果见表 3-2-37。

各层次水泥浆性能要求见表 3-2-38。

表 3-2-37　抗盐增韧水泥浆体系常规性能评价

实验条件	稠化时间/min	初始稠度/BC	抗压强度/MPa	失水/mL	游离液/mL	上下密度差/(g/cm^3)	SPN 值
70℃ *45MPa	113	22	20.4	28	0	0.01	1.83
80℃ *55MPa	120	22	22.8	30	0	0.01	1.65
85℃ *70MPa	117	23	23.5	30	0	0.02	1.57
100℃ *55MPa	118	22	26.2	32	0	0.02	1.79

表 3-2-38　各层次水泥浆性能要求

抗盐增韧水泥浆性能						
水泥浆密度/(g/cm^3)	稠化时间/min	API 失水/mL	游离液/%	抗压强度/MPa	弹性模量/GPa	SPN 值
1.85~1.90	60~260 可调	≤50	0	≥20	≤6	≤3

续表

抗盐增韧高强低密度水泥浆性能							
水泥浆密度/(g/cm^3)	稠化时间/min	API 失水/mL	游离液/%	上下密度差/(g/cm^3)	抗压强度/MPa		SPN 值
					顶部	底部	
1.50～1.55	200～400可调	≤50	≤0.5	≤0.05	≥3.5	≥14	≤4

可以看出，常规密度抗盐增韧水泥浆体系，稠化时间可调，在不加缓凝剂的情况下，稠化时间 110～120min，能够较快稠化，同时零游离液，失水小于35mL，在封固盐层时可以减少盐溶，缓解盐溶对水泥浆性能的影响，浆体稳定，SPN 值小于 3，防窜性能良好，可以满足巨厚盐层固井的需要。

四、低压储层固井工艺技术

（一）井眼准备及优化

1. 井眼净化技术

针对现场作业实际特点，大斜度井段井眼的清洁存在客观的不可调因素，如井身结构、井斜等完钻后难以调整的工况。例如，文 23 储气库 12 平台，该钻井平台二开采用 Φ330.2mm 钻头，井深 3100～3200m，最大井斜 65°～66°，且第二净化区（井斜 30°～65°）井段长达 660～700m，极易形成长且厚的岩屑床，岩屑清除难度大，是井眼净化的危险区。通过优化流体清扫段塞、增大环空上返速、通井钻具组合、调整钻井液流变性度等一系列措施达到在下套管前对大斜度、大位移、大尺寸井眼的清洁的目的。

（1）流体清扫段塞

常用的清洁井眼的流体段塞可分为 4 类：高黏清岩流体、低黏清岩流体、纤维清扫液和高密度清岩流体。在具体施工时不同类型的段塞可以进行组合。一般情况下，在环空能形成一段 50～150m 的流体段塞即能达到较好的效果，采用正常排量进行循环，观察振动筛返出钻井液和岩屑状态，待加重清扫液返出地面，充分循环后才能停泵；在泵注清扫段塞和循环顶替过程中，尽量使钻具处于较快转动的状态。

高黏流体具有很强的悬浮岩屑能力，主要起到防止岩屑的再沉积作用；低黏流体易于达到较高的速度梯度，并在岩屑床处形成较高的水力作用力，这将有利于岩屑再运动，并起到对岩屑的举升和再悬浮作用，但是它不能阻止岩屑的再沉积。在实际应用中，可以采用低黏清岩流体（“稀塞”）和高黏清岩流体（“稠塞”）配合的方式，利用稀塞紊流冲砂和稠塞层流携岩来冲刷井壁并将冲刷下来的钻屑带至地面，起到了辅助净化井眼的效果。

中原储气库注采井根据单井实际工况，下套管前最后一次通井循环正常后，采用黏度 120～150s 稠钻井液 30m^3 携砂一周。该稠浆携砂技术在文 24 储气库二开井斜 40°～50°井段成功应用后逐步推广至文 23 储气库二期工程的大斜度定向井和水平井，清除岩屑床，提高井眼净化效果明显。

（2）强化通井钻具组合，增大环空上返速度

有效控制钻井液返速和钻柱转速的临界变化是有效井眼净化的关键。合理控制钻井液返速和钻柱转速的大小是改善井眼净化的重要手段。大位移井转速和排量经验规则见表 3－2－39。

表 3－2－39　转速和排量经验规则

钻头尺寸/mm	444.5	311.1	250.8	215.9
转速/（r/min）	150～180	120～180	120～150	70～100
	≥120	≥120	≥100	≥60
排量/（L/min）	7500～5700	3000～3800	1700～2450	325～1900

通井时的循环排量应和机械转速相匹配，亦即在某一排量下应保持一个合理的机械钻速，避免瞬时岩屑浓度过高导致产生岩屑床。卫 11、文 13 西、文 24、文 96、白庙储气库盖层开次采用 311.1mm 钻头，文 23 储气库二期工程盖层开次采用 330.2mm 钻头，通过优化循环排量和机械转速，各储气库通井期间清砂效果突出。具体清砂钻具组合如下：

311.1mm 井眼清砂钻具组合：Φ311.2mm 牙轮钻头＋Φ228mm 钻铤×1 根＋Φ306mm 钻柱扶正器＋Φ228mm 钻铤×2 根＋Φ203mm 钻铤×3 根＋Φ177.8mm 钻铤×3 根＋Φ127mm 钻杆

主要技术措施：分段循环下钻，到底后循环排量≥65 L/s、转速 130 r/min

进行循环清砂，循环不低于2周。

330.2mm井眼清砂钻具组合：Φ330.2mm牙轮钻头+Φ228.6mm钻铤×1根+Φ325mm螺杆扶正器+Φ228.6mm钻铤×2根+Φ203.2mm钻铤×3根+Φ177.8mm钻铤×3根+Φ139.7mm钻杆

主要技术措施：分段循环下钻，到底后循环排量≥70 L/s、转速130 r/min进行循环清砂，循环不低于2周。

（3）合理调整钻井液流变性

适宜的流变参数是提高钻井液携带岩屑、清洁井眼能力的有效途径。根据钻井液密度和环空钻井液流态设计合理的流变参数。当环空流态为紊流时，紊流较层流容易携带岩屑，不易形成岩屑床，流变性对携岩的影响较小；当环空流态为层流时，要调整钻井液流变性，形成用平板型层流来改善钻井液的携岩能力，保持合适的动塑比，提高井眼清洁效果，如果体系动塑比过低，会导致尖峰型层流；动塑比过高，往往会因动切力的增大引起泵压显著升高。

根据大位移井和水平井的钻井经验，保持适当的低剪切速率黏度（范氏黏度读数Φ3=6~12），提高钻井液的松弛力（范氏黏度计静止时读数不回零），可以很大程度地改善钻井液的悬浮能力；保持钻井液有较高Φ3读数的同时，还应将表观黏度控制在合适的范围内，否则钻井液黏度过高，容易导致环空循环当量密度和环空压耗增加，影响井下安全。

2. 大尺寸高强度套管安全下入技术

（1）模拟套管刚性钻具通井

为了保证下技术套管施工安全，建立了通井钻具组合刚度匹配计算方法，评价了不同尺寸钻铤与储气库厚壁套管的刚度比。

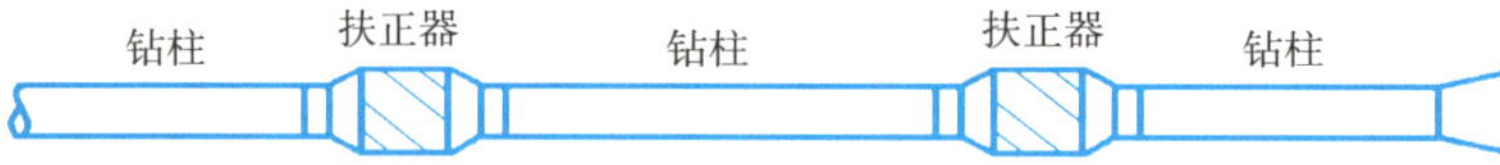

刚度比公式：
$$m=\frac{K_{钻柱}}{K_{管柱}}=\frac{EI_{钻柱}}{EI_{管柱}}=\frac{I_{钻}}{I_{管}}=\frac{D_{钻}^4-d_{钻}^4}{D_{管}^4-d_{管}^4} \quad (3-42)$$

当$m>1$时，钻柱的刚度大于套管柱的刚度，能够模拟套管柱下入；

当$m<1$时，则需重新设计刚度更大的通井钻具组合。

不同尺寸的常用钻具刚度比计算数据如图3-2-45所示。

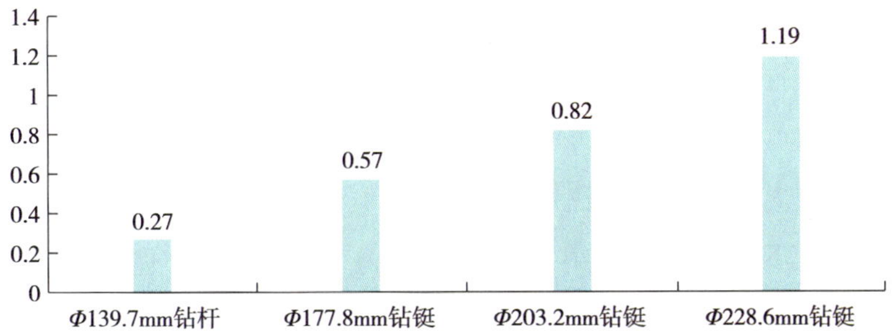

图 3-2-45 钻具刚度比计算数据

根据上图计算数据 Φ228.6mm 钻铤的刚比度大于1，钻柱的刚度大于套管柱的刚度，能够模拟套管柱下入。具体通井程序如下：

①第一趟清砂（单螺扶）：320mm 牙轮钻头 + Φ228mmDC ×1 根 + Φ325mm 螺杆扶正器 + Φ228mmDC ×2 根 + Φ203mmDC ×6 根 + Φ177.8mmDC ×3 根 + Φ127mmHWDP ×15 根 + Φ139.7mmDP

技术措施：分段循环下钻，到底后排量≥70L/s、转速 130r/min 进行循环清砂，循环不低于2周。

②第二趟钻钻具组合（单钻扶）：320mm 牙轮钻头 + Φ228mmDC ×1 根 + Φ325mm 钻柱扶正器 + Φ228mmDC ×2 根 + Φ203mmDC ×6 根 + Φ177.8mmDC ×3 根 + Φ127mmHWDP ×15 根 + Φ139.7mmDP

技术措施：分段循环下钻，对下钻有显示井段及明化镇、馆陶、东营组井斜超1°井段划眼修整井壁，到底后排量≥70L/s、转速 130 转/分循环清砂。

③第三趟钻钻具组合（双扶）：320mm 牙轮钻头 + Φ228mmDC ×1 根 + Φ325mm 钻柱扶正器 + Φ228mmDC ×1 根 + Φ325mm 钻柱扶正器 + Φ228mmDC ×1 根 + Φ203mmDC ×6 根 + Φ177.8mmDC ×3 根 + Φ127mmHWDP ×15 根 + Φ139.7mmDP

技术措施：用双扶（钻柱扶正器，9m + 18m）分段循环下钻通井，根据电测数据对井径接近钻头直径的井段进行扩眼，到底后排量≥70L/s、转速 130r/min 循环清砂，短起下至直井段通畅后，打入封闭液（封闭液以润滑和封堵为主，严禁提黏切）进行下套管作业。

（2）下技术套管技术措施

①与碰压浮箍上下相连及以下各道丝扣紧扣前涂抹丝扣胶后再上紧。

②下套管作业使用扣扭矩图检测。

③前 20 根套管要根根灌满，浆所灌钻井液必须是清洁。

④以后每根下套管间隙灌钻井液 1 次，每 20 根灌满 1 次。

⑤下套管过程中尽量减少中途停顿，缩短套管在井下静止时间，操作平稳，严禁猛刹、猛放。全过程防止井口落物。如套管静止时间超过 3min，应活动套管，套管活动距离不小于套管柱伸缩量（1m/1000m）的两倍。

⑥控制套管下放速度，减小井内激动压力，防止井漏。直井段控制下放速度不低于 60s/根，斜井段控制下放速度不低于 100s/根，并有专人观察井口钻井液返出情况，定时灌满钻井液。

⑦全部套管下完后，及时校对下入井深达到设计要求，复查套管下井与未下井根数是否与送井套管总数相符。

⑧下完套管后先灌满浆，启用电动泵或变频电机泥浆泵缓慢顶泵。套管扶正器刮的泥饼、砂子循环出来之后，更换泥浆泵循环，逐步调整泥浆性能，满足固井需要。

⑨下完套管后，连接水泥头，使用水泥头循环逐步提排量措施（提至正常排量时间不能低于 6h），减少中间连接循环头耽误的时间。

（3）下生产套管技术措施

①必须要求专业下套管队伍进行气密封检测和微牙痕下套管施工，在下气密封套管时每根套管上扣都要求公扣“△”符号的平面与套管母扣端面平齐或上扣扭矩达到规定值，严格控制上扣速度（小于 25 圈/min），逐根进行气密封检测，用自动记录仪进行记录。

②套管上钻台戴好护丝，严禁磕碰。控制套管下放速度，减小井内压力激动，防止井塌。并有专人观察井口钻井液返出情况，定时灌满钻井液。

③采用微牙痕和气密封检测技术下生产套管，下套管前确保井口正直，防止因井口偏斜导致 P110 - S13Cr 套管憋坏。下套管前应压稳地层，确保油气上窜速度小于 10m/h。

④要求使用浮鞋和带弹簧的浮箍，每口井使用两个浮箍，确保密封效果。

⑤根据完井尾管组合，配接完井管柱并依次下入井中，严格按规定扭矩上扣。由于悬挂器带有倒扣丢手，因此，悬挂器入井以后，严禁旋转管柱。

⑥接完悬挂器后记录管柱的悬重。用钻杆将其送入井中。

⑦完井管柱进入到预定位置上部 20m 时，控制好下放速度，每根立柱下放时间不少于 3min，将管柱平稳下放到设计位置。若中途遇阻可小幅度上下活动

管柱，遇阻加压不超过5t。

⑧下到设计深度后，记录管柱的悬重。

⑨坐挂悬挂器：正打压11MPa，稳压3min，泄压（反复3次）。

⑩加压10～15t，验证悬挂器是否成功坐挂。

⑪丢手：正打压20～25MPa，打压丢手，如丢不开，上提钻具，使悬挂器位置为中和点，正转钻柱12～20圈倒扣（注意倒扣时回转是否严重），上提钻具。记录管柱悬重，并同座挂前悬重进行比较，确保完井尾管释放。

2. 环空浆柱结构优化技术

面对地层承压能力不足时，如果能让环空流动阻力波动范围增大，其固井期间的压力安全便能够得到有效控制。若要提高 p_{af} 的允许变化范围，降低环空静液柱压力 p_h 便是一个主要的或者唯一可行的途径，且 p_h 值降低得越多，其允许的环空流动阻力变化 p_{af} 范围就越大，也即是允许的环空流动速度的变化范围也越大。这样，不但可以提高注水泥作业排量，而且可以保证顶替效率，从而保证固井质量。在不考虑井口回压的条件下，环空压力的当量密度，即为循环当量密度（*ECD*）。

根据中原储气群前期井漏情况建立裸眼井段的压力剖面，利用固井工程软件根据固井施工过程中循环当量密度（*ECD*）的分布（图3－2－46）进行环空流体当量密度设计，即在注水泥前及过程中有计划地降低环空流体的静液压当量密度来实现平衡压力固井。

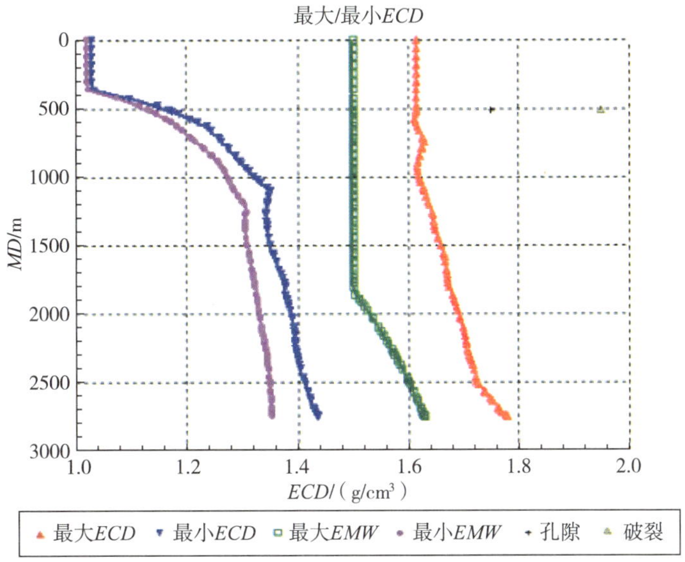

图3－2－46　固井施工过程中循环当量密度分布

（1）水泥浆浆柱结构

①各段水泥浆密度设计

为了平衡环空压力，同时确保环空形成密封完整性优质的水泥环，保障储气库持久安全的运行，环空水泥浆柱通常由不同密度与性能的水泥浆组成，不同深度的水泥浆体系具有不同的力学特性。盖层井段采用密度为 1.88 ±0.03g/cm^3 的抗盐弹韧水泥浆体系，非盖层井段采用密度为 1.45 ~ 1.55g/cm^3 的防漏高强低密度水泥浆体系。产层井段采用密度为 1.88 ± 0.03g/cm^3 的非渗透弹韧水泥浆体系。

②各段水泥浆长度设计

为保证水泥环长久密封，每开次水泥浆返高至井口。根据各个储气库漏失层位和井深不同，抗盐弹韧水泥浆体系封固井底至盖层顶部以上 100 ~500m，上部井段采用防漏高强低密度。为最大限度降低水泥浆柱的静液压当量密度，抗盐弹韧水泥浆附加量控制在 5% 以内，防漏高强低密度附加 30% 以内。非渗透弹韧水泥浆体系则封固整个产层段，但附加量采用密度 1.50g/cm^3 高强低密度水泥浆体系（占悬挂器上部套管内 200m），一方面在固井过程中对环空起到二次驱替效果，同时降低环空液柱压力预防井漏。

环空浆柱结构优化技术在卫 11、文 13 西、文 23、文 24、文 96、白庙储气库均有应用，尤其是二开漏失较为严重的文 23 储气库效果较为明显，井底压力较完钻时降低 2MPa 以上，静态当量密度（ESD）较中完时降低 0.08g/cm^3 以上，其浆柱结构为：先导钻井液 30m^3 + 前置液 40 ~50m^3 + 低密度水泥浆 ρ1.50 + 常规密度水泥浆 ρ1.88。

a. 先导钻井液作为降低静液柱压力的平衡液使用，其密度较原钻井液密度下调 0.1 ~0.15g/cm^3，有效降低液柱压力 1MPa。

b. 前置液约占环空高度 500 ~800m，其密度为 1.02 ~1.30g/cm^3，有效降低液柱压力 2 ~4.8MPa。

c. 采用双密度三凝水泥浆体系，即井底至盐顶以上 100 ~150m 采用 1.88g/cm^3 的双凝水泥浆体系封固盖层段，上部井段采用 1.50g/cm^3 的低密度水泥浆体系，静液柱压力仅增加 3.2MPa。水泥浆体系内加入堵漏纤维，起到预堵漏的效果。

（2）压稳技术

①多级水泥浆体系

在盖层固井中为有效压稳下部盐层和能量地层，采用双密度三凝水泥浆体系，加大环空浆柱中领浆、中浆、尾浆稠化时间的间隔时间，实现阶梯式分段压稳。在满足施工时间的前提下，可进一步缩短盐层段尾浆稠化时间，并缩短尾浆静止时的强度发展时间，实现“以快制动”有效控制盐侵。在文 23 储气库二期工程储层固井中为充分压稳处于动态开发的目的层，尾浆失重后，环空浆柱补充压力不低于 3MPa。

②分段加回压

在盖层固井中为确保进一步压稳压实盖层，施工结束后，根据水泥浆超声波强度测试结果（图 3－2－47）对环空进行控量分段加回压，回压值控制在表层套管鞋破裂压力范围内。

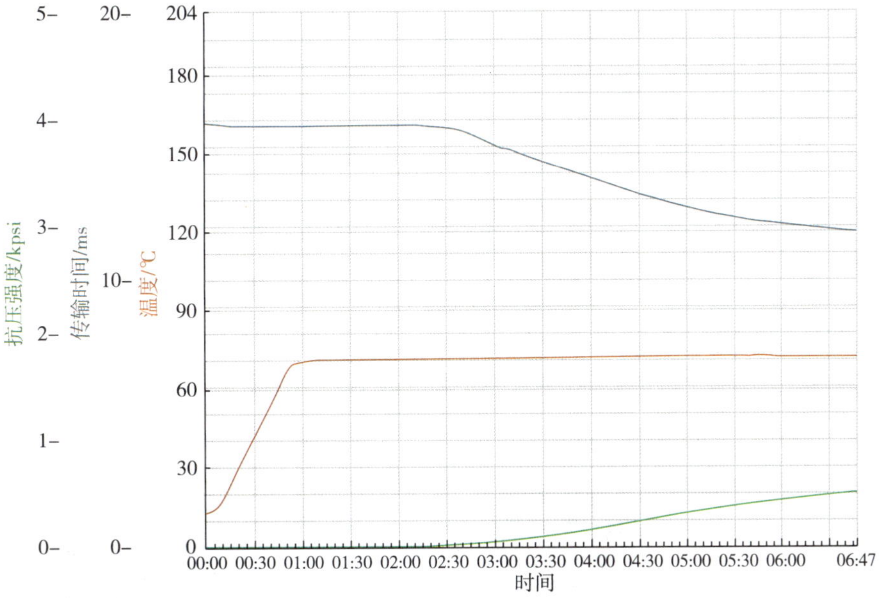

图 3－2－47　水泥浆超声波强度测试曲线

3. 预应力固井技术

大量试验证明，水泥水化产物体积要小于其水化前混合物体积，即：水泥浆在硬化过程中会发生体积收缩，造成一、二界面胶结强度降低或脱离，从而导致微间隙的出现，微间隙的出现意味着封固失效风险。预防水泥浆体积收缩除了通过在水泥浆中添加化学助剂提高水泥石的微膨胀性和使用相应的固井配套工具等技术措施外，还可以从套管与地层应力应变特征出发，运用预应力固井技术。

（1）预应力固井机理

不论是水泥石收缩产生的微裂缝，还是套管内外收缩形成的微环隙等，都会极大地影响固井质量。如果在固井施工中考虑到了这些影响因素，在水泥石收缩之前就给予套管一个受挤压的预应力，而待水泥石收缩后，根据作用力与反作用力的原理，在套管弹性条件范围内套管自身会试图恢复原状态，产生向外的挤压力，迫使套管恢复形变来弥补水泥环收缩时留下的微裂缝，始终保证水泥环与套管间的紧密接触，保持套管与水泥环之间的封隔效果。在固井时，采用高密度水泥浆和低密度顶替液，使其在替浆结束后，套管环空相比管内形成较大的液柱差，同时在保证套管安全的条件下，候凝期间在套管外环空附加一定的压力，而管内敞压候凝，这样使套管内外形成更大的负压差，对套管产生一个向内的挤压应力，套管在弹性变形范围内向内挤压，就形成了预应力（图3－2－48、图3－2－49）。固井作业后，如果水泥发生收缩时套管就会因弹性变形而试图恢复初始状态，从而保持与水泥环的紧密结合，形成较好的胶结质量。

采用预应力固井技术特别要注意，在采取清水或低介质顶替液时和环空加回压时，要针对每口井的实际情况，提前计算施工过程中的静准柱压差及环空加回压值，设计时，要充分地综合考虑套管的实际抗内压、抗外挤强度，使套管所受到的内压及外挤值控制在有效安全范围内，防止挤损套管。确保套管达

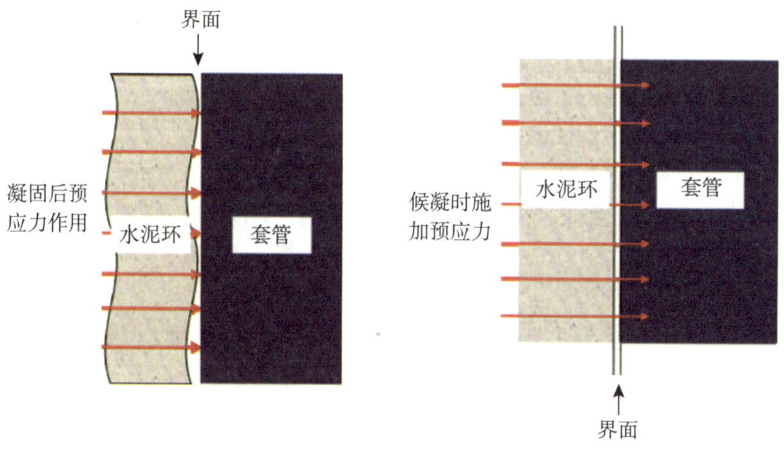

图3－2－48　套管与水泥环界面受力状态

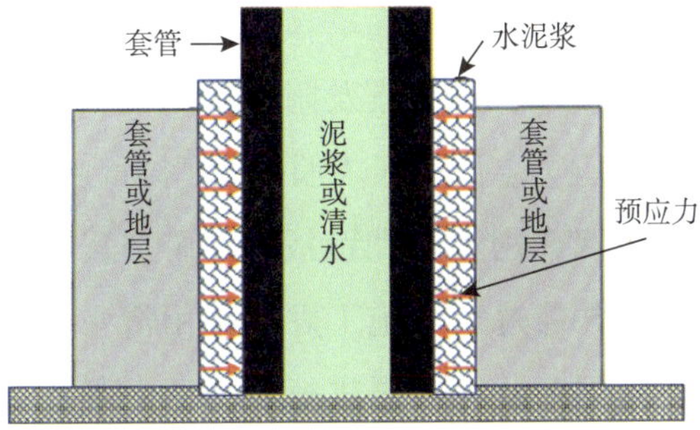

图 3-2-49　预应力作用示意图

到最佳恢复形变，保证套管与水泥环之间的紧密接触。

（2）预应力固井工艺

为获得克服套管变形所需的压差值 P，在文 23 储气库储层固井原有固井工艺的基础上进行了进一步优化，采取了清水或低密度介质顶替和环空加回压两种方式，应用效果良好。

①清水或低密度介质顶替

储气库储层固井均采用尾管 + 回接方式，尾管替浆采用清水或胶液，增加悬挂器以下套管内外压差近 10MPa，在水泥凝固过程中产生足够的膨胀变形致使套管在发后不再向内变形而产生微间隙，既能确保界面胶结质量和强度，又防止后期井筒置换介质时发生应力变形。另外，采用清水或低密度介质替浆时产生的高泵压，管外的流体作用在套管外壁和井壁的力增大，更有利于一、二界面的冲刷，提高驱替效果，保证固井封固质量。尾管采用清水或胶液替浆在一定程度上有利于大斜度及水平井段套管的居中，对施工过程中提高顶替效率和水泥浆有效充填起到了积极作用。

②环空加回压

通过环空加回压补偿水泥浆凝固过程中失重，进一步压实水泥浆，使水泥环与环空一、二介面更加紧密地接触，提高水泥环的充填的密实度。中原储气库储层回接固井为钢对钢环空，无需考虑漏失问题，固井施工结束后环空回压值可控制在 10MPa 左右，可有效压实水泥，通过施加外挤压力使套管具备弹性能，在水泥浆候凝发生径向体积收缩时，通过释放弹性能，弥补体积收缩产生的微环隙，消除气窜通道，从而提高固井质量。环空加回压技术同属于预应力固井技术的一部分。

③预应力固井工具

采用预应力固井工艺技术，对工具及附件要求更高，浮箍、浮鞋要具备比常规附件更高的反向承压能力。同时具有良好的密封性和可靠性，在中原储气库储层固井中采取了强弹双作用浮箍和舌板式浮鞋搭配使用，有效保证了密封性和可靠性。由于储气库井通过现场施工发现采用清水替浆泵压在钻井泵可控范围内，因此，替浆均采用井队泥浆泵进行顶替。对封固段较长的井，必须采用超高压泥浆泵和相应的硬管汇，施工前必须进行试压实验，确保管汇的安全性。

（3）防漏和提高顶替效率技术

①地层承压试验

采取地层静态承压试验，验证地层的承压能力，以确定是否采用低密度水泥浆体系或采用双密度水泥浆体系，防止固井施工时发生井漏，降低对产层的污染。

②注替排量设计

采用紊流＋塞流复合顶替模式，降低摩阻，防止压漏地层。

流动阻力与流速的平方成正比，流速的少量变化，流动阻力就会成倍地增长。卫 11 储气库属于易漏失地层，如果一味地强调采用紊流顶替就有很大的可能性造成井漏发生，不仅不能达到提高固井质量的目的，反而有可能造成固井完整性封固的失败，因此，需要合理设计注替排量，即注水泥浆的排量要求小于循环排量，当隔离液到达技术套管管鞋时，提高注水泥浆排量，确保隔离液能在大排量注替过程中对盐层段环空进行有效冲洗。前期替浆排量控制在 1.1m/s 的返速，利用前面低密度水泥浆对井眼环空进行二次驱替，泵压升高或高密度水泥浆出套管鞋时，降低排量至 0.8m/s 的返速，后期 10～15m^3排量控制在 10L/s，使尾浆段水泥浆以塞流的方式进入环空。

③冲洗隔离设计

卫 11 储气库在钻进过程中，钻遇沙二层的油气层，钻井液内侵入了不同程度的原油，造成环空井壁及套管壁上包裹了较厚的油膜，不易清除，影响界面胶结。通过优选清油型冲洗剂，采用紊流型冲隔离液＋清油型冲洗液＋稀水泥浆的三级冲洗隔离方式，用量为 1.1m/s 返速的冲洗接触时间不少于 10min，将井壁油膜及虚泥饼冲洗干净，为水泥胶结创造适宜环境。

④优化扶正器设计

利用软件进行套管居中度分析，优化套管扶正器加放方案，技术套管：盐顶以上 100m 至井底每 1 根套管安放 1 只，其余井段每 2 根套管安放 1 只整体式无焊缝扶正器；生产套管：尾管段每 1 根套管安放 1 只，回接段每 2 根套管安放 1 只铝合金刚性扶正器；为了防止因低压目的层固井质量不好导致气窜，生产套管在尾管重叠段加 1 ~2 只管外封隔器。为提高环空驱替效率，扶正器采用一体式弹性扶正器和钢性旋流扶正器相结合下入。盐层段套管居中度均大于 67% 。

（4）压稳防窜技术

①水泥浆阶梯压稳

为有效压稳下部盐层和能量地层，采用双密度三凝水泥浆体系，加大环空浆柱中低密度水泥浆体系与高密度长段及高密度短段稠化时间的间隔时间，实现阶梯式分段压稳。在满足施工时间的前提下，可进一步缩短盐层段尾浆稠化时间，并缩短尾浆静止时的强度发展时间，实现“以快制动”有效控制盐、气侵。

②管外封隔器

储气库为防止投产后长期注采时发生气窜，在 Φ139. 7/177. 8mm 尾管重叠段加 1 只管外封隔器。接在套管柱上，在固井碰压之后能使套管与裸眼环空形成永久性桥堵的装置，能够有效防止固井后发生套管外喷冒油、气、水现象，避免异常地层压力或因水泥浆失重现象，导致高压油、气、水侵入候凝期间的水泥环。管外封隔器的安装位置应根据地层性质和注水泥工艺等因素设计，其具体使用注意事项如下：管外封隔器应坐封在井径规则、岩石坚硬致密处；下套管过程中严禁上提下放时猛烈活动套管串，防止破坏胶筒；在管外封隔器上下各装 2 根套管（长度要考虑管外封隔器的级数），每根套管加 1 只套管扶正器，保证管外封隔器居中。

坐封管外封隔器具体操作步骤如下：

a. 固井施工碰压前 5m^2 采用水泥车小排量顶替，顶替排量 500L/min，碰压后继续提高压力，在静液柱压差的基础上增加 10MPa，稳压 5min，稳压过程中，如果压力降低应及时补压，保证压降小于 2MPa。如果 5min 后压力不降，则再提高 2MPa 压力，稳压 5min，继续观察压降。重复上述过程直到压力达到 15MPa。

b. 泄压到零，再次打压到 15MPa，观察压力变化。若有压降，重复步骤 a；若无压降则泄压到零。

尾管悬挂器结构示意图如图 3－2－50 所示。扩张式套管封隔器示意图如图 3－2－51 所示。

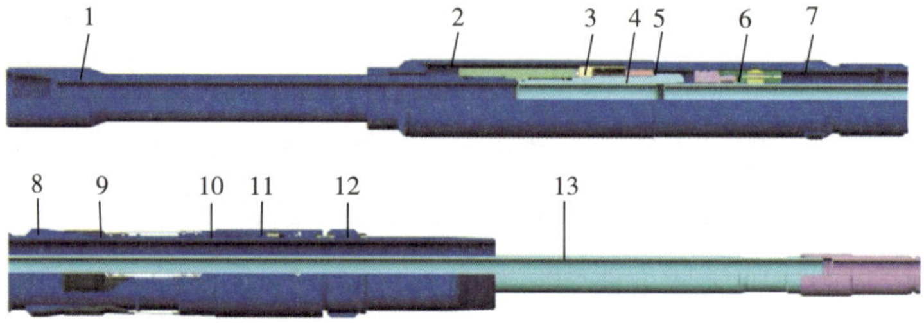

图 3－2－50　尾管悬挂器结构示意图

1—提升短节；2—回接筒；3—推力轴承；4—倒扣接头；5—反扣螺套；6—密封补芯；7—密封套；8—本体；9—卡瓦；10—剪钉；11—液缸；12—扶正环；13—中心管

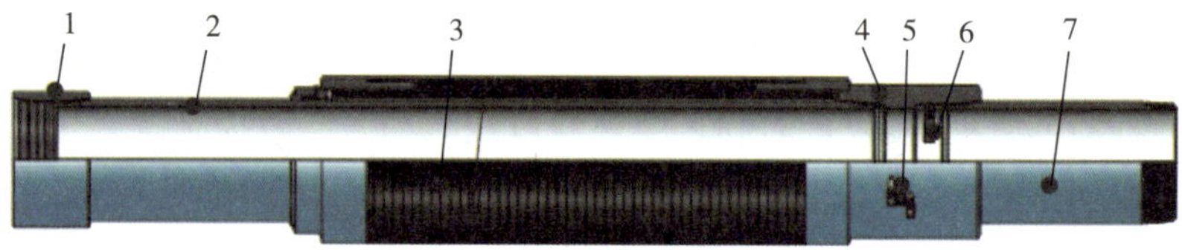

图 3－2－51　扩张式套管封隔器示意图

1—接箍；2—中心管；3—胶筒；4—阀箍；6—断开杆；7—双公短节

第四章

中原储气库群钻完井工程实例

1 第一节 文23储气库二期钻完井工程

一、文23储气库主要地质特征

文23气田构造位于东濮凹陷中央隆起带北部文留构造高部位，含气层系为下第三系沙河街组沙四段，埋藏深度2750～3120m，天然气地质储量149.4×10^8m^3。岩性以细粉砂岩－粗粉砂岩为主，发育程度高，储层物性以低孔低渗为主。储层类型为低孔低渗致密砂岩。储层平均孔隙度在10.6%～13.6%之间，平均渗透率为3.0×10^{-3}～5.9×$10^{-3}m^2$。盖层为百米厚的膏盐层，气密性良好，主断块异常高压适于建库。文23气田地层层序表见表4－1－1。

表4－1－1　文23气田地层层序表

地层层序			厚度/m	钻井液密度/(g/cm³)	岩性描述	油气分布
系	组	段				
第四系	平原组		200～400	1.05～1.1	土黄色、棕红色黏土、砂质黏土及砂层	
上第三系	明化镇组		800～1000		棕黄色粉砂岩、泥岩、砂质泥岩互层	
	馆陶组		200～400		灰黄色、棕红色、灰绿色砾状砂岩、砾岩、粉砂岩、泥岩不等厚互层	
下第三系	东营组		300～600		棕红色、灰绿色泥岩与浅灰色、棕红色粉砂岩	文122井有3.4m/1层油层
	沙河街组	沙一段	100～300	1.15～1.3	上部灰色泥岩、白云质泥岩；下部灰质岩、盐岩	文64井有4.4m/1层
		沙二上	200～250		紫红色泥岩夹少量薄层灰色泥岩及含膏泥岩	

续表

地层层序			厚度/m	钻井液密度/(g/cm^3)	岩性描述	油气分布
系	组	段				
下第三系	沙河街组	沙二下	300~400	1.15~1.3	紫红色泥岩及少量灰色泥岩，褐色粉砂岩、灰色粉砂岩不等厚互层	文104－文1井、濮深1－文22井有油层分布
		沙三上	400左右	1.3~1.50	灰色泥岩和含油粉砂岩、页岩、油页岩	文19－文63－3、文23－3－文105一带有油层分布
		沙三中	200~250		上部盐岩、膏盐层、泥膏岩中央灰色泥、页岩层；下部灰色泥岩夹粉砂岩、页岩、油页岩	东部有油层分布
		沙三下	700		盐岩膏盐层泥膏岩灰色泥岩及少量粉砂岩	文26、文23－3等井有零星气层分布
		沙四上	200左右	0.9~1.3	上部灰色泥岩夹薄层白云质粉砂岩：下部灰黄色粉砂岩夹泥岩	文23气田主要产气层
		沙四下	250		棕红色粉砂岩、细砂岩夹薄层泥岩	文23气田主要产气层
中生界			>300		棕色砂、泥岩互层	

二、文23储气库二期钻完井技术应用

文23储气库是国家重点项目，设计库容$104\times10^8m^3$，建成后有效工作气量$40\times10^8m^3$以上。根据研究区储层物性、厚度展布及产能变化，分两期建设：一期主要在北部和东部高产能区；二期主要在南部中低产能区。将极大缓解华北地区乃至全国在用气高峰期间的用气紧张局面。

文23储气库位于东濮凹陷中央隆起带北部文留构造文23块，盖层为文23盐，目的层为沙四$^{1-6}$沙组，为枯竭性气藏储气库。储气库一期工程于2017年5

月正式开工建设，新钻井66口，已于2019年8月底全面完成；二期工程2023年已经完成24口钻井施工和20口注采完井作业，新建1号、9号丛式井场14口井已经顺利投入注气 $5200\times10^4m^3$。文23储气库二期工程共部署24口新注采井总进尺77751m，平均机械钻速13.47m/h、平均钻完井周期68.65d。

（一）井身结构设计

针对文23气田属于高－低压力特征，采用了“储层专打”三开井身结构，选择 Φ177.8mm 生产套管，具体的井身结构如图4－1－1所示，文23储气库井身结构设计数据见表4－1－2。

一开：采用 Φ508mm 钻头钻至井深500m，下入 Φ406.4mm 表层套管封隔平原组及以上松散、易垮塌地层，缩短二开裸眼段长度，保证二开井眼安全、快速钻进。

二开：采用 Φ330.2mm 钻头钻至文23盐底界以下斜深30m中完，下 Φ273.05mm 普通套管和内加厚套管封隔表层及以上易漏地层，为三开亏空目的层的安全钻进和储层保护创造条件。技术套管封目的层以上地层，包括文23盐，利于三开用低密度钻井液打开储层。为了提高盐层段的套管强度和保证套管的安全下入，盐层段下入外径 Φ273.05mm，钢级155V，壁厚15.11mm 高抗挤套管。

三开：采用 Φ235mm 钻头钻至沙四下 ^{6} 底界完钻，下 Φ177.8mm 套管。采用尾管悬挂＋回接的固井工艺，悬挂点位置为文23盐顶以上100m，且与上层套管的重叠段不少于300m。

表4－1－2　文23储气库井身结构设计数据

开次	井段/m	地层	钻头尺寸/mm	套管尺寸/mm	水泥返深/m
一开	0～500	明化镇组	508	406.4	地面
二开	～2915	沙四上 ^{2}	330.2	273.05	地面
三开	～3346	沙四下 ^{6}	235	177.8	地面

为了保证储气库井的井筒完整性，满足长期强注强采的要求，技术套管和生产套管设计采用金属气密封扣。技术套管盐层段采用高抗挤套管。依据储存气体的特性选择套管，生产套管选用 Φ177.8mm 气密封扣套管，考虑气源的多样化，按照一类气标准设计，悬挂器以下选用钢级13Cr－110s抗腐蚀套管，以上选用钢级P110的套管具体的套管柱设计和校核结果见表4－1－3、表4－1－4。

表 4-1-3　套管性能数据表

套管程序	外径/mm	钢级	壁厚/mm	扣型	每米重量/(kg/m)	内径尺寸/mm	通径尺寸/mm	接箍外径/mm	抗挤强度/MPa	抗内压强度/MPa	抗拉强度/kN
表层套管	406.4	J55	12.57	BC	125.01	381.26	376.5	431.8	9.7	20.5	5898
技术套管	273.05	P110	12.57	金属气密封扣	82.59	247.91	243.94	299.00	31.7	61.0	7762
		155V	15.11		97.77	242.83	238.86	299.00	78.0	103.5	13082
生产套管	177.8	P110	10.36		43.16	157.08	153.90	197.00	58.8	77.3	4132
		13Cr-110s	10.36		42.68	157.08	153.90	197.00	58.8	77.3	4132

表 4-1-4　套管强度校核数据表

外径/mm	井段/m	段长/m	钢级	壁厚/mm	每米重量/(kg/m)	段重/t	累计重量/t	安全系数				钻井液密度/(g/cm^3)
								抗挤	抗内压	抗拉	三轴应力	
406.4	0~499	499	J55	12.57	125.01	62.38	62.38	—	—	—	—	1.03~1.05
273.05	0~2463	2463	P110	12.57	82.59	203.42	249.57	1.32	2.15	3.06	1.36	1.45~1.55
	2463~2937	474	155V	15.11	97.77	46.15	46.15	1.56	3.65	25.78	2.80	
177.8	0~2413	2413	P110	10.36	43.16	104.15	104.15	2.33	1.82	3.98	4.83	0.92~1.20
	2413~3304	891	13Cr-110s	10.36	42.68	38.03	38.03	1.70	1.82	10.79	2.03	

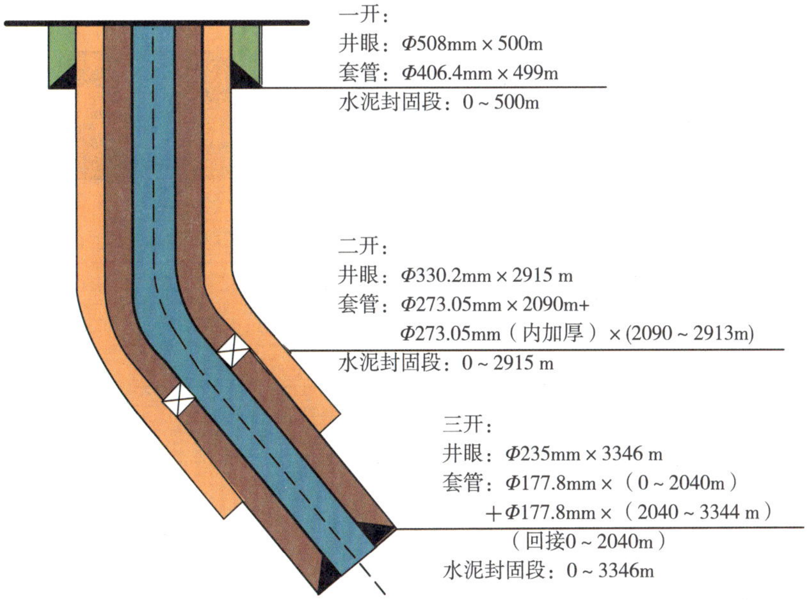

图 4－1－1　文 23 储气库井身结构示意图

（二）防碰绕障技术

在文 23 储气库二期工程设计 4 个平台共 24 口井进行了现场应用，其中 1#平台 4 口井，9#平台 10 口井，10#平台 8 口井，12#平台 2 口井。轨道防碰优化设计在 24 口井中应用，未发生井眼防碰风险，井身质量合格率达到 100%。

以文 23 储 9－10 井为例，设计采用“直－增－稳－降－稳”5 段制剖面，造斜点设计井深 1470m，位于东营组组地层，造斜率设计 3.0°/30m。通过优化轨道设计拉大了防碰距离，该轨道设计完全实现了防碰绕障的目的，并节约了钻井周期，取得良好效果。

轨道设计重点数据表见表 4－1－5。文 23 储 9－10 井水平投影图见图 4－1－2。

表 4－1－5　轨道设计重点数据表

井深/m	井斜/(°)	方位/(°)	垂深/m	南北/m	东西/m	闭合距/m	闭合方位/(°)	狗腿度/[(°)/30m]	备注
0.00	0.00	0.00	0.00	0.00	0.00	0.00	0.00	0.00	
1470.00	0.00	0.00	1470.00	0.00	0.00	0.00	0.00	0.00	造斜点
1690.54	22.05	350.42	1685.13	41.34	－6.97	41.92	350.42	3.00	
2805.37	22.05	350.42	2718.39	454.10	－76.62	460.52	350.42	0.00	

续表

井深/m	井斜/(°)	方位/(°)	垂深/m	南北/m	东西/m	闭合距/m	闭合方位/(°)	狗腿度/[(°)/30m]	备注
2882.08	20.00	344.06	2790.00	480.92	-82.62	487.97	350.25	1.20	
2901.00	20.00	344.05	2807.78	487.14	-84.40	494.33	350.11	0.00	二开中完
2967.21	20.00	344.06	2870.00	508.92	-90.62	516.93	349.90	0.00	Ⅰ
3073.63	20.00	344.06	2970.00	543.92	-100.62	553.15	349.52	0.00	Ⅱ
3169.41	20.00	344.06	3060.00	575.42	-109.62	585.77	349.21	0.00	井底

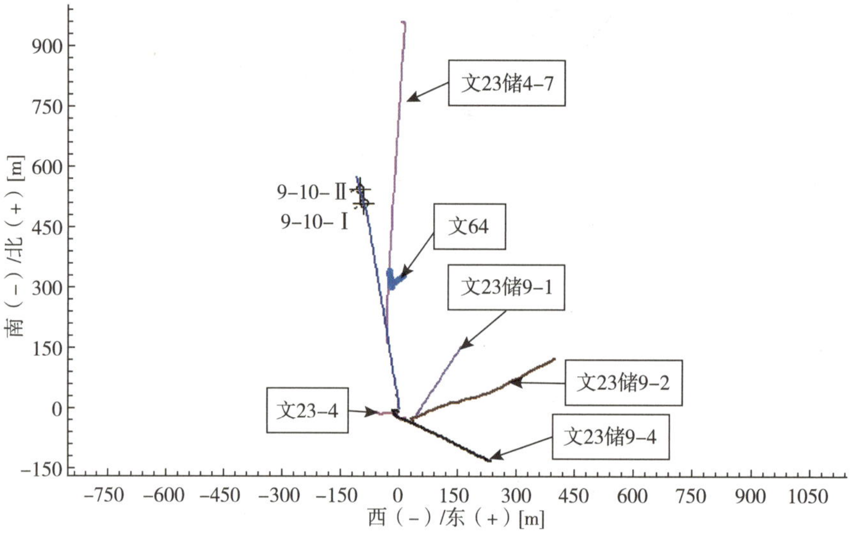

图 4-1-2 文 23 储 9-10 井水平投影图

采用 landmark 软件利用最小距离法进行防碰扫描，结果见表 4-1-6，分离系数情况见图 4-1-3，具体防碰扫描数据见附录。

表 4-1-6 文 23 储 9-10 井防碰扫描结果

防碰井号	文 23 储 9-10 井深/m	防碰距离/m	分离系数
文 23 储 9-4	1380.00	17.31	2.920
文 64	2386.26	34.85	4.822
文 23-4	1486.52	28.46	8.607
文 23 储 9-2	1480.07	40.79	12.389
文 23 储 9-1	1500.00	46.95	7.037
文 23 储 4-7	2790.93	55.62	5.746

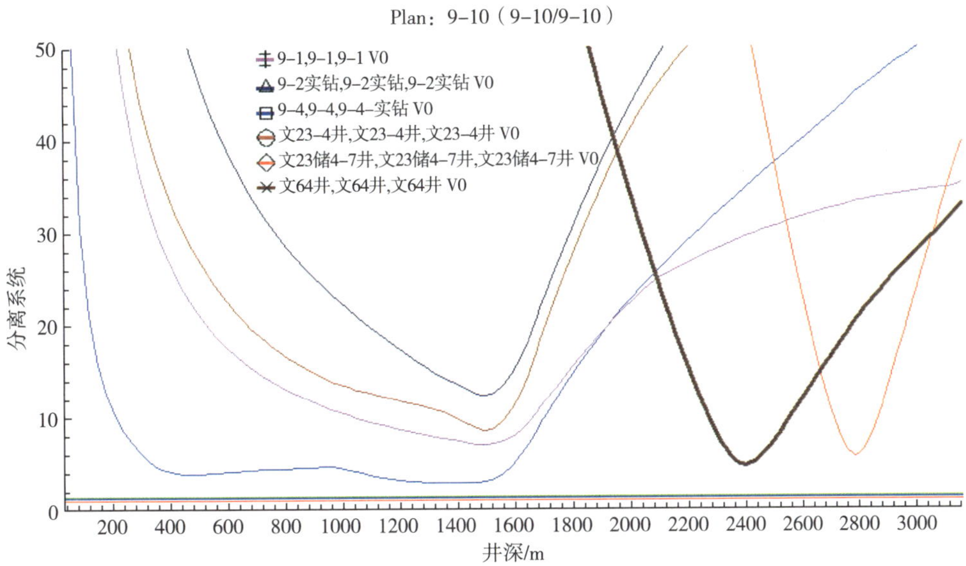

图 4－1－3　分离系数情况

（三）微泡钻井液技术

低密度微泡钻井液体系已在中原文 23 储气库二期应用 24 口井，表现出良好的防漏效果，为中原文 23 储气库建设提供了有力的技术支撑。

为降低井漏发生概率，保护油气层，现场采用密度 1. 18 ~ 1. 33g/cm^3 防漏型微泡钻井液（含气量约 5%~10%）钻进，钻井施工期间 24 口井均未发生井漏，钻井液表现出良好的防漏性能。同时微泡钻井液显示出优异的抑制性，施工期间井壁稳定，未发生因井壁失稳造成的坍塌、掉块现象，井眼规则，起下钻顺畅，电测、下套管顺利，三开平均井径扩大率小于 6%（表 4－1－7）。

表 4－1－7　储气库部分井三开平均井径扩大率

井号	平均井径扩大率/%
文 23 储 9－1	3. 16
文 23 储 9－2	5. 75
文 23 储 9－3	10. 72
文 23 储 9－4	6. 11
文 23 储 9－5	7. 15
文 23 储 9－6	6. 74

续表

井号	平均井径扩大率/%
文23储9-7	3.16
文23储9-8	3.60
文23储9-9	4.60
文23储9-10	8.46
平均	5.95

（四）储层保护技术

1. 文23储气库储层伤害因素分析

（1）衰竭气层压力系数低，钻井液作用于井底的压差较大，加剧了钻井液固相和液相侵入气层的深度和伤害程度。一旦伤害无法解除，将造成后期注气困难，注气压力升高，注气量降低等问题。

（2）文23气田属中-低渗透层，污染以钻井液滤液引起的液相伤害为主。常年开采可能导致气层骨架应力及渗流通道孔径发生变化，储层接触钻井液10天以上，滤液侵入地层深度约近1m左右，容易引起较为严重的固相污染和液相水锁。

（3）气层以紫红色细、粉砂岩、泥质粉砂岩为主，含有泥质等敏感性矿物，钻井液滤液与地层矿物及高矿化度地层水不配伍将导致气层敏感性伤害。

2. 储层保护方案

针对文23储气库地层，筛选多组配方并经岩心实验验证，建议采用自降解储层保护技术方案。配方：现场钻井液+2%刚性架桥封堵剂YBS-2+6%油气层可变形封堵剂WTS+0.5%自降解储层保护剂MPA。

（1）刚性架桥封堵剂YBS-2，其具有极细的纤维材料和刚性可酸溶颗粒，可以在孔洞或微裂缝中缠绕和堆积，封堵微裂缝及高渗流的孔道，减少钻井液固相和液相对储层的伤害深度。

（2）油气层可变形封堵剂WTS可通过变形挤入孔隙，其中所含的封堵颗粒微观形态为球形粒子，并具有软硬核结合结构，粒径分布较宽，粒径在0.1~10μm之间，与中-低渗储层的孔径分布相匹配，形成致密封堵层，可有效延缓压力传递和滤液侵入。

（3）优选自降解储层保护材料MPA，其具有以下特点：①致密封堵能力强。封堵层强度可达到10~20MPa，减少钻井液固相和液相侵入储层的深度；②可完全降解。其在合成时引入自降解单体，具有解堵特性，可在10~20天完全降解，储层渗透率恢复值达到80%，恢复储层孔道渗流能力；③具防漏能力。能够有效封堵微裂缝及孔喉发育的储层，减轻钻井液渗漏量；④具有消除水锁效果。乳液中的表面活性剂可有效降低钻井液滤液界面张力，降低岩心水锁效应。

3. **储层保护效果**

依据储层保护技术改造后的微泡钻井液所得到的测井曲线（文23储10-3）如图4-1-4所示，其泥浆电阻率远低于中感应/深感应电阻率，表明钻井液中的微泡和储层保护剂能封堵井壁表面微小裂缝及孔隙，并在井壁表面聚集，有效减少钻井液漏失，从而导致近井壁地带电阻率低。中感应和深感应电阻率数值基本吻合，也进一步表明储层未受到污染。

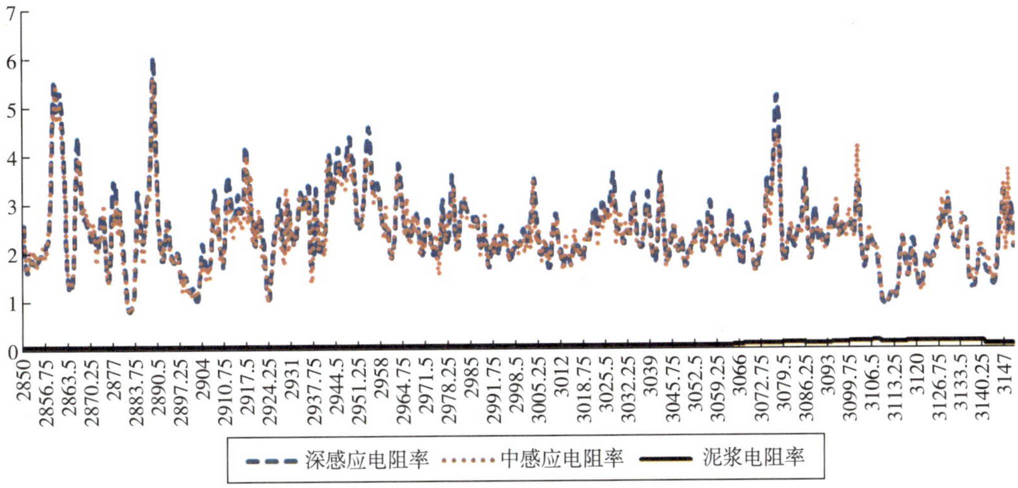

图4-1-4　文23储10-3井测井曲线

由于储层保护技术的实施，有效降低了钻井液侵入地层的深度。经后期测井数据表明，钻井液侵入深度0.8~1.6m，有效减少了钻井液损害。各井实施储层保护施工后，平均岩心渗透率恢复值为85.3%，与原钻井液的52.8%有较大提升，具有良好的储层保护效果。

（五）固井技术

文23储气库二期工程应用了抗盐增韧水泥浆、低压储层固井工艺等技术，技套固井24口，技术套管盖层段连续优质长度平均58.03m，远超标准的25m；生产套管盖层段连续优质长度平均261.73m，盖层优质段占比高达75%左右，生产套管固井合格段长占比95.36%，远远高于标准的70%，二期工程整体固井合格率100%，较好地完成了固井施工任务。

文23储10-1井生产套管固井质量图如图4-1-5所示。文23储9-7井技术套管盖层段固井质量图如图4-1-6所示。

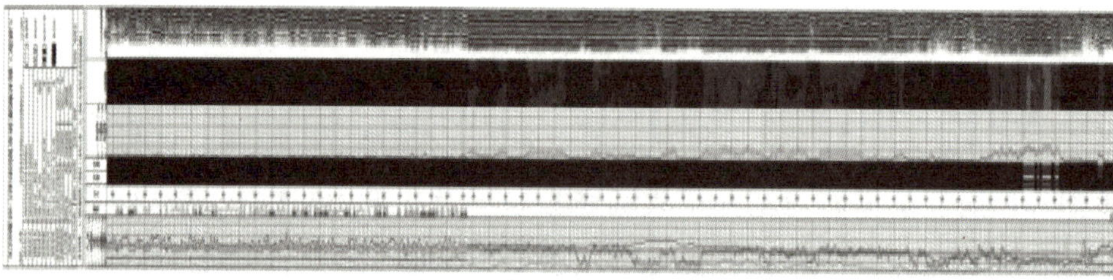

图4-1-5 文23储10-1井生产套管固井质量图

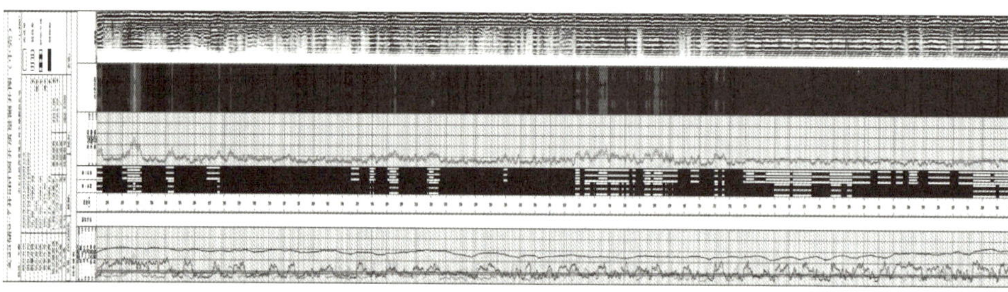

图4-1-6 文23储9-7井技术套管盖层段固井质量图

2 第二节 卫11储气库二期钻完井工程

一、卫11储气库主要地质特征

（一）地层层序

卫11气藏地层层序自下而上为：新生界古近系沙河街组（Es）、东营组（Ed）、新生界新近系馆陶组（Ng）、明化镇组（Nm）及第四系平原组。沙河街组又细分为沙四段、沙三段、沙二段和沙一段。卫 11 块为卫城地垒带西部的一含油气断块，沙三下$^{1-3}$砂组为主要含气层系，纵向上泥、砂岩呈互层状发育，砂岩成组性强，组内砂岩发育集中。盖层主要为卫城盐，具有厚度大、岩性纯、封堵性强（盐膏岩塑性强，即使断层发育时期其连续性也不易遭到破坏）的特点。

卫 11 储气库地质基础数据表见表 4－2－1。

表 4－2－1　卫 11 储气库地质基础数据表

地层层序			厚度/m	岩性描述
系	组	段		
第四系	平原组		200～300	土黄砂质黏土
新近系	明化镇组		900～1000	红黄棕黏土和粗砂间互
	馆陶组		200～250	块状厚层细砂岩
古近系	东营组		0～800	棕红色、浅灰色砂泥岩互层
	沙河街组	沙一段	250～300	灰色泥岩夹生物灰岩、粉砂岩、劣质油页岩
		沙二上	200～400	粗粉砂岩、浅紫红色砂岩、棕色泥岩、含膏泥岩
		沙二下	250～300	灰黄色泥岩与粗粉砂岩间互
		沙三上	360～420	灰色泥岩、粗粉砂岩、油页岩
		沙三中	400～800	上部为盐岩、含膏泥层、油页岩中部为粉砂岩，含膏泥岩，油页岩下部为盐岩、含膏泥层、油页岩
		沙三下	280～570	1－3 砂组为深灰色含膏泥岩，灰质泥岩，页岩，灰褐色油页岩与粉砂岩的互层 4－6 砂组为深灰色泥岩、页岩，灰褐色油页岩与粉砂岩的互层 7－10 砂组为灰色泥岩、页岩，灰褐色油页岩与粉砂岩不等厚互层，向下泥质增多，砂质岩减少

（二）储层地质特征

卫 11 储气库气藏埋深为 2500～2895m（垂深），孔隙度在 16.0%～20.0%，平均为 17.4%，渗透率主要分布在 10.0～60.0mD 之间，平均约 20.0mD，为中孔、中渗储层。地层水矿化度 27×10^4mg/L 左右，氯离子含量约 17×10^4mg/L，

$CaCl_2$型水。地层温度在95～105℃之间，平均为101℃；地层温度梯度在3.8℃/100m左右，稍高于正常温度梯度。气田原始地层压力27.42MPa，压力系数为1.02～1.04左右，为正常压力系统，而目前气田地层严重亏空，平均地层压力只有4.6MPa，平均地层压力系数0.18。

二、卫11储气库钻完井技术应用

卫11储气库是继文96、文23储气库建成后，中原储气库群“十四五”规划的第一座储气库，距文23储气库17km，通过联络线可以实现3座储气库的互联互通，能够担负大华北地区以及附近长输管道天然气目标市场的季节调峰、应急供气任务。2021年2月卫11储气库开工建设，2021年10月试注投产。

卫11储气库10口井总进尺28362m，通过储气库钻完井技术的应用，实现平均机械钻速15.38m/h、平均钻完井周期49.53d，创储气库建设周期最短记录，固井质量优良率100%，被中石化集团公司评为“优质工程”。

（一）井身结构优化技术

针对卫11气田属于高－低压力特征，采用了“储层专打”三开井身结构（图4－2－1），选择Φ139.7mm生产套管，具体的井身结构数据表见表4－2－2。

一开：采用Φ444.5mm钻头钻至井深300m，下入Φ339.7mm表层套管封隔上部松散、易垮塌地层，为了二开安全、快速钻进创造条件。

二开：采用Φ311.2mm钻头钻至卫城盐底界以下垂深5m中完，下Φ244.5mm普通套管和Φ250.8mm外加厚套管封隔卫城盐及以上易漏地层，为三开亏空目的层的安全钻进和储层保护创造条件。技术套管封目的层以上地层，包括卫城盐，利于三开用低密度钻井液打开储层。为了提高盐层段套管强度，盐层段下入外径Φ250.8mm、钢级P110TT、壁厚15.88mm外加厚套管。

三开：采用Φ215.9mm钻头钻至设计井深，下Φ139.7mm套管。采用尾管悬挂＋回接的固井工艺，悬挂点位置为卫城盐顶以上100m，且与上层套管的重叠段不少于300m。

表4－2－2　井身结构数据表

开钻次序	井段/m	地层	钻头尺寸/mm	套管尺寸/mm	水泥返深/m
一开	~300	平原组	444.5	339.7	地面
二开	~2610	沙三中	311.2	244.5+250.8	地面
三开	~2879	沙三下	215.9	139.7	地面

为了保证储气库井的井筒完整性，满足长期强注强采的要求，技术套管和生产套管设计采用金属气密封扣。技术套管盐层段采用高抗挤套管。依据储存气体的特性选择套管，考虑气源的多样化，按照一类气标准设计，悬挂器以下选用钢级P110－13Cr抗腐蚀套管，以上选用钢级P110的套管。

套管性能数据表见表4－2－3，套管强度校核数据表见表4－2－4。

（二）防碰绕障技术

卫11块老井密集，块内常规开发井有82口。另外为减少占地和投资，卫11储气库建设采用丛式井组，需要同时考虑同平台及老井的防碰，多数井需要同时考虑10余口井的防碰，造成防碰压力较大。

为了保障钻井速度，降低施工风险，井眼轨道将尽可能采用三段制井身剖面。由于卫11区块老井分布密集，且新井与新井也存在防碰，为了保证钻井施工的安全性，避免发生碰撞，有的井需要采用垂向或三维绕障轨道。

采用最小距离扫描法计算出的是邻井轨迹的空间最近距离，采用分离系数法判断和邻井的防碰风险，通过集成邻井数据和创建三维图像（图4－2－2），使区块内所有井的井深和走向一目了然，为施工井的轨迹设计和实钻井眼优化提供直观、便捷的指导作用。下面是防碰绕障技术实例：卫11储1井绕障情况。

与卫11储1井距离较近的井有：卫11－26井、与卫126井、卫126换、卫127井、卫211井、新卫210井和卫侧127井。通过防碰扫描与计算，其中防碰问题比较突出的井有：与卫211井在井深1895.67m距离较近为17.09m；与新卫210井在1928.05m距离较近为10.68m；与卫侧127井在2762.97m距离较近为10.78m。

从防碰水平投影图（图4－2－3）可以看出，卫211井和新卫210井的防碰点分别位于卫11储1井两边，且距离卫211井偏远，与新卫210井较近，实钻过程中保持实钻轨迹贴合设计轨迹且位于右侧，使得距两口井防碰点距离均匀对称，同时能增加与卫侧127井的防碰距离。

表 4-2-3　套管性能数据表

套管程序	外径/mm	钢级	壁厚/mm	扣型	每米质量/(kg/m)	内径尺寸/mm	通径尺寸/mm	接箍外径/mm	抗挤强度/MPa	抗内压强度/MPa	抗拉强度/kN
表层套管	339.7	J55	9.65	STC	81.11	320.42	316.45	365.13	7.8	18.8	2286
技术套管	244.5	N80Q	10.03	金属气密封扣	59.53	224.41	220.44	269.90	21.2	39.6	4075
	250.8	P110TT	15.88		93.46	219.04	215.90	269.88	88	65.1	6640
生产套管	139.7	P110	9.17		30.05	121.36	118.19	154.25	76.5	87.1	2851
		P110-13Cr	9.17		30.05	121.36	118.19	154.25	76.5	87.1	2851

表 4-2-4　套管强度校核数据表

外径/mm	井段/m	段长/m	钢级	壁厚/mm	每米质量/(kg/m)	段重/t	累计重量/t	安全系数			钻井液密度/(g/cm^3)
								抗挤	抗内压	抗拉	
339.7	0~300	300	J55	9.65	81.1	24.33	24.33	—	—	—	1.03~1.08
244.5/250.8	0~2364	2364	N80Q	10.03	59.53	140.73	163.72	1.25	1.71	2.49	1.25~1.30
	2364~2610	246	P110TT	15.88	93.46	22.99	22.99	1.87	2.81	28.88	
139.7	0~2310	2310	P110	9.17	30.05	69.42	69.42	3.44	2.93	4.11	0.90~0.98
	2310~2879	569	P110-13Cr	9.17	30.05	17.10	17.10	2.76	2.93	16.67	

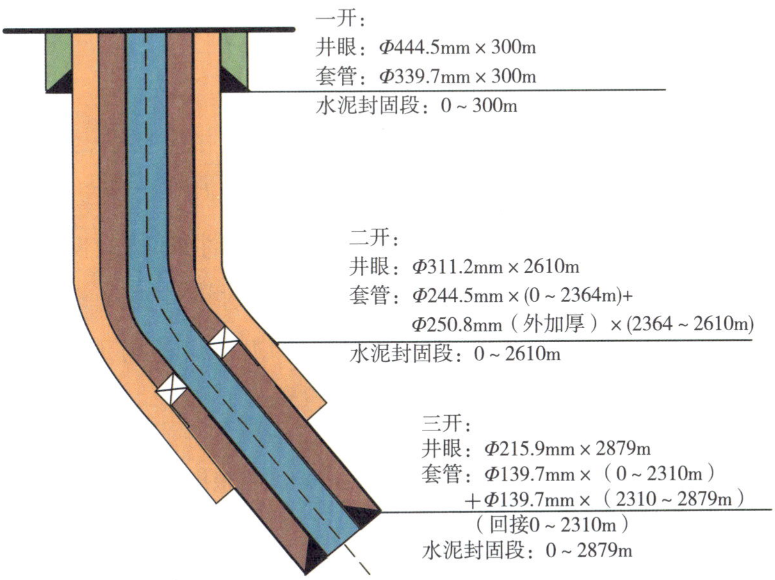

图 4－2－1　井身结构示意图

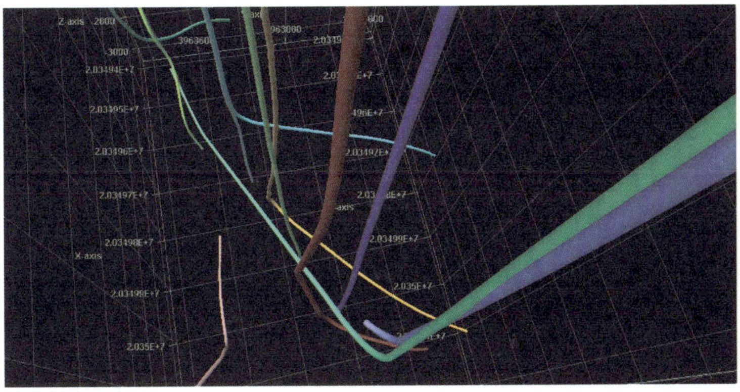

图 4－2－2　卫 11 储 1 井防碰绕障三维成像情况

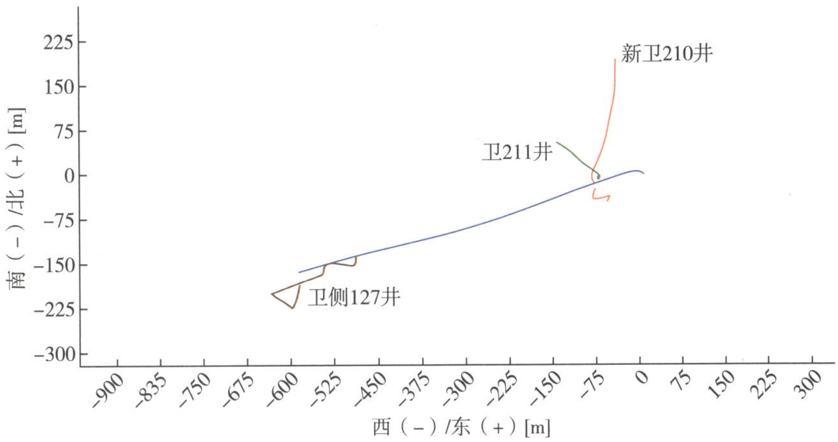

图 4－2－3　卫 11 储 1 井防碰水平投影图

（三）微泡钻井液技术

针对卫11气田低压产层的特点，采用了微泡钻井液技术，现场采用密度0.95～1.23g/cm^{3}防漏型微泡钻井液（含气量约5%～10%）钻进，钻井施工期间10口井均未发生井漏，钻井液表现出良好的防漏性能，具体见表4－2－5。同时，微泡钻井液密度低，对微裂缝具有较强的封堵性能（在40～60目砂床封堵强度达15MPa以上），可满足卫11气田低压易漏地层段钻井施工需求。

表4－2－5　卫11储气库部分井微泡钻井液施工情况

施工井号	密度/(g/cm^3)	岩性	施工井段/m	漏失情况/m^3
卫11储1井	0.96～0.98	粉砂岩、泥岩	2710～2900	无漏失
卫11储4井	0.95～0.98	粉砂岩、泥岩	2607～2809	无漏失
卫11储6井	0.96～0.98	粉砂岩、泥岩	2663～2900	无漏失
卫11储10井	0.95～0.98	粉砂岩、泥岩	2623～2823	无漏失

微泡钻井液具有较好的抑制性，施工期间井壁稳定，未发生因井壁失稳造成的坍塌、掉块现象，井眼规则，起下钻顺畅，电测、下套管顺利，三开平均井径扩大率小于6%（表4－2－6）。

表4－2－6　卫11储气库三开平均井径扩大率

井号	平均井径扩大率/%
卫11储1井	4.95
卫11储2井	3.70
卫11储3井	8.51
卫11储4井	5.54
卫11储5井	6.15
卫11储6井	3.69

续表

井号	平均井径扩大率/%
卫 11 储 7 井	4.32
卫 11 储 8 井	6.39
卫 11 储 9 井	5.53
卫 11 储 10 井	2.75
平均	5.81

（四）储层保护技术

卫 11 储气库气层压力系数低，钻井液作用于井底的压差较大，加剧了钻井液固相和液相侵入气层的深度和伤害程度。储层物性为中孔中渗储层，污染以钻井液固相侵入堵塞和滤液引起的液相伤害为主。针对储层的主要伤害因素，设计储层保护思路为强化钻井液的封堵性能，提高井壁的承压能力，减少因漏失造成的钻井液侵入，避免地层的大范围污染。通过处理剂的筛选和配比，形成卫 11 储气库气层保护方案。

1. 卫 11 储气库储层伤害因素分析

卫 11 区块结合地质特征进行岩心分析，岩心孔隙度平均为 17.4%，渗透率平均 20.0mD，属中孔中渗储层，易发生固相侵入堵塞损害；储层岩性以岩屑质石英粉砂岩为主，可发生水敏现象；沙三下$^{1-3}$砂组以含气为主，少量边块含地层水，地层水为高矿化度盐水，可能与钻井液滤液不配伍产生结垢堵塞；区块开采压力系数较低，尽量避免漏失对地层的损伤。综上所述，卫 11 储气库的主要伤害因素：固相颗粒侵入损害、水敏伤害、井壁失稳或漏失造成的损害加剧。颗粒显微图像如图 4-2-4 所示。

片状变形材料　　刚性粒子　　纤维材料

图 4-2-4　颗粒显微图像

2. 储层保护方案

针对储层的主要伤害因素，设计储层保护思路为强化钻井液的封堵性能，提高井壁的承压能力，减少因漏失造成的钻井液侵入，避免地层的大范围污染。通过处理剂的筛选和配比，形成卫11储气库气层保护方案。

卫11储保方案：微泡钻井液+1%~2%刚性架桥堵漏剂+2%~3%钻井液用油气层封堵保护剂。

3. 储层保护效果

在卫11区块施工过程中，在卫11储3、卫11储7井进行了部分实验施工，结果表明，对钻井液性能基本无影响，能进一步提高储层保护效果（表4-2-7）。

表4-2-7　加入储层保护材料后的钻井液性能

样品名称	密度/(g/cm³)	*AV*/(mPa·s)	*PV*/(mPa·s)	*YP* Pa	*FL*/mL	pH值	$Gel_{10'}$
微泡浆	0.96	53.5	29	24.5	6.4	8	8
加储保剂微泡浆	0.97	57.5	31	25.4	4.5	8	8

注：120℃/16h热滚后测定

测试加入储层保护剂前后的钻井液岩心渗透率（表4-2-8）。

表4-2-8　加入储层保护材料前后的渗透率

钻井液	岩心号	原始渗透率/mD	污染后渗透率/mD	渗透率恢复值
微泡浆	卫217（4）	12.8	7.86	61.4%
加储保剂微泡浆	卫217（6）	14.4	13.2	91.7%

加储层保护剂后的钻井液密度黏度基本无变化，室内评价渗透率恢复值卫城岩心由61.4%提高到91.7%。卫11储气库10口井采用储层保护技术施工后，均取样进行了渗透率测试，经统计，平均渗透率恢复值为85.5%，具有良好的储层保护效果（图4-2-5）。

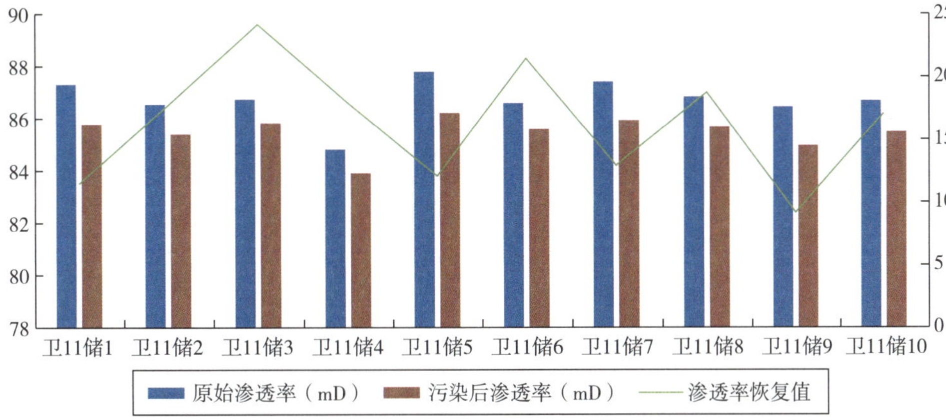

图 4-2-5　卫 11 储气库渗透值情况

（五） 固井技术

卫 11 储气库技术套管盐层段选用非渗透抗盐增韧水泥浆体系，非盐层段使用非渗透防漏防窜高强低密度水泥浆体系，油层套管选用防窜弹韧性水泥浆体系。

储气库注采井；固井质量要满足长期高低压交互变化条件下的需要，盖层段及以下采用超声波成像测井技术检测固井质量，水泥胶结质量的评价应符合《固井质量评价方法》（SY/T 6592-2016）的规定。生产套管固井质量胶结合格段长度不小于 70%；对于封固盖层的技术套管，盖层段固井质量连续优质水泥段不小于 25m，且胶结合格段长度不小于 70%，卫 11 储气库固井质量情况统计见表 4-2-9。

表 4-2-9　卫 11 储气库固井质量情况统计表

井号	轮次	盖层顶/m	盖层底/m	盖层连续优质段长/m	盖层累计优质段长/m	尾管优质率/%	评价结果
卫 11 储 1 井	第一轮	2380	2617.0	57.3	67.7	80.62	优质
卫 11 储 2 井	第二轮	2575	2629.3	35.4	35.4	53.35	优质
卫 11 储 3 井	第一轮	2345	2620.8	52.6	210.7	77.87	优质
卫 11 储 4 井	第二轮	2390	2710.5	53.1	158.2	57.60	优质
卫 11 储 5 井	第一轮	2392	2589.0	46.3	91.1	93.30	优质
卫 11 储 6 井	第二轮	2415	2636.0	39.6	43.7	65.49	良好

续表

井号	轮次	盖层顶/m	盖层底/m	盖层连续优质段长/m	盖层累计优质段长/m	尾管优质率/%	评价结果
卫11储7井	第二轮	2427	2607.0	138.7	145.9	81.42	优质
卫11储8井	第一轮	2384	2662.0	39.2	182.1	36.73	良好
卫11储9井	第二轮	2527	2617.7	72.1	87.9	81.98	优质
卫11储10井	第一轮	2401	2587.8	56.1	64.6	93.30	良好

卫11储气库共10口井，二开固井均采用双密度水泥浆体系，盐层段采用抗盐韧性水泥浆体系，三开均采用尾管悬挂+套管回接至井口的固井工艺，固井合格率为100%，优良率为100%。

3 第三节 文13西储气库钻完井工程

文13西块位于东濮凹陷中央隆起带文留构造东翼，文13背斜西翼。平面上呈北北东向展布，地层西北倾，由北向南地层倾角逐渐变大，倾角约5°~14°。构造具有北部简单，南部（文13-93断层以南）复杂的特点，断块内南部发育数条10~70m断层，走向以北北东向为主，使构造进一步复杂化。所揭示的地层层序自下而上为：中生界（Mz）、新生界古近系沙河街组（ES）、东营组（Ed）、新生界新近系馆陶组（Ng）、明化镇组（Nm）及第四系平原组。沙河街组又细分为沙四段、沙三段、沙二段、沙一段。

一、文13西储气库主要地质特征

（一）地层层序

文13西储气库地质基础数据见表4-3-1。

表 4－3－1　文 13 西储气库地质基础数据表

层位			井深（垂）/m	钻井液密度/（g/cm^3）	地层压力系数	岩性描述
平原组			300	1.03～1.08	1.0	浅棕黄色黏土、粉砂、砂砾层
明化镇组			1200	1.08～1.10		棕色黏土、粉砂、含砾砂岩互层
馆陶组			1430	1.10～1.12		浅灰色砂砾岩夹棕灰色泥岩
东营组			2200	1.10～1.20		灰绿色泥岩与灰白色厚层砂岩互层
沙一段	上		2350			灰色泥岩夹薄层生物灰岩、砂岩组合
	下		2410			北部盐岩夹灰色泥岩及云质岩组合，南部灰色泥岩、泥灰岩与粉砂岩互层
沙二段	上		2630			紫红色泥岩、泥膏岩与砂岩组合
	下		2830		0.6	红色泥岩与灰白色砂岩互层
沙三段	上		2950		0.9	暗色泥岩、油页岩与粉砂岩间互组合
	中	1		1.74～1.85	1.69～1.75	北部盐岩与暗色泥岩组合，南部为灰色泥岩与灰色砂岩间互组合；沙三中 1－3 砂层组为一套盐、泥岩组成的韵律层（即文 9 盐下段），中、下段为一套深灰色泥岩夹稳定油页岩组与砂岩—粉砂岩组成的砂泥岩
		2				
		3	3080			
		4		0.90～0.98	0.2～0.3	
		5	3180			
完钻井深			3180（垂）/3300（斜）			
盐层井段/m			盐层垂深：沙一盐：2120～2280；文 9 盐：2970～3080			

（二）储层地质特征

文 13 西油气藏埋深：3040～3221m，为异常高温、高压、中孔中渗、盐间砂岩气藏，地质储量大，采出程度高，储层物性较好，构造相对简单。断块边界断层具有封堵性，系列内部低序级断层不具有封堵性。储集层孔隙度多在 10.8%～25.3% 之间，平均孔隙度 18.4%，渗透率区间在 0.26～466.8mD，平均渗透率48.4mD。甲烷含量均在80%~85%之间，凝析油含量一般在180g/m³。地面原油性质具有三低一高的特点：地面原油密度低，在0.81~0.84g/cm³之间；地面原油黏度低，在3.1~10.0mPa·s之间；原油含硫量低，在0.11%~0.4%之间，原油凝固点高，在30℃左右。地下原油性质具有三高两低的特点：高气油比（200~328m³/t）、高体积系数（1.6~1.7）、高饱和压力（29.7~35.1MPa）、低地下原油密度（0.5~0.65g/cm³）和低黏度（<0.5~1.0mPa·s）的特点，总矿化度为322900~347000mg/L，氯离子含量为181900~209900mg/L，水型均属氯化钙型。原始地层压力为55~68MPa，压力系数1.72~1.76，平均1.74，地层温度为120~150℃，地温梯度3.96℃/hm，为异常高温高压系统。

二、文13西储气库钻完井技术应用

文13西储气库是继文96、文23储气库建成后，中原储气库群“十四五”规划的第二座储气库，文13西储气库建成后通过联络线与文23储气库和文96储气库互联互通，能够担负大华北地区（河南、山东、江苏、河北、山西省，北京市、天津市）以及附近长输管道天然气目标市场的季节调峰、应急供气任务。

文13西储气库8口井总进尺25998m，通过井身结构优化井眼尺寸，实现平均机械钻速9.41m/h、平均钻完井周期93.77d，固井质量优良率80%，取得了较好效果。

（一）井身结构优化技术

针对文13西气田属于低－高－低压力特征，采用了“盖层专封、储层专打”四开井身结构（图4－3－1），选择Φ139.7mm生产套管，具体的井身结构数据表见表4－3－2。

一开：采用Φ609.6mm钻头钻至井深300m，下Φ473.08mm表层套管封隔上部松散、易垮塌地层，缩短二开裸眼段长度，保证二开井眼安全、快速钻进。

二开：Φ431.8mm钻头钻进至文9盐顶，且不揭开盐层，下入Φ339.7mm套管封文9盐以上低压易漏、易垮地层。为三开盐层段安全、快速钻进创造条件。

三开：Φ311.2mm钻头钻至文9盐底界以下垂深30m中完，下Φ244.5mm

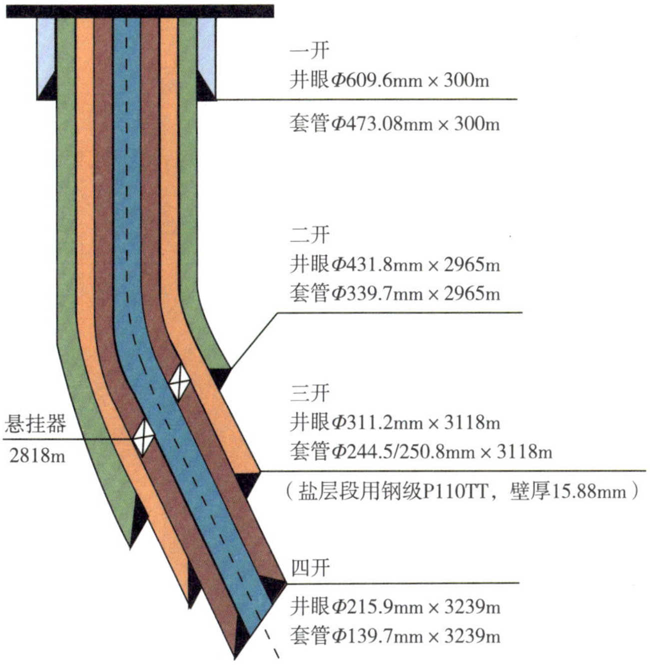

图4-3-1 文13西储气库井身结构示意图

表4-3-2 井身结构数据表

开钻次序	井段/m	地层	钻头尺寸/mm	套管尺寸/mm	水泥返深/m
一开	0～300	平原组	609.6	473.08	地面
二开	～2965	沙二下	431.8	339.7	地面
三开	～3118	沙三中	311.2	244.5/250.8	地面
四开	～3239	沙三中	215.9	139.7	地面

套管和Φ250.8mm厚壁套管，封隔文9盐，为四开亏空目的层的安全钻进和储层保护创造条件。

三开技术套管封目的层以上文9盐，第一，有利于四开采用低密度微泡防漏钻井液打开亏空目的层；第二，有利于提高盖层的固井质量。为了提高盐层段的套管强度，盐层段下入外径Φ250.8mm，钢级P110TT，壁厚15.88mm高抗挤套管。

四开：Φ215.9mm钻头钻至设计井深，下Φ139.7mm生产套管，采用尾管悬挂+回接的固井工艺，悬挂点为文9盐顶以上100m，且与上层套管的重叠段不少于300m。

套管性能数据表见表4-3-3，套管强度校核数据表见表4-3-4。

表 4-3-3　套管性能数据表

套管程序	外径/mm	钢级	壁厚/mm	扣型	每米重量/(kg/m)	内径尺寸/mm	通径尺寸/mm	接箍外径/mm	抗挤强度/MPa	抗内压强度/MPa	抗拉强度/kN
表层套管	473.08	J55	11.05	BTC	130.21	450.98	446.22	508	4.3	15.5	5910
技术套管 1	339.7	N80Q	9.65	BTC	81.10	320.42	316.45	365.12	7.9	27.4	5521
		P110TT	12.19	BTC	101.19	315.34	311.37	365.12	22.1	34	9248
技术套管 2	244.5	N80Q	10.03	金属气密封扣	59.53	224.41	220.44	269.90	21.2	39.6	4075
	250.8	P110TT	15.88		93.46	219.04	215.90	269.88	88	65.1	6640
生产套管	139.7	P110	9.17		30.05	121.36	118.19	154.25	76.5	87.1	2851
		P110-13Cr	9.17		30.05	121.36	118.19	154.25	76.5	87.1	2851

表 4-3-4　套管强度校核数据表

外径/mm	井段/m	段长/m	钢级	壁厚/mm	每米重量/(kg/m)	段重/t	累计重量/t	安全系数			钻井液密度/(g/cm³)
								抗挤	抗内压	抗拉	
473.08	0~300	300	J55	11.05	130.21	39.06	39.06	—	—	—	1.05~1.08
339.7	0~2120	2120	N80Q	9.65	81.1	171.93	246.39	1.60	1.30	2.24	1.08~1.30
339.7	2120~2415	295	P110TT	12.19	101.19	29.85	74.46	1.11	1.61	12.42	
339.7	2415~2965	550	N80Q	9.65	81.1	44.61	44.61	1.04	1.30	12.38	
244.5	0~2936	2936	N80Q	10.03	59.53	174.78	191.79	1.60	1.13	2.12	1.65~1.86
250.8	2936~3118	182	P110TT	15.88	93.46	17.01	17.01	1.80	1.85	39.04	
139.7	0~2818	2818	P110	9.17	30.05	84.68	84.68	2.05	1.68	3.37	0.90~1.35
	2818~3239	421	P110-13Cr	9.17	30.05	12.65	12.65	1.78	1.68	22.54	

（二）微泡钻井液技术

文 13 西储气库储层段地质预测井底最高温度可达 140℃，施工期间微泡钻井液性能稳定，体系流变性、滤失量变化较小，且动塑比可达0.4 以上，携岩效果好，井筒相对比较清洁，有利于后期固井作业，为降低井漏发生概率，保护油气层，现场采用密度 0.95 ~ 1.23g/cm³ 防漏型微泡钻井液（含气量约 5%~10%）钻进，钻井施工期间 8 口井均未发生井漏，钻井液表现出良好的防漏性能，施工情况见表 4－3－5。

表 4－3－5　储气库微泡钻井液施工情况

施工井号	密度/(g/cm³)	岩性	施工井段/m	漏失情况/m³
文 13 储 2 井	1.03 ~ 1.23	粉砂岩、泥岩	3110 ~ 3202	无漏失
文 13 储 5 井	1.14 ~ 1.23	粉砂岩、泥岩	3170 ~ 3276	无漏失
文 13 储 7 井	1.14 ~ 1.23	粉砂岩、泥岩	3152 ~ 3247	无漏失

微泡钻井液具有较好的抑制性，施工期间井壁稳定，未发生因井壁失稳造成的坍塌、掉块现象，井眼规则，起下钻顺畅，电测、下套管顺利，三开平均井径扩大率小于 6%（表 4－3－6）。

表 4－3－6　储气库部分井三开平均井径扩大率

井号	平均井径扩大率/%
文 13 储 1 井	11.90
文 13 储 2 井	4.10
文 13 储 3 井	8.96
文 13 储 4 井	4.10
文 13 储 5 井	3.37
文 13 储 6 井	4.45
文 13 储 7 井	7.12
文 13 储 8 井	2.45
平均	5.15

微泡钻井液钻进过程中，施工顺利，无井下复杂，文 13 西储气库四开平均机械钻速达到 12.18m/h，有利于降低钻井周期，机械钻速情况如图 4－3－2 所示。

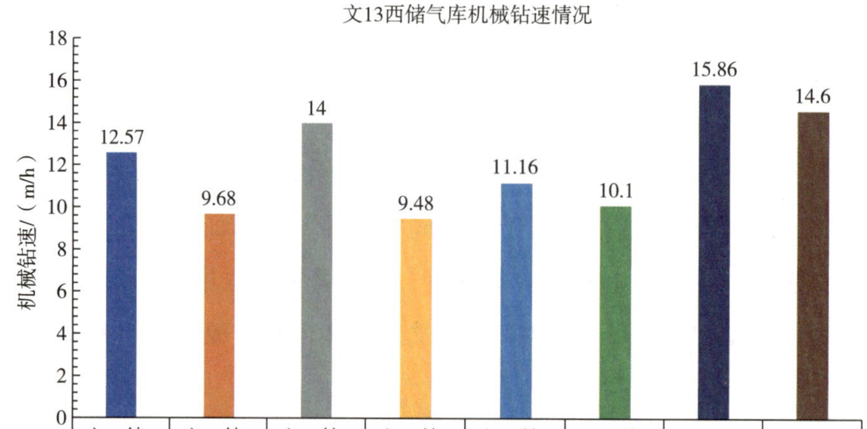

	文13储1	文13储2	文13储3	文13储4	文13储5	文13储6	文13储7	文13储8
■汇总	12.57	9.68	14	9.48	11.16	10.1	15.86	14.6

图 4 -3 -2　文 13 西储气库四开机械钻速情况

（三） 储层保护技术

1. 文 13 西储气库储层伤害因素分析

（1）文 13 西储气库气层压力系数低，钻井液作用于井底的压差较大，且老井钻井过程中 69 口井在 2800m 以下共发生 19 井次漏失，在储气库的开发中漏失风险很高，加剧了固相和液相侵入气层的深度和伤害程度。

（2）文 13 西气田属中孔中渗储层，污染以钻井液固相侵入堵塞和滤液引起的液相伤害为主。储层长时间接触钻井液，滤液可侵入地层深度约近 1m，容易引起较为严重的固相污染和液相水锁。

（3）沙三中储层以粗 - 细粉砂岩为主，含有伊利石及伊 - 蒙混层等敏感性矿物，钻井液滤液与地层矿物及高矿化度地层水不配伍将导致气层敏感性伤害。

2. 文 13 西储气库储层保护方案

（1）针对文 13 西气田岩性特征和渗流通道的孔径分布状况，合理设计储层封堵保护剂的类型、粒径匹配比例及分布范围，对井壁实施致密封堵，尽量减少钻井液和钻屑等的侵入深度和对气层的损害，封堵层较薄且可用射孔方式解除。

（2）优化油气层架桥暂堵剂的材料构成，合理匹配纤维状封堵材料、硬性架桥粒子及充填封堵粒子的用量，实施整个四开段的储层保护作业。油气层可变形封堵剂可通过变形挤入孔隙，其中所含的暂堵剂微观形态为球形粒子，并具有软硬核结合结构，粒径分布较宽，粒径在 0.1 ~ 10μm 之间，与低渗储层的孔径分布相匹配，形成致密封堵层，可有效延缓压力传递和滤液侵入。架桥暂堵剂具有极细的纤维材料，可以在孔洞或微裂缝中缠绕和堆积，封堵微裂缝及高渗流的孔道，减少钻井液固相和液相对储层的伤害深度。

（3）优选自降解储层保护材料，其具有：①致密封堵能力强。封堵层强度可达到10～20MPa，减少钻井液固相和液相侵入储层的深度；②可完全降解。其在合成时引入自降解单体，具有解堵特性，可在10～20d完全降解，储层渗透率恢复值达到80%，恢复储层孔道渗流能力；③兼具防漏能力。能够有效封堵微裂缝及孔喉发育的储层，减轻钻井液渗漏量。

（4）采用的储层保护技术方案：钻井液+2%～3%纤维－架桥暂堵剂+2%～3%油气层封堵保护剂+0.5%～1%自降解储层保护剂，储层渗透率恢复值达到80%以上。

储层钻进过程中如发生渗漏，根据需要添加3%～5%微裂缝随钻封堵剂MFP－Ⅰ。储层钻进过程中可根据需要添加适量的0.3%～0.5%钻井液抑制剂防止储层水敏性伤害

3. **文13西储气库储层保护效果**

按配方将储保剂加入钻井液后，进行钻井液性能和岩心流动评价。加入储层保护材料后的钻井液性能见表4－3－7。

表4－3－7　加入储层保护材料后的钻井液性能

样品名称	密度/（g/cm^3）	*AV*/（MPa·s）	*PV*/（MPa·s）	*YP*/Pa	*FL*/mL	pH值	$Gel_{10'}$
微泡浆	0.96	53.5	29	24.5	6.4	8	8
加储保剂微泡浆	0.97	57.5	31	25.4	4.5	8	8

注：120℃/16h热滚后测定

测试加入储层保护剂前后的钻井液岩心渗透率。加入储层保护材料前后的渗透率见表4－3－8。

表4－3－8　加入储层保护材料前后的渗透率

钻井液	岩心号	原始渗透率/mD	污染后渗透率/mD	渗透率恢复值
微泡浆	文13－26（1）	25.1	13.8	55.0%
加储保剂微泡浆	文13－26（2）	28.4	25.6	90.1%

由表4－3－7和表4－3－8结果可知，加储层保护剂后的钻井液密度黏度基本无变化，渗透率恢复值文13西岩心由55.0%提高到90.1%，储层保护配方能较好的保护气层。

每口井储层保护施工后，均取样进行了渗透率测试，经统计，平均渗透率恢复值为85.5%，与原钻井液的55.0%相比，渗透率恢复值有较大提升，具有良好的储层保护效果，具体数据见表4－3－9。

表4－3－9　储气库现场钻井液渗透率恢复值

钻井液	原始渗透率/mD	污染后渗透率/mD	渗透率恢复值
文13储1	33.5	27.4	81.8
文13储2	39.85	32.2	80.9
文13储3	25.4	21.5	84.6
文13储4	25.3	21.8	86.2
文13储5	36.5	30.2	82.7
文13储6	27.4	22.2	81.0
文13储7	29.5	24.7	83.7
文13储8	34.1	28.3	83.0

（四）固井技术

文13西储气库共8口井，三开固井均采用高密度水泥浆体系，盐层段采用抗盐韧性水泥浆体系，三开2口井采用尾管悬挂＋套管回接至井口的固井工艺，6口井采用全井下套管及双密度固井，固井合格率为100%，优秀率50%，统计情况见表4－3－10。

表4－3－10　文13西储气库固井质量情况统计表

井号	轮次	盖层顶/m	盖层底/m	盖层连续优质段长/m	盖层累计优质段长/m	尾管优质率/%	下套管方式	评价结果
文13储1井	第一轮	2990	3112	40.47	65.27	95.92	全井下	优
文13储3井	第一轮	2934	3073	30.54	38.12	55.93	悬挂回接	良
文13储5井	第一轮	2999	3179	20.08	55.94	95.77	全井下	良

续表

井号	轮次	盖层顶/m	盖层底/m	盖层连续优质段长/m	盖层累计优质段长/m	尾管优质率/%	下套管方式	评价结果
文 13 储 7 井	第一轮	2983	3153	56.35	85.67	18.09	悬挂回接	良
文 13 储 2 井	第二轮	2940	3113	18.19	51.68	96.44	全井下	优
文 13 储 4 井	第二轮	2990	3151	20.12	53.57	89.22	全井下	优
文 13 储 6 井	第二轮	2980	3180	48.19	96.91	77.76	全井下	优
文 13 储 8 井	第二轮	2902	3264	22.78	74.65	93.57	全井下	良

BIBLIOGRAPHY

参考文献

［1］袁光杰，夏焱，金根泰，等．国内外地下储库现状及工程技术发展趋势［J］．石油钻探技术，017，45（4）：8－14.

［2］王起京，张余，张利亚．赴美储气库调研及其启［J］．天然气工业，2006，26（8）：130－133.

［3］李铁，张永强，刘广文．地下储气库的建设与发展［J］．油气储运，2000，19（3）：1－8.

［4］洪波，丛威，付定华，等．欧美储气库对我国的借鉴运营管理及定价［J］．国际石油经济，2014，4：23－29.

［5］孟浩．美国储气库管理现状及启示［J］．中外能源，2015，20（1）：18－23.

［6］李伟，杨宇，徐正斌，等．美国地下储气库建设及其思考［J］．天然气技术，2010，4（6）：3－5.

［7］丁国生，魏欢．中国地下储气库建设20年回顾与展望［J］．油气储运，2020，39（1）：25－29.

［8］丁国生，李春，王皆明，等．中国地下储气库现状及技术发展方向［J］．安全与管理，2015，35（11）：107－111.

［9］袁光杰，张弘，金根泰，等．我国地下储气库钻井完井技术现状与发展建议［J］．石油钻探技术，2020，48（3）：1－7.

［10］中国石油国家高端智库研究中心．中国天然气发展报告（2023）［J］．石油工业出版社，2023，31（5）：472－477.

［11］刘烨，何刚，杨莉娜，等．“十四五”期间我国储气库建设面临的挑战及对策建议［J］．内石油规划设计，2020，31（6）：9－13.

［12］曾大乾，张广权，张俊法，等．中石化地下储气库建设成就与发展展望［J］．天然气工业，2021，41（9）：125－133.

［13］赵金洲．文 23 地下储气库关键工程技术［J］．石油钻探技术，2019，47（3）：18－24.

［14］马小明，余贝贝，马东博，等．砂岩枯竭型气藏改建地下储气库方案设计配套技术［J］．天然气工业，2010，30（8）：67－71.

［15］侯树刚，胡建均，李勇军，等．低压低渗枯竭型砂岩储气库钻井工程方案设计［J］．钻采工艺，2012，35（5）：36－39.

［16］胡昌．枯竭气藏型储气库封闭性评价技术研究［J］．工艺技术，2018.

［17］尹双江，陈军，梁光川，等．水平井在枯竭油气藏型地下储气库的应用［J］．重庆科技学院学报（自然科学版），2012，13（6）：66－68.

［18］周祥林，张世同，万叔虞，等．中原油田井身结构设计研究［J］．石油钻采工艺，1987.

［19］孙青，高平，赵新国，等．东濮凹陷濮深层气泥岩盖层封闭性研究［J］．内蒙古石油化工，2004，30：89－91.

［20］慕小水，何锋，顾勤，等．渤海湾盆地东濮凹陷濮卫洼陷带复杂岩性油气藏形成条件与成藏规律［J］．石油实验地质，2009，31（5）：472－477.

［21］李磊，赵伟新．东濮凹陷北部复杂断块油藏地质特征研究［J］．内蒙古石油化工，2002，29：131－132.

［22］肖国益，王秀东，李连坤，等．调整井复杂地层压力预测的新方法［J］．石油钻探技术，2002，30（2）：7－9.

［23］王岩，蒋华全，杨颖，等．气藏型储气库储层损害机理及保护技术研究［J］．工艺技术工，2022，7：185－187.

［24］谢建宇，周亚贤，刘光成，等．微泡钻井液密度特性研究［J］．钻井液与完井液，2014，31（4）：8－10.

［25］刘自广．文 23 枯竭砂岩型储气库微泡钻井液技术［J］．钻探工程，2022，49（2）：177－122.

［26］王建军，路彩虹，贺海军，等．气藏型储气库管柱选用与评价［J］．石油管材与仪器，2019，5（2）：26－29.

［27］冯耀荣，韩礼红，张福祥，等．油气井管柱完整性技术研究进展与展

望［J］. 天然气工业，2014，34（11）：73－81.

［28］李龙迪. 东濮凹陷中央低凸起带砂体成因机制与分布规律研究［D］. 中国石油大学（北京），2021.

［29］李继东. 东濮凹陷构造特征与断块群成藏条件分析［D］. 中国地质大学（北京），2008.

［30］喻超. 含夹层盐岩储气库稳定性数值模拟研究［D］. 武汉：武汉工业学院，2012.

［31］马新华，丁国生，等. 中国天然气地下储气库［M］. 石油工业出版社，2018.

［32］金根泰，李国韬. 油气藏地下储气库钻采工艺技术［M］. 北京：石油工业出版社，2015：25－32.

［33］孙凯，赵建胜，李社坤. 中原储气库固井技术［M］. 中国石化出版社，2024.

［34］文23储气库管柱评价与选材技术报告［M］. 西安管研院，2022.

［35］中国天然气发展报告［M］. 石油工业出版社，2023.

［36］马小明，赵平起，等. 地下储气库设计实用技术［M］. 石油工业出版社，2011.

［37］糜利栋. 地下储气库圈闭动态密封性评价及库址筛选平台［EB/OL］. 2021.

［38］2022_ WOC2_ Final_ Report［EB/OL］，2022.

［39］杨树合. 水淹枯竭气藏改建储气库关键技术［EB/OL］，2021.

［40］马小龙，付天明，胡建均，等. 一种盐盖层储气库井身结构设计方法［P］. 中国专利，CN114662179A，2022－06－24.

［41］吕宁超，胡建均，宋琳琳，等. 基于旧井损坏情况设计储气库盖层套管抗外挤强度的方法［P］. 中国专利，CN118260906A，2024－6－28.